T0222116

ad Annamaria, Margherita e Francesco

Stefano Beretta

Affidabilità delle costruzioni meccaniche

Strumenti e metodi per l'affidabilità di un progetto

 Springer

STEFANO BERETTA
Dipartimento di Meccanica
Politecnico di Milano

ISBN 978-88-470-1078-9   Springer Milan Berlin Heidelberg New York
ISBN 978-88-470-1079-6 (eBook) Springer Milan Berlin Heidelberg New York

Springer-Verlag fa parte di Springer Science+Business Media

springer.com

© Springer-Verlag Italia, Milano 2009

9   8   7   6   5   4   3   2   1

Impianti: PTP-Berlin, Protago TEX-Production GmbH, Germany (www.ptp-berlin.eu)
Progetto grafico della copertina: Simona Colombo, Milano
Stampa: Signum Srl, Bollate (MI)

Springer-Verlag Italia srl – Via Decembrio 28 –20137 Milano

Prefazione

Il termine affidabilità corrisponde alla 'probabilità che un componente (un sottosistema, una macchina) esegua correttamente la propria funzione in uno specificato periodo di tempo o sotto specificate condizioni operative'. Questa definizione riguarda sistemi meccanici molto diversi: sistemi meccatronici per la sicurezza del veicolo che devono funzionare pochissime volte durante la vita operativa con una probabilità elevatissima di svolgere la propria funzione, sistemi e componenti (che definirei in prima battuta 'più umili') che devono svolgere la propria funzione per migliaia di ore e la cui affidabilità si misura *in primis* con il riscontro positivo del mercato.

In entrambi i casi il successo del progetto dipende da una analisi del progetto sulla base dei seguenti elementi: i) modellazione della variabilità delle grandezze meccaniche che governano il funzionamento del sistema a partire da una serie di dati sperimentali; ii) analisi della probabilità di funzionamento del componente in funzione delle condizioni operative; iii) analisi del sistema all'interno del quale il componente è inserito.

A fronte di pochi che svolgono consapevolmente la propria attività all'interno delle varie fasi dello sviluppo di un componente (o sistema) sulla base dell'affidabilità, molti ingegneri meccanici si trovano sempre più spesso di fronte alla valutazione e certificazione di un sistema o di un componente attraverso dei concetti (*MTTF, periodo di ritorno, stati limite, valori estremi*) che non fanno tradizionalmente parte del proprio bagaglio culturale e che sono invece recepiti dalle moderne normative (EN 1990, EN 1993, EN 13849-1, ..).

Questo volume si rivolge a questi professionisti ed agli studenti di Ingegneria Meccanica che si devono confrontare con i concetti di affidabilità: la via da me scelta è stata presentare una serie di esempi applicativi e riferimenti normativi *meccanici*, cercando di differenziare questo volume dai molti testi che trattano l'affidabilità con un'impronta impiantistica ed elettronica.

In particolare ho cercato un chiaro collegamento tra l'affidabilità ed i concetti di progettazione che vengono insegnati *da piccoli* agli ingegneri meccanici, oltre che tentare di sistematizzare in un quadro unico gli approcci specialistici dell'affidabilità dei componenti che mi sono trovato ad applicare nella mia attività di ricerca.

Il volume ha diversi livelli di lettura: per un livello didattico consiglio in prima istanza di leggere il testo tralasciando le parti più ostiche e specialistiche dei primi capitoli (i metodi *ML* e *POT*), per poter apprezzare la applicazione dei diversi concetti che portano al calcolo dell'affidabilità del componente nei comuni modi guasto (cedimento statico, a fatica, danneggiamento). Dopo questa prima lettura, il lettore potrà apprezzare da una parte la applicazione di tali concetti per *introdurre* correttamente i componenti meccanici all'interno di un sistema e dall'altra le peculiarità dei sistemi strutturali.

Il secondo livello di lettura, quello che più mi piace, coglie il quadro unificante delle indicazioni normative e degli approcci più specialistici dell'affidabilità strutturale (gli spettri di sollecitazione, i difetti estremi, la meccanica della frattura), a partire dai concetti di statistica dei valori estremi.

Il terzo livello di lettura parte dai concetti di analisi dei dati per poi toccare (suggerisco un approfondimento con alcuni dei testi citati in bibliografia) la giustificazione di diversi metodi di prova dei componenti ed i concetti di *derating* delle prestazioni, tipici dei componenti eletronici.

Questo volume rappresenta il coronamento di un lungo tempo di raccolta di materiale, di applicazioni e esperienze didattiche sui diversi argomenti. Il primo pensiero e la dedica va a chi mi è stato vicino ed ha pazientemente accettato le mie assenze ed il tempo libero passato a scrivere.

Un ringraziamento particolare va all'Ing. A. Villa, che ha curato la parte editoriale e grafica, all'Ing. F. Benzoni, al Dr. Raffaele Argiento ed ai colleghi che che mi hanno dato preziosi consigli e contribuito a raffinare e correggere le diverse versioni preparatorie.

Milano, novembre 2008   *Stefano Beretta*

I dati degli esempi di questo volume possono essere scaricati da:

<code>http://people.mecc.polimi.it/beretta/</code>.

Indice

1

Analisi dei dati e distribuzioni statistiche

1.1 Richiami di analisi statistica

1.1.1 Campionamento e probabilità

In statistica il processo di estrazione casuale di un campione di dati da una popolazione di dati si chiama **campionamento** (Fig. 1.1). Un **evento** è invece definito come il possibile risultato di un esperimento. Chiamiamo con Y la **variabile aleatoria o casuale** che rappresenta il possibile risultato dell'esperimento, mentre y, che è il risultato ottenuto da un singolo esperimento, è detto **valore osservato**.

Ovviamente $y \in \mathcal{Y}$, il campo di esistenza della variabile casuale Y. Le variabili casuali sono di due tipologie: **variabili casuali discrete** se assumono valori discreti nel campo di esistenza, **variabili casuali continue** se assumono qualsiasi valore reale nel proprio campo di esistenza. Esempi di variabili aleatorie discrete possono essere: numero di difetti in un volume di materiale, numero di bit trasmessi, numero di persone che prendono i mezzi pubblici. Esempi di variabili aleatorie continue possono invece essere: tempo, pressione, temperatura, dimensioni, resistenza di un materiale.

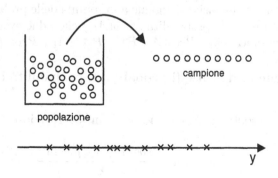

Figura 1.1. Campionamento

Beretta S: Affidabilità delle costruzioni meccaniche.
© Springer-Verlag Italia, Milano 2009

1.1.2 Probabilità

La **probabilità** è un concetto utilizzato per definire la possibilità che un evento accada, ed è legato all'ipotesi di ripetitività dell'evento. Supponiamo di poter ripetere infinitamente l'esperimento aleatorio descritto dalla variabile aleatoria (v.a.) Y. Sia $y_1, y_2, \ldots$ la successione di valori che descrive i risultati dei singoli esperimenti e sia A un sottoinsieme di $\mathcal{Y}$ allora possiamo definire

$$Prob(A) = \lim_{n \to \infty} \frac{\# \{i \in (1, \cdots, n) : y_i \in A\}}{n} \tag{1.1}$$

Ovviamente per noi il problema pratico è la necessità di descrivere al meglio la tendenza a distribuirsi dei risultati dell'esperimento, o la probabilità di accadimento di un evento, avendo a disposizione un numero n abbastanza limitato di dati (vedasi Sezione 1.1.5).

Valgono le seguenti proprietà della funzione $Prob$ definita sugli eventi:

- la probabilità di un evento è un numero maggiore o uguale a zero e minore o uguale a uno: $0 \leq Prob(A) \leq 1$ per ogni $A \in \mathcal{Y}$;
- se l'**evento** A è **certo** allora la probabilità ad esso associata è $Prob(A) = 1$;
- se l'**evento** A è **impossibile** la sua probabilità è $Prob(A) = 0$;
- se due eventi A e B sono **mutuamente esclusivi** allora la probabilità che il risultato della prova sia A oppure B (cioè la probabilità dell'unione degli eventi) è uguale alla somma delle probabilità $Prob(A)$ più $Prob(B)$: $Prob(A + B) = Prob(A) + Prob(B)$;
- se gli eventi A e B sono **indipendenti** tra di loro (cioè non sono influenzabili l'un l'altro) la probabilità che si verifichino contemporaneamente entrambi gli eventi è il prodotto di $Prob(A)$ per $Prob(B)$: $Prob(AB) = Prob(A) \cdot Prob(B)$;
- se gli eventi **non** sono **mutuamente esclusivi** la probabilità che il risultato della prova sia A oppure B (cioè la probabilità dell'unione degli eventi non mutuamente esclusivi) è uguale alla somma delle probabilità $Prob(A)$ più $Prob(B)$ meno la probabilità $Prob(AB)$ che i due eventi si verifichino in contemporanea, cioè: $Prob(A + B) = Prob(A) + Prob(B) - Prob(AB)$.

1.1.3 Funzione di densità di probabilità, probabilità cumulata ed affidabilità

Sia Y una v.a. continua e $y \in \mathcal{Y}$, si definisce **funzione di densità di probabilità**:

$$f(y) = \lim_{\Delta \to 0} \frac{Prob\left(Y \in (y, y + \Delta]\right)}{\Delta}. \tag{1.2}$$

Se $\Delta = dy$ è un icremento infinitesimo, allora possiamo interpretare la funzione di densità di probabilità come la probabilità di trovare Y nell'intervallo dei valori osservabili $(y, y + dy]$, cioè:

$$Prob(y \leq Y \leq y + dy) = f(y) \cdot dy \tag{1.3}$$

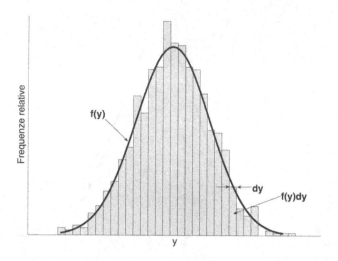

Figura 1.2. Istogramma e funzione di densità di probabilità

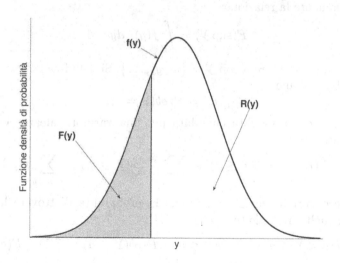

Figura 1.3. Funzione cumulata (F) e affidabilità (R)

La **funzione di probabilità cumulata** è, invece, la probabilità che la variabile aleatoria Y sia inferiore al valore argomentale y (Fig. 1.3):

$$F(y) = Prob(Y \leq y) = \int_{\inf y}^{y} f(y) \cdot dy \qquad (1.4)$$

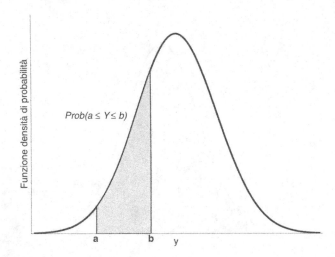

Figura 1.4. Area sottesa alla $f(y)$ tra due valori argomentali a e b, pari a $F(b) - F(a)$

Vale ovviamente la relazione:

$$F(\sup \mathcal{Y}) = \int_{\mathcal{Y}} f(y) \cdot dy = 1 \qquad (1.5)$$

Sia ora Y un v.a. discreta con $\mathcal{Y} = \{y_1, y_2, \dots\}$. Si definisce la funzione massa di probabilità come

$$p(y_i) = Prob(Y = y_i). \qquad (1.6)$$

La funzione di probabilità cumulata per una variabile aleatoria discreta è banalmente:

$$F(y) = Prob(Y \leq y) = \sum_{i:y_i \leq y} Prob(Y = y_i) = \sum_{i:y_i \leq y} p(y_i) \qquad (1.7)$$

Dalle precedenti definizioni segue che la probabilità di trovare la variabile casuale Y nell'intervallo $(a, b]$ è (Fig. 1.4):

$$Prob(a < Y \leq b) = Prob(Y \leq b) - Prob(Y \leq a) = F(b) - F(a) \qquad (1.8)$$

Si definisce **percentile** di ordine $p \cdot 100\%$ della popolazione Y il valore argomentale y_p a cui corrisponde una probabilità cumulata p, ovvero y_p è tale che

$$Prob(Y \leq y_p) = p \qquad (1.9)$$

L'**affidabilità** è la funzione complementare della cumulata poiché rappresenta la probabilità della variabile casuale Y di assumere valori maggiori del valore argomentale y (Fig. 1.3):

$$R(y) = Prob(Y > y) = 1 - F(y) \qquad (1.10)$$

Esempio 1.1 Si faccia riferimento alla Tabella A.1 (`freni.txt`) in cui sono presenti le durate e le frazioni di cedimento di un gruppo freno, dati ottenuti prima di provvedere alla sostituzione degli elementi d'attrito. Calcolare: i) il percentile 10%; ii) quanti gruppi freno sono da sostituire prima della manutenzione programmata a 52000 km.

Tracciato l'andamento dei guasti discretizzato in classi (Fig. 1.5(a)), è possibile ricavare in modo semplice la probabilità cumulata (Fig. 1.5(b)). Il percentile 10% corrisponde a 55625 km (risultato ottenuto con una semplice interpolazione lineare in Fig. 1.5(b) tra i punti a percentile 9% e 17%). Imponendo come limite i 52000 km corrispondenti alla manutenzione programmata, si ottiene dalla cumulata il valore percentuale dei gruppi freno usurati prima della manutenzione stessa, che sono quindi da sostituire: il 6%.

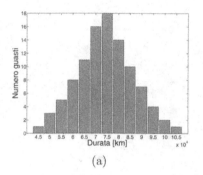
(a)
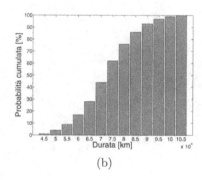
(b)

Figura 1.5. Esempio 1.1: gruppo freno: a) istogramma durate; b) probabilità cumulata

1.1.4 Istogramma

Supponiamo di voler studiare un esperimento descritto dalla variabile aleatoria continua Y, e supponiamo inoltre di aver a disposizioni un numero n di prove i cui risultati sono $y_1, \ldots, y_n$. L'**istogramma** è un utile strumento per studiare la distribuzione dei dati. Innazitutto si discretizza il campo di esistenza dividendolo in classi, il cui numero è di solito scelto sulla base di [1]:

$$k = 1 + 3.3 \cdot \log_{10}(n) \tag{1.11}$$

con n = numero di dati e k = numero di classi risultanti. Quindi bisogna conteggiare quanti eventi ricadono nelle diverse classi, si definiscono, per $i = 1, \ldots, k$, le seguenti quantità:

- **frequenza**: numero di risultati in una classe, n_i;
- **frequenza relativa**: $f_i = \frac{n_i}{\sum n_i} = \frac{n_i}{N}$;
- **densità della classe** i-**esima**: $\delta_i = \frac{f_i}{d_i}$, con d_i ampiezza della classe i-esima.

Il grafico che si ottiene disegnando su ciascuna classe un rettangolo di altezza δ_i è detto istogramma. Si osservi come la funzione di densità della variabile Y, $f(y)$, è la descrizione matematica dell'istogramma all'aumentare della numerosità del campione per $\delta \to 0$ (Fig. 1.2).[1]

Esempio 1.2 Si considerino ad esempio le misure dell'altezza delle onde (`onde.txt`), rilevate in una certa località nell'arco di un anno, che hanno ecceduto l'altezza di 1 m (sono 'eccedenze', vedasi Cap.3). È semplice rappresentare i dati attraverso un istogramma per cogliere la tendenza a distribuirsi dei dati (vedasi Fig. 1.6).

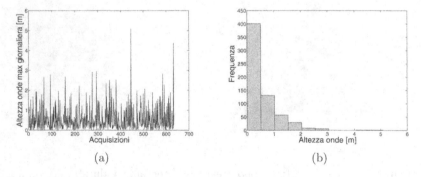

(a)   (b)

Figura 1.6. Esempio 1.2: onde: a) dati acquisiti; b) istogramma

---

1.1.5 Indicatori di tendenza e misure di dispersione

Assumendo di trattare una variabile aleatoria Y e di avere una sua distribuzione si definiscono come indicatori di tendenza quei valori che definiscono la tendenza centrale della distribuzione. In particolare si hanno:

- **valore atteso** di una variabile casuale **discreta**:

$$E(Y) = \mu = \sum_{y \in \mathcal{Y}} y \cdot p(y) \,; \tag{1.12}$$

---

[1] Osserviamo che se le classi hanno uguale ampiezza, l'istogramma si può costruire a partire dalle frequenze.

- **valore atteso** di una variabile casuale **continua:**

$$E(Y) = \mu = \int_{\mathcal{Y}} y \cdot f(y) dy \, ; \tag{1.13}$$

- **moda**: il valore argomentale che massimizza la funzione massa di probabilità $p(y)$ se Y è discreta, o la funzione densità $f(y)$ se Y è continua;
- **mediana**: il valore argomentale corrispondente al percentile 50% di Y.

Le misure di dispersione, invece, definiscono la dispersione dei dati attorno al valor medio della distribuzione. Si hanno:

- **varianza di una variabile casuale discreta**

$$Var(Y) = \sigma^2 = \sum_{y \in \mathcal{Y}} (y - \mu)^2 p(y) \, ; \tag{1.14}$$

- **varianza di una variabile casuale continua**

$$Var(Y) = \sigma^2 = \int_{\mathcal{Y}} (y - \mu)^2 f(y) dy = E(Y^2) - \mu^2 \, ; \tag{1.15}$$

- **deviazione standard (scarto quadratico medio della popolazione)**

$$sd(Y) = \sigma = \sqrt{Var(Y)} \, ; \tag{1.16}$$

- **coefficiente di variazione CV**

$$CV = \frac{\sigma}{|\mu|} \, . \tag{1.17}$$

1.1.6 Alcune statistiche campionarie

Sia Y la variabile aleatoria che descrive il risultato di un esperimento. Supponiamo di effettuare n prove di questo esperimento in modo che il risultato di una prova non influenzi gli altri. Otterremo una successione $Y_1, \ldots, Y_n$ di v.a. indipendenti ed identicamente distribuite (i.i.d.), ciascuna delle quali rappresenta il risultato dell'i-esima ripetizione dell'esperimento. Chiameremo la successione $Y_1, \ldots, Y_n$ **campione casuale semplice** estratto dalla popolazione Y. Abbiamo visto come da una realizzazione campionaria è $y_1, \cdots, y_n$ è possibile risalire a delle informazioni sulla densità di Y mediante l'istogramma. Definiamo ora delle **statistiche** mediante le quali è possibile ottenere informazioni sugli indicatori di centralità e dispersione della variabile Y. Si definisce la **media campionaria:**

$$\bar{Y} = \frac{\sum_i Y_i}{n} \, , \tag{1.18}$$

la cui realizzazione $\bar{y}$ è una stima della media $E(Y)$; la **varianza campionaria**:

$$S^2 = \sum_i \frac{(Y_i - \bar{Y})^2}{n-1} \tag{1.19}$$

e lo **scarto quadratico medio campionario**:

$$S = \sqrt{S^2} \tag{1.20}$$

le cui rispettive realizzazioni s^2 e s sono stime della varianza, σ^2, e della deviazione standard σ della popolazione.

Esempio 1.3 Utilizzando i dati del precedente Esempio 1.1, relativo alle durate di un gruppo freno, calcolare la media (valore atteso), la moda e la mediana dei dati campionati.

Secondo le definizioni appena date, si ricava:

- media: 74200 km;
- moda: 75000 km;
- mediana: 71670 km.

Esempio 1.4 I dati riportati in Tabella A.2 (`sforzo_assile.txt`) si riferiscono alle ampiezze degli sforzi di fatica rilevati su un assile ferroviario lungo un percorso di 1250 km (Fig. 1.7). Calcolare: i) valor medio; ii) coefficiente di variazione.

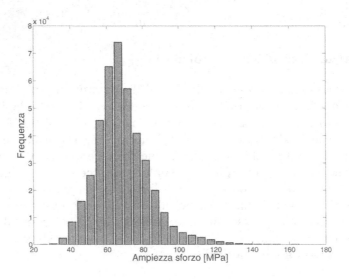

Figura 1.7. Esempio 1.4: istogramma sforzo assile

Dalle precedenti definizioni si ottiene:

- valor medio: 68.5 MPa;
- varianza: 213.2 MPa;
- deviazione standard: 14.6 MPa;
- coefficiente di variazione CV: 0.21.

1.1.7 Tasso di guasto e affidabilità condizionata

Consideriamo la grandezza T che rappresenta la durata di un componente, $F(t)$ è la sua probabilità cumulata, la probabilità di un componente di cedere prima di t, e $R(t)$ la sua affidabilità, ovvero la probabilità del componente di sopravvivere oltre t. Possiamo sapere quale sia la probabilità del componente di andare fuori uso ad un dato tempo t , oppure sapere se il componente sia in grado di svolgere un'ulteriore missione essendo sopravvissuto ad una precedente? A queste due domande rispondono rispettivamente il **tasso di guasto** e l'**affidabilità condizionata**.

Il tasso di guasto $h(t)$ esprime la probabilità del componente di andare fuori uso dopo aver raggiunto t. In particolare la probabilità di cedimento del componente nell'intervallo $(t, t + dt]$ è data dal prodotto della probabilità del componente di superare la soglia t per la probabilità del componente di cedere dopo aver superato t, $h(t)$. Ovvero:

$$f(t)dt = R(t) \cdot h(t)dt \qquad (1.21)$$

da cui ne risulta che:

$$h(t) = \frac{f(t)}{R(t)} \qquad (1.22)$$

Il tasso di guasto (espresso in $[guasti/h]$ oppure $[guasti/10^6 h]$) di diversi componenti è riportato in Tabella 1.1 (tratta da [2]): si può notare che all'aumentare della complessità del componente, il tasso di guasto aumenta notevolmente. Nel Cap. 6 vedremo l'andamento nella vita del tasso di guasto e come si possa descrivere a partire da una serie di dati sperimentali.

Supponiamo ora che un componente abbia portato a termine una vita Δ senza cedimento. Qual è la sua affidabilità per un'ulteriore missione di vita t? La probabilità di sopravvivere a $(\Delta + t)$ è data dal prodotta dell'affidabilità a Δ per la probabilità di resistere alla nuova missione di tempo t, cioè:

$$R(\Delta + t) = R(\Delta) \cdot R(\Delta, t) \qquad (1.23)$$

da cui

$$R(\Delta, t) = \frac{R(\Delta + t)}{R(\Delta)} \qquad (1.24)$$

Tabella 1.1. Tasso di guasto di componenti vari [2]

Componenti meccanici	Cedimenti per milione di ore	Componenti elettrici	Cedimenti per milione di ore
accelerometro	35.1	generatore AC	0.81
attuatore	50.5	amperometro/voltmetro	26.0
compressore d'aria	6.0	fusibile	1.2
manometro	2.6	connettore biassiale	0.19
cuscinetto a sfere	1.1	generatore DC	36.8
pompe per caldaie	0.42	riscaldatore elettrico	2.3
freno	4.3	luce d'emergenza	2.0
frizione	0.6	motore (bassa potenza)	0.9
differenziale	15.0	lampadina	18.6
ventilatore	2.8	indicatore	3.9
flange-guarnizione	1.3	motore	0.9
ingranaggio	0.17	batterie allo Zn	0.44
albero di trasmissione	6.7	lampada al neon	0.49
giroscopio	513.9	batteria al NiCd	0.25
scambiatore di calore	1.1	circuito stampato	0.24
valvola idraulica	9.3	batteria ricaricabile	1.5
O-ring	2.4	giunto saldato	0.001
cuscinetto a rulli	0.28	solenoide	2.4
ammortizzatore	0.81	interruttore	107.3
molla	5.0	tachimetro	10.7
serbatoio	1.6	turbina/generatore	626.2
termostato	17.4	regolatore di tensione	3.0

Esempio 1.5 Utilizzando i dati del precedente Esempio 1.1 calcolare la probabilità per un freno di portare a termine una missione di 10000 km dopo una vita di 80000 km.

Dalla (1.24): $\Delta = 80000$, $t = 10000$ da cui risulta che $R(\Delta, t) = 29.1\%$

1.2 Distribuzioni statistiche

1.2.1 Distribuzione normale o gaussiana

Il modello statistico più utilizzato per la distribuzione di una variabile casuale è la distribuzione gaussiana [2]. Una variabile aleatoria, Y, si dice gaussiana se la sua densità di probabilità è (Fig. 1.8):

$$f(y) = \frac{1}{\sigma\sqrt{2\pi}} \cdot \exp\left[-\frac{1}{2} \cdot \left(\frac{y-\mu}{\sigma}\right)^2\right] \quad -\infty \leq y \leq \infty \quad (1.25)$$

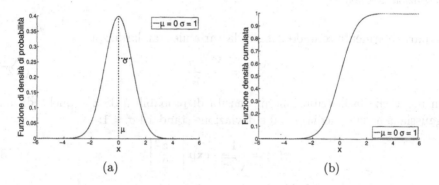

Figura 1.8. Distribuzione normale: a) funzione densità di probabiità; b) curva di probabilità cumulata

La distribuzione normale è simmetrica rispetto al valor medio μ (uguale anche a moda e mediana) con due punti di flesso in $y = \mu \pm \sigma$. Dalla funzione di densità di probabilità si deduce che il valor medio μ controlla la posizione della distribuzione lungo l'asse dei valori argomentali, mentre la deviazione standard σ controlla la scampanatura della curva (Fig. 1.9).

Poiché il campo di esistenza della variabile Y con distribuzione gaussiana è $-\infty \leq y \leq \infty$, le grandezze ingegneristiche definite positive sono ben descritte da tale distribuzione se $\mu > 0$ e $CV \leq 0.3$ (vedasi (1.33)). La probabilità cumulata è invece data dall'equazione:

$$F(y) = \int_{-\infty}^{y} f(y)dy = \int_{-\infty}^{y} \frac{1}{\sigma\sqrt{2\pi}} \cdot \exp\left[-\frac{1}{2} \cdot \left(\frac{y-\mu}{\sigma}\right)^2\right] dy \quad (1.26)$$

---

[2] La distribuzione gaussiana è importante anche e soprattutto perché grazie al teorema del **limite centrale** è dimostrato che se si campiona una qualunque variabile aleatoria, aumentando il numero delle repliche dei campionamenti, la variabile corrispondente al valor medio tende ad assumere una distribuzione normale.

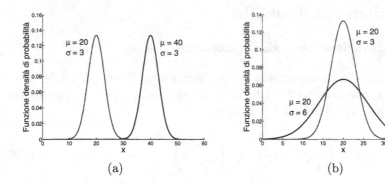

(a)   (b)

Figura 1.9. Distribuzione normale: a) al variare della media μ; b) al variare della deviazione standard σ

È particolarmente comodo definire la variabile standardizzata

$$Z = \frac{Y - \mu}{\sigma} \tag{1.27}$$

in modo che la distribuzione di densità di probabilità di Z è quella di una gaussiana avente media $\mu = 0$ e deviazione standard $\sigma = 1$:

$$\varphi(z) = \frac{1}{\sqrt{2\pi}} \cdot \exp\left[-\frac{z^2}{2}\right] \tag{1.28}$$

La distribuzione di probabilità cumulata è quindi:

$$\Phi(z) = \int_{-\infty}^{z} \frac{1}{\sqrt{2\pi}} \cdot \exp\left[-\frac{z^2}{2}\right] dz \tag{1.29}$$

i cui valori sono tabulati in Tabella B.1 e sono facilmente calcolabili con funzioni presenti nei fogli di calcolo o nei software matematici più diffusi. Attraverso un semplice cambio di variabili dalla (1.25) e dalla (1.28) si ottiene:

$$\int_{y_1}^{y_2} f(y)dy = \int_{z_1}^{z_2} \varphi(z)dz \tag{1.30}$$

da cui deriva che (utilizzando la (1.27)):

$$F(y) = \Phi\left(\frac{y - \mu}{\sigma}\right) = \Phi(z) \tag{1.31}$$

Per la simmetria della distribuzione risulta inoltre che

$$\Phi(-z) = 1 - \Phi(z). \tag{1.32}$$

Considerando il risultato ottenuto dalla (1.31) ed invertendo le variabili risulta che:

$$y_p = \mu + z_p \cdot \sigma \tag{1.33}$$

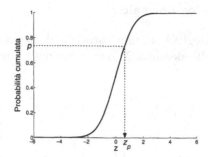

Figura 1.10. Significato del percentile z_p della distribuzione normale

in cui z_p è il percentile della gaussiana standardizzata (Fig. 1.10). I valori caratteristici di z_p sono riportati in Tabella B.2 [3].

Esempio 1.6 Si consideri un dispositivo avente una vita distribuita come una gaussiana con parametri $\mu = 30$ ore e deviazione standard $\sigma = 4$ ore. Si calcolino: i) le durate corrispondenti ad una probabilità di cedimento del 10% e del 90%; ii) la frazione di dispositivi aventi una vita inferiore a 24 ore; iii) l'affidabilità corrispondente a 35 ore; iv) la probabilità di guasto tra 32 e 35 ore; v) il tasso di guasto in corrispondenza di 35 ore.

Risolvendo:

- il percentile normale standardizzato per $p = 10\%$ e $p = 90\%$ risulta essere $z_p = \pm 1.282$ (Tabella B.2). I valori di durata corrispondenti a $p = 10\%$ e $p = 90\%$ sono (1.33): $y_{0.1} = 24.87$ ore ed $y_{0.9} = 35.13$ ore;
- in corrispondenza di 24 ore risulta $z = \frac{y-\mu}{\sigma} = -1.5$, dai valori tabulati (o dalla (1.29)) si ha che $\Phi(-1.5) = 1 - \Phi(1.5) = 0.0668 = F(24)$, la frazione di componenti che cedono prima delle 24 ore è quindi del 6.68%;
- in corrispondenza di 35 ore risulta che $z = \frac{y-\mu}{\sigma} = 1.25$, dai valori tabulati (o dalla (1.29)) si ha che $\Phi(1.25) = F(35) = 0.8944$ e quindi $R(35) = 1 - F(35) = 0.1056$;
- la probabilità di guasto tra 35 e 36 ore è: $F(35) - F(32) = \Phi(1.25) - \Phi(0.5) = 0.2029$;
- il tasso di guasto per 35 ore si calcola come: $f(35) = 0.04566$ (dalla (1.25)) e quindi $h(35) = \frac{f(35)}{R(35)} = 0.4234$ guasti/ora.

Si comprende il significato di $h(35)$ (e l'unità di misura di $h(t)$) considerando che $R(35,1) = 0.6323$: ovvero circa il 40% dei dispositivi, dopo aver raggiunto una vita di 35 ore, cede in un'ora.

---

[3] Prendendo il campo $\pm 3\sigma$ come campo sensibile dei dati (campo $0.1 - 99.9\%$) ed imponendo che la variabile sia positiva, si ottiene $CV \leq 0.3$.

1.2.2 Distribuzione log-normale

Ipotizziamo che $Y = \log(X)$ sia una variabile aleatoria normalmente distribuita, allora la variabile aleatoria X segue una distribuzione log-normale. Si ha che:

$$f(y) = \frac{1}{y\sigma_Y\sqrt{2\pi}} \cdot \exp\left[-\frac{1}{2} \cdot \left(\frac{\ln y - \mu_Y}{\sigma_Y}\right)^2\right] \tag{1.34}$$

dove

$$\sigma_Y^2 = \ln\left[\left(\frac{\sigma_X}{\mu_X}\right)^2 + 1\right] \tag{1.35}$$

$$\mu_Y = \ln\mu_X - \frac{1}{2}\sigma_Y^2 \tag{1.36}$$

La distribuzione log-normale viene usualmente utilizzata per analizzare i dati relativi a vita di componenti e vita a fatica di componenti.

In particolare la distribuzione log-normale è la base per l'analisi statistica dei risultati di prove di fatica (nel tratto a termine) ed è la base per la norma ASTM E739-91(2004) [3]. In Fig. 1.11 si vede, in particolare, come la vita a fatica nel tratto a termine del diagramma $S-N$ sia descritta da una gaussiana (nel diagramma $\log N$). La resistenza a fatica, lungo l'intero diagramma, risulta descritta da una gaussiana (in $\log S$). Le prove interrotte, denominate 'run-outs', sono indicate sul diagramma con delle frecce.

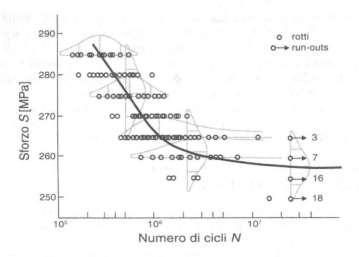

Figura 1.11. La distribuzione log-normale viene utilizzata per analizzare i dati di vita a fatica nel tratto a termine (tratto da [4])

Esempio 1.7 Si abbiano delle molle con una vita a fatica distribuita come una log-normale con $\mu = 5.3979$ (250000 cicli) e $\sigma = 0.15$. Determinare il percentile $y_{0.1}$.

Dai valori tabulati si ottiene $z_{0.1} = -1.282$ da cui segue che $y_{0.1} = \mu - z_{0.1} \cdot \sigma = 5.2056$ da cui si ricava $x_{0.1} = 160500$ cicli.

Esempio 1.8 Si considerino i dati riportati in Tabella A.3 riguardanti lo sforzo di rottura di 1000 provini in acciaio AISI 1020: confrontare la descrizione dei dati mediante distribuzione gaussiana e log-normale.

Ipotizziamo inizialmente che i dati forniti siano distribuiti come una normale: media e deviazione standard risultano essere:

$$\mu_X = 439 \text{ MPa};$$
$$\sigma_X = 18 \text{ MPa}.$$

Se invece consideriamo i dati distribuiti come una distribuzione log-normale, media e deviazione standard possono essere ricavate tramite (1.35) e (1.36)

$$\mu_Y = 6.0837;$$
$$\sigma_Y = 0.0410.$$

In questo caso (Fig. 1.12) entrambe le densità di probabilità approssimano bene l'istogramma ricavato dai dati. Le conseguenze della scelta della distribuzione sull'affidabilità di componenti in AISI 1020 sarà discussa nell'Esempio 5.3.

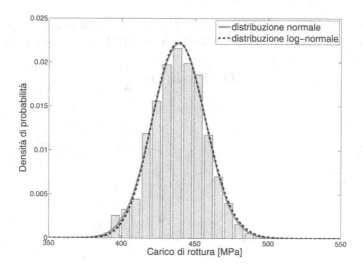

Figura 1.12. Esempio 1.8: carico di rottura di un acciaio AISI1020: confronto tra distribuzione normale e log-normale

1.2.3 Distribuzione esponenziale negativa

La distribuzione esponenziale negativa si applica nello studio di affidabilità per un considerevole numero di dispositivi industriali (in particolare componenti elettrici ed elettronici). La funzione di densità di probabilità di un v.a. T con distribuzione esponenziale di parametro $\lambda > 0$, rappresentata in Fig. 1.13(a), è la seguente:

$$f(t) = \lambda \cdot \exp(-(\lambda \cdot t)) \tag{1.37}$$

La funzione di probabilità cumulata è (Fig. 1.13(b)):

$$F(t) = 1 - \exp(-(\lambda \cdot t)) \tag{1.38}$$

L'affidabilità è:

$$R(t) = \exp(-(\lambda \cdot t)) \tag{1.39}$$

Il tasso di guasto risulta **costante**:

$$h(t) = \lambda \tag{1.40}$$

Questa proprietà, chiamata assenza di memoria, non è a rigore applicabile, ad esempio, ai componenti meccanici soggetti a fenomeni di danneggiamento progressivo (fatica, usura), poiché il danneggiamento progressivo influisce sul tasso di guasto che, in particolare, aumenta. Nonostante ciò la distribuzione esponenziale negativa viene assunta come base per descrivere l'affidabilità dei sistemi nel tempo (vedasi Cap.6).

Sia T con distribuzione esponenziale di parametro λ, allora il tempo medio fino al guasto (detto Mean Time To Failure-MTTF) è il valore atteso di T, esso vale:

$$MTTF = E(T) = \frac{1}{\lambda} \tag{1.41}$$

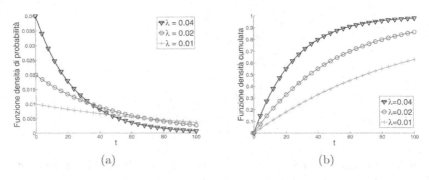

(a)　　　　　　　　　　　　　(b)

Figura 1.13. Distribuzione esponenziale negativa: a) p.d.f. al variare del parametro λ; b) c.d.f. al variare del parametro λ

In corrispondenza di $t = \frac{1}{\lambda}$ si calcola:

$$F(MTTF) = F\left(\frac{1}{\lambda}\right) = 0.632 \tag{1.42}$$

Questo significa che il valor medio (baricentro della distribuzione) corrisponde al percentile 63.2%.

Esempio 1.9 In riferimento all'Esempio 1.2 i dati campionati possono essere descritti tramite una distribuzione esponenziale:

- l'onda media è di 0.54 m;
- la probabilità di avere un'onda superiore a 3 m è: 0.4 %.

Esempio 1.10 L'intensità dei terremoti misurata con la Scala Mercalli è modellata con una distribuzione esponenziale. In particolare si definiscono [5]:

- Operating Base Earthquake (OBE), il sisma con una probabilità di superamento di 10^{-3};
- Safe Shutdown Earthquake (SSE), il sisma con una probabilità di superamento di 10^{-6}.

Determinare il rapporto tra SSE e OBE .

La probabilità di superamento è l'affidabilità $R(x)$, quindi:

$$\exp(-\lambda \cdot x_1) = 10^{-3} \qquad\qquad \exp(-\lambda \cdot x_2) = 10^{-6}$$

da cui segue che

$$x_1 = 6.908 \cdot \lambda^{-1} \qquad\qquad x_2 = 13.816 \cdot \lambda^{-1}$$

quindi

$$\frac{x_2}{x_1} = 2.$$

Distribuzione esponenziale negativa a due parametri

Si definisce distribuzione esponenziale a due parametri quella distribuzione che ha come funzione di densità cumulata:

$$F(t) = 1 - \exp\left[-\lambda\left(t - t_0\right)\right] \tag{1.43}$$

definita per $t \geq t_0$. A differenza dell'esponenziale negativa classica viene introdotto il parametro t_0 che permette la traslazione della curva lungo le ascisse.

1.2.4 Distribuzione di Weibull

La distribuzione di Weibull è molto utilizzata in ambito ingegneristico per la flessibilità che offrono i parametri nella costruzioni di differenti modelli [6]. Diremo che una v.a. T ha distribuzine di Weibull di parametri $\beta > 0$ e, $\alpha > 0$ se la sua funzione di densità di probabilità è:

$$f(t) = \frac{\beta}{\alpha^\beta} t^{\beta-1} \cdot \exp\left[-\left(\frac{t}{\alpha}\right)^\beta\right] \qquad (1.44)$$

con $y \geq 0$, α = parametro di scala e β = parametro di forma. La distribuzione di probabilità cumulata è:

$$F(t) = 1 - \exp\left[-\left(\frac{t}{\alpha}\right)^\beta\right] \qquad (1.45)$$

Dalla precedente equazione si nota che $F(\alpha) = 63.2\%$. La distribuzione di Weibull al variare di β cambia significativamente forma (Fig. 1.14): per $\beta = 1$ è una esponenziale negativa, per $\beta = 2$ è simile ad una log-normale, mentre per $3.5 < \beta < 4$ è simile ad una gaussiana. La distribuzione di Weibull è molto utilizzata per descrivere la vita dei componenti: per $\beta < 1$ $h(t)$ è decrescente, per $\beta = 1$ $h(t)$ è costante e per $\beta > 1$ $h(t)$ è crescente.

Il percentile della Weibull è:

$$t_p = \alpha \cdot [-\ln(1 - p)]^{\frac{1}{\beta}} \qquad (1.46)$$

mentre l'affidabilità risulta essere:

$$R(t) = \exp\left[-\left(\frac{t}{\alpha}\right)^\beta\right] \qquad (1.47)$$

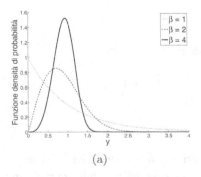
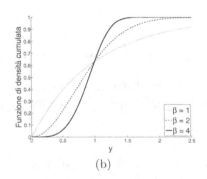

(a)   (b)

Figura 1.14. Distribuzione di Weibull: a) p.d.f. al variare del parametro β; b) c.d.f. al variare del parametro β

Esempio 1.11 Si abbia la vita a fatica 'pulsante' di molle sospensione auto distribuita come una Weibull con $\alpha = 300000$ cicli e $\beta = 2$. Calcolare il percentile 50% e la percentuale di pezzi che cede prima di 100000 cicli.

Utilizzando la (1.46) e la (1.45) risulta $t_{0.50} = 249760$ cicli e $F(100000) = 0.105$.

La distribuzione di Weibull si caratterizza per il cosiddetto **effetto di scala**, che sarà descritto meglio in Cap.3 e Cap.7. Consideriamo un sistema costituito da un sistema in serie di n componenti identici e indipendenti. L'affidabilità del sistema risulta quindi essere (vedasi Cap. 6):

$$R_{tot} = R_1 \cdot R_2 \cdot R_3 \cdots R_n \qquad (1.48)$$

Se gli n componenti sono descritti da una Weibull l'affidabilità risulta:

$$R_{tot} = \exp\left[-\left(\frac{t}{\alpha}\right)^{\beta}\right] \cdot \exp\left[-\left(\frac{t}{\alpha}\right)^{\beta}\right] \cdots \exp\left[-\left(\frac{t}{\alpha}\right)^{\beta}\right]$$
$$= \exp\left[-n \cdot \left(\frac{t}{\alpha}\right)^{\beta}\right] \qquad (1.49)$$

L'affidabilità si può scrivere con:

$$R_{tot} = \exp\left[-\left(\frac{t}{\alpha_{tot}}\right)^{\beta}\right] \qquad (1.50)$$

con:

$$\alpha_{tot} = \frac{\alpha}{n^{\frac{1}{\beta}}}. \qquad (1.51)$$

Considerando l'espressione della funzione (1.47) si può affermare quindi che un sistema composto da n unità indipendenti descritte da una Weibull con parametri α e β è ancora descritta da una distribuzione di Weibull con parametro di forma β e parametro di scala α_{tot}.

Esempio 1.12 Supponiamo di avere un'auto che monta quattro molle con gli stessi parametri dell'Esempio 1.11 ($\alpha = 300000$ e $\beta = 2$). A quale numero di cicli si ha una probabilità di cedimento del 10% per il complessivo delle quattro molle?

L'auto si considera fuori uso quando una sola delle quattro molle cede, per cui è possibile applicare le formule appena definite. Applicando la (1.51) si ha che $\alpha_{tot} = \frac{300000}{4^{\frac{1}{2}}} = 150000$. Il percentile $t_{0.10}$ è quindi pari a 48700 cicli.

Rappresentando la nuova distribuzione (Fig. 1.15) si nota che la distribuzione delle durate delle quattro molle in serie è radicalmente diversa da quella di partenza.

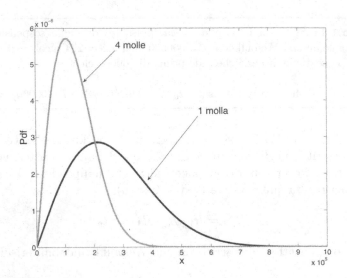

Figura 1.15. Esempio 1.12: funzione densità di probabilità per la singola molla e per il sistema di quattro molle

---

Distribuzione di Weibull a 3 parametri

Si definisce distribuzione Weibull a tre parametri quella distribuzione che ha come funzione di densità cumulata:

$$F(t) = 1 - \exp\left[-\left(\frac{t - t_0}{\alpha}\right)^{\beta}\right] \tag{1.52}$$

definita per $t \geq t_0$. ll parametro t_0 che permette la traslazione della curva lungo le ascisse.

1.2.5 Smallest Extreme Value Distribution (SEVD)

La SEVD è molto usata per descrivere, in modo asintotico, i valori minimi assunti da un esperimento aleatorio (vedasi Cap.3).

Sia T una v.a. con distribuzione Weibull di parametri α e β, allora $Y = \ln(T)$ ha distribuzione SEVD con parametri $\delta = \log(\alpha)$ (parametro di forma) e $\lambda = \frac{1}{\beta}$ (parametro di posizione). La funzione di densità di probabilità di Y è:

$$f(y) = \frac{1}{\delta}\exp\left[\frac{y - \lambda}{\delta}\right]\exp\left(-\exp\left[\frac{y - \lambda}{\delta}\right]\right) \qquad -\infty < y < \infty. \tag{1.53}$$

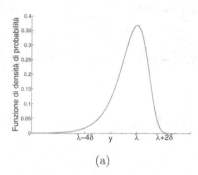
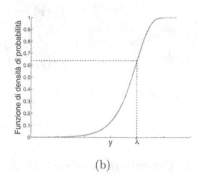

(a)   (b)

Figura 1.16. Distribuzione SEVD: a) funzione densità di probabilità; b) funzione di probabilità cumulata

La funzione di densità cumulata è quindi (Fig. 1.16):

$$F(y) = 1 - \exp\left[-\exp\left(\frac{y - \lambda}{\delta}\right)\right]. \tag{1.54}$$

Si noti che $F(\lambda) = 0.632$. Il percentile $p \cdot 100\%$ della SEVD si può esprimere come:

$$y_p = \lambda + \delta \cdot u_p \tag{1.55}$$

avendo posto

$$u_p = \ln\left[-\ln\left[1 - p\right]\right]. \tag{1.56}$$

1.3 Variabili multiple

Abbiamo fin qui discusso la modellazione della variabilità di una sola grandezza. Dal punto di vista pratico, nel seguito, descriveremo problemi con più di una sola variabile e può essere utile descrivere congiuntamente più variabili aleatorie. In questa sezione vengono illustrati alcuni concetti di base per la descrizione congiunta di v.a. continue.

1.3.1 Distribuzione congiunta

Consideriamo due v.a. continue X ed Y: la densità di probabilità congiunta $f_{X,Y}(x, y) \cdot dxdy$ esprime la probabilità di accadimento della coppia di valori x, y (in un intervallo $dx \cdot dy$). La probabilità cumulata di X ed Y si esprime:

$$F_{X,Y} = Prob(X \leq x, Y \leq y) = \int_{-\infty}^{x} \int_{-\infty}^{y} f_{X,Y}(u, v) \, du \, dv \tag{1.57}$$

Nel caso interessi conoscere la *distribuzione marginale* di una variabile tramite $f_{X,Y}(x, y)$ (eliminando l'effetto dell'altra variabile):

$$f_X(x) = \int_{-\infty}^{\infty} f_{X,Y}(x,y)dy \qquad (1.58)$$

$$f_Y(y) = \int_{-\infty}^{\infty} f_{X,Y}(x,y)dx \qquad (1.59)$$

Se le variabili X ed Y sono indipendenti risulta:

$$f_{X,Y}(x,y) = f_X(x) \cdot f_Y(y) \qquad (1.60)$$

1.3.2 Covarianza e correlazione

La **covarianza** di due variabili casuali X e Y, indicata con $Cov(X,Y)$, è il momento di second'ordine sulle rispettive medie μ_X e μ_Y:

$$\begin{aligned} Cov(X,Y) &= E[(X - \mu_X)(Y - \mu_Y)] \\ &= E[XY - \mu_X Y - X\mu_Y + \mu_X\mu_Y] \\ &= E(XY) - \mu_X\mu_Y = E(XY) - E(X)E(Y) \end{aligned} \qquad (1.61)$$

La covarianza rappresenta il grado di relazione lineare tra due variabili casuali X e Y dalla quale, adimensionalizzando, risulta il **coefficiente di correlazione**:

$$\rho_{X,Y} = \frac{Cov(X,Y)}{\sigma_X \sigma_Y} \qquad -1 \le \rho_{X,Y} \le 1. \qquad (1.62)$$

Nel caso di $\rho = 0$ non esiste alcuna correlazione lineare tra le due variabili, per $\rho = 1$ i dati sono distribuiti esattamente su una retta con pendenza positiva, per $\rho = -1$ i dati sono distribuiti esattamente su una retta con pendenza negativa, in tutti gli altri casi quanto più $\rho \to \pm 1$, tanto meglio i dati si addensano attorno ad una retta.

1.3.3 Distribuzione gaussiana bivariata

Supponiamo che X e Y siano due variabili aleatorie. Diremo che la coppia (X,Y) ha distribuzione congiunta **gaussiana** (o **normale**) se la sua densità bivariata (Fig. 1.17) è:

$$\begin{aligned} f_{X,Y}(x,y) = \frac{1}{2\pi\sigma_X\sigma_Y\sqrt{1-\rho_{X,Y}^2}} \exp\Bigg[&-\frac{1}{2(1-\rho_{X,Y}^2)}\Bigg[\left(\frac{x-\mu_X}{\sigma_X}\right)^2 \\ &- 2\rho_{X,Y}\frac{(x-\mu_X)(y-\mu_X)}{\sigma_X\sigma_Y} + \left(\frac{y-\mu_Y}{\sigma_Y}\right)^2\Bigg]\Bigg] \end{aligned} \qquad (1.63)$$

dove (μ_X, σ_X) e (μ_Y, σ_Y) sono i parametri delle due gausssiane che rappresentano le distribuzioni marginali.

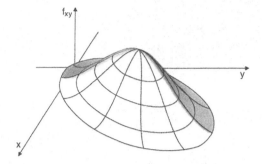

Figura 1.17. Forma della distribuzione gaussiana bivariata

Esempio 1.13 Considerando ad esempio il file `forza_vert_lat.txt` relativo alle forze verticali e laterali misurate su un assale di un rimorchio [7], è possibile plottare i dati su un diagramma cartesiano notando l'evidente correlazione tra le due grandezze (Fig. 1.18). Le medie delle due grandezze sono:

$$\bar{x} = 41760 \ [N] \qquad\qquad \bar{y} = 36307 \ [N]$$

la matrice di covarianza, costituita da termini diagonali pari alle varianze dei parametri e termini extra-diagonali pari alle covarianze, è:

$$\hat{V} = \begin{bmatrix} 12928351 & 2582585 \\ 2582585 & 13910641 \end{bmatrix}. \tag{1.64}$$

mentre il coefficiente di correlazione risulta essere $\rho_{X,Y} = 0.1926$. I dati possono essere descritti con una distribuzione multivariata le cui linee di livello sono riportate in Fig. 1.18.

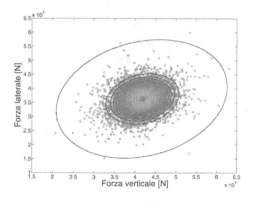

Figura 1.18. Esempio 1.13: analisi mediante gaussiana multivariata della dispersione di forze verticali e laterali dell'assale posteriore di un rimorchio

2

Metodi di stima dei parametri di una distribuzione

2.1 Stimatori e loro proprietà

Supponiamo di essere interessati ad un esperimento i cui risultati "incerti" sono descritti da una v.a. Y, avente densità $f(y, \theta)$ nota a meno di un parametro $\theta \in \Theta$. Sia $Y_1, \ldots, Y_n$ un campione casuale semplice dalla variabile Y, siamo interessati a stimare il parametro θ sulla base di una realizzazione campionaria $y_1, \ldots, y_n$. Una funzione del campione $\hat{X}(Y_1, \ldots, Y_n)$ a valori in Θ è detta **statistica** o **stimatore** di θ. Il valore osservato $\hat{x}(y_1, \ldots, y_n)$ è detto stima di θ. Ad esempio abbiamo visto nel paragrafo 1.1.6 come la media campionaria è uno stimatore della media di Y o come la varianza campionaria è uno stimatore della varianza di Y. In generale, le proprietà desiderabili per uno stimatore sono:

- **correttezza** o **non distorsione**: se vale (vedasi anche Fig. 2.1)

$$E(\hat{X}) = \vartheta ; \tag{2.1}$$

   lo stimatore è asintoticamente corretto se:

$$\lim_{n \to \infty} E(\hat{X}) = \vartheta ; \tag{2.2}$$

- **minima varianza (Efficienza):** tra gli stimatori corretti si cerca di sceglie quello con varianza minima (vedasi anche Fig. 2.2). Il metodo della Massima Verosimiglianza, sotto alcune condizioni di regolarità, (vedere Sec. 2.5) fornisce degli stimatori asintoticamente efficienti;
- **consistenza:** se

$$Prob\left(\left|\hat{X} - \vartheta\right| < \epsilon\right) \to 1 \tag{2.3}$$

   per $n \to \infty$ e $\forall \epsilon > 0$ Lo stimatore converge asintoticamente in probabilità a ϑ.

Si osservi come ad ogni realizzazione campionaria corrisponde una diversa stima del parametro θ: la statistica $\hat{X}$ è una variabile aleatoria la cui distribuzione è detta **distibuzione campionaria**.

Beretta S: Affidabilità delle costruzioni meccaniche.
© Springer-Verlag Italia, Milano 2009

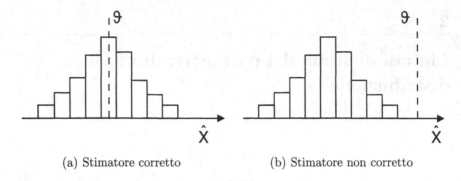

(a) Stimatore corretto   (b) Stimatore non corretto

Figura 2.1. Correttezza di uno stimatore

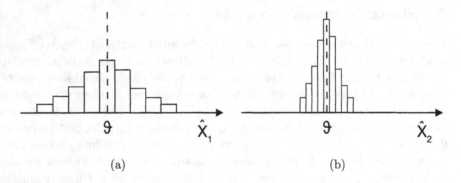

(a)   (b)

Figura 2.2. Efficienza di uno stimatore: lo stimatore (b) è più efficiente dello stimatore (a)

2.2 Carte di probabilità

Negli esempi del capitolo precedente abbiamo visto degli istogrammi e dei grafici di probabilità cumulate, da tali grafici risulta abbastanza difficile decidere se i dati provengano o meno da una data distribuzione. Abbiamo inoltre bisogno di uno strumento per giudicare, una volta stimati i parametri di una distribuzione o di un modello statistico, quanto la distribuzione si adatta ai dati. Lo strumento più semplice e pratico a tale scopo è la **carta di probabilità**, una particolare trasformazione di coordinate (diversa per ogni distribuzione) che permette di linearizzare (vedasi Fig. 2.3) la relazione fra i dati e le probabilità cumulate.

Tali trasformazioni, per le diverse distribuzioni, sono calcolate a partire dalle relazioni tra percentile $p \cdot 100\%$ e probabilità cumulata. All'interno di questi grafici è possibile introdurre i dati in termini di probabilità cumulata empirica.

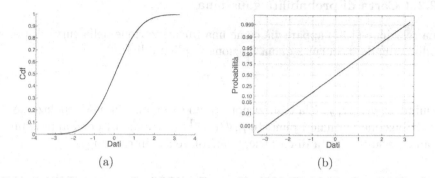

(a)   (b)

Figura 2.3. Carta di probabilità: a) funzione di densità cumulata generica;
b) corrispondente carta di probabilità

2.2.1 Probabilità cumulata empirica

Dato il campione $X_1, X_2, \ldots, X_n$ da una popolazione di distibuzione $F(x)$, si consideri la statistica d'ordine $X_{(1)}, X_{(2)}, \ldots, X_{(n)}$, ovvero il campione ordinato in senso crescente: ad esempio $X_{(1)}$ rappresenta la più piccola osservazione e $X_{(n)}$ la più grande. Si definisce **probabilità cumulata empirica**:

$$q(X_{(i)}) = q_i = \frac{i}{n+1}, \qquad (N > 10); \qquad (2.4)$$

$$q(X_{(i)}) = q_i = \frac{i-0.3}{N+0.4}, \qquad (N \leq 10). \qquad (2.5)$$

La probabilità cumulata empirica è una stima della probabilità cumulata di popolazione $F(x)$. [1]

2.2.2 Carta di probabilità esponenziale

Dalla (1.38), si può facilmente ottenere che:

$$t = -\frac{1}{\lambda} \cdot \ln(1 - F). \qquad (2.6)$$

Quindi se $t_1, \ldots, t_n$ è la realizzazione di un campione da una distribuzione esponenziale, i punti $(t_{(i)}, -\ln(1-q_i))$ dovranno disporsi approssimativamente su una retta passante per l'origine di coefficiente angolare $\frac{1}{\lambda}$.

---

[1] Il valore $(N+1)$, come pure $(N+0.4)$, è necessario per 'correggere' la probabilità cumulata per un campione di dimensioni pratiche limitato: senza questa correzioni q_N sarebbe uguale al 100% (una proprietà che compete solo all'estremo superiore del campo di esistenza $\mathcal{Y}$).

2.2.3 Carta di probabilità gaussiana

La relazione (1.33) appare già come una linearizzazione della curva di probabilità cumulata, in cui z è una funzione implicita di F:

$$z = \Phi(F)^{-1}. \tag{2.7}$$

Quindi se $y_1, \ldots, y_n$ è la realizzazione di un campione da una popolazione con distribuzione normale i punti $(y_{(i)}, \Phi(q_i)^{-1})$ dovranno disporsi approssimativamente su una retta di coefficiente angolare σ e intercetta μ.

Esempio 2.1 Si usino i dati delle durate dei gruppi freno (Tabella A.1) dell'Esempio (1.5) verificando che siano distribuiti come una distribuzione normale e si mostri la carta di probabilità risultante.

Avendo i dati dei cedimenti cumulati possiamo calcolare q_i tramite la correzione $(N+1)$ e calcolare quindi z_i (2.7). Utilizzando la media ottenuta nell'Es. 1.3 possiamo calcolare la deviazione standard tramite le (1.14) e (1.16):

- $\mu = 74200$ km;
- $\sigma = 12180$ km.

È possibile ora plottare i dati sulla carta di probabilità (y_i, z_i). Per rappresentare la retta corrispondente alla gaussiana con parametri μ e σ, calcoliamo la variabile $z_{calc,i} = \frac{y_i - \mu}{\sigma}$: la gaussiana corrisponde alla serie $(y_i, z_{calc,i})$. Si nota, dalla carta di probabilità in Fig. (2.4), che i dati sono adeguatamente descritti dalla distribuzione gaussiana, come prevedibile, vista la forma quasi simmetrica della Fig. (1.5(a)).

Esempio 2.2 Si usino i dati degli sforzi in Tabella A.2 rilevati in un assile ferroviario, mostrando se siano distribuiti come una log-normale; si mostri la carta di probabilità risultante.

La procedura da effettuare per plottare i dati su una carta di probabilità log-normale è la medesima che si applica per i dati della distribuzione gaussiana, con l'unica

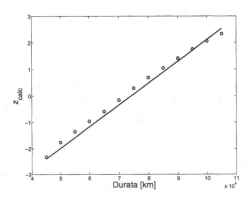

Figura 2.4. Esempio 2.1: carta probabilità dei dati riportati in Tabella A.1

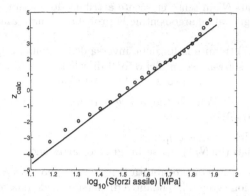

Figura 2.5. Esempio 2.2: carta di probabilità log-normale dei dati riportati in Tabella A.2

differenza di eseguire i calcoli sul valore argomentale $\log_{10}(dati)$. I dati sono ben descritti con parametri della distribuzione pari a:

- $\mu = 1.83$ corrispondente a $10^{1.83} = 67$ MPa ;
- $\sigma = 0.09$.

In questo caso è stata scelta una distribuzione log-normale giacché la Fig. (1.7) aveva mostrato un istogramma non simmetrico attorno al valore modale.

2.2.4 Carta di probabilità Weibull

Nel caso della Weibull la relazione che linearizza la funzione di densità cumulata si ricava facilmente dalla (1.46) del percentile della Weibull. Infatti applicando la funzione logaritmo naturale ad entrambi i membri dell'equazione si ottiene:

$$\ln(t) = \ln(\alpha) + \frac{1}{\beta} \cdot \ln\left[-\ln\left(1 - F\right)\right]. \qquad (2.8)$$

Si ha dunque che se $t_1, \cdots, t_n$ sono le ralizzazioni di una popolazione Weibull, allora i punti $\left(\ln(t_{(i)}), \ln(-\ln(1 - q_i))\right)$ si disporranno approssimativamente su una retta il cui coefficiente angolare è $\frac{1}{\beta}$ e la cui intercetta è $\ln(\alpha)$.

Esempio 2.3 Sia dato il set di dati in Tabella A.4 (`molle.txt`) relativo alla durata a fatica di molle sospensione auto soggette a prove di fatica pulsante fino al carico di schiacciamento a pacco: in tabella sono riportati i cicli a fatica N_f cui si sono rotte le 35 molle del campione. Verificare con quale distribuzione (gaussiana o Weibull) è possibile descrivere la vita a fatica delle molle.

Per verificare con quale distribuzione analizzare i dati basta rappresentarli sulla carta di probabilità della distribuzione che si considera. Se consideriamo la distribuzione gaussiana i passi da seguire sono i seguenti:

- si ordinano i dati N_f in senso crescente attribuendo un numero d'ordine i;
- si calcola per ogni valore argomentale la probabilità cumulata empirica q_i con la (2.4);
- si calcola z_i (2.7) tramite la funzione inversa della cumulata gaussiana (disponibile nei comuni software scientifici o fogli di calcolo);
- si riportano i dati $(N_{f,i}, z_i)$ su un grafico cartesiano.

Per la distribuzione di Weibull (dopo aver ordinato i dati, attribuito il numero d'ordine e calcolato q_i):

- si calcola $u_i = \ln\left[-\ln\left(1 - q_i\right)\right]$;
- si riportano i dati $(\ln(N_{f,i}), u_i)$ su un grafico cartesiano.

Confrontando le due carte di probabilità (Fig. 2.6) si può osservare come i dati, nel caso della distribuzione Weibull, tendano a disporsi secondo una retta: la distribuzione di Weibull verrà quindi scelta per analizzare i dati. L'ulteriore passo dell'analisi consisterà nel calcolare i parametri della distribuzione e rappresentarla sulla carta insieme ai dati.

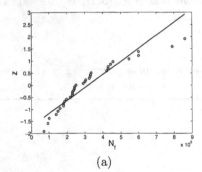
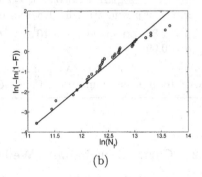

(a)   (b)

Figura 2.6. Esempio 2.3: carte di probabilità dei dati in Tabella A.4: a) gaussiana; b) Weibull

2.3 Intervalli di confidenza

Consideriamo, al solito, un campione $Y_1, \ldots, Y_n$ proveniente da una distribuzione $F(y, \theta)$ nota a meno del parametro θ che supponiamo essere un numero reale. Una coppia di statistiche $\hat{X}_1(Y_1, \ldots, Y_n)$ e $\hat{X}_2(Y_1, \ldots, Y_n)$ tale che $Prob(\hat{X}_1 \leq \hat{X}_2) = 1$ è detta **intervallo di confidenza** per il parametro θ di livello $\gamma \in (0, 1)$ se:

$$Prob(\hat{X}_1 \leq \theta \leq \hat{X}_n) \geq \gamma.$$

Possiamo dunque pensare all'intervallo di confidenza come ad un segmento aleatorio sull'asse dei numeri reali che contiene il parametro θ per almeno una frazione γ delle sue realizzazioni. Significa, ad esempio, che considerando un dato numero di campioni, estratti dalla popolazione di dati, il $\gamma \cdot 100\%$ di essi fornirà un intervallo di confidenza che comprende l'incognito θ.

2.4 Stime dei parametri per alcune distribuzioni

2.4.1 Stime dei parametri: distribuzione gaussiana

Dati i valori argomentali $x_1, x_2...x_n$ di un campione estratto da una distribuzione gaussiana, le stime dei parametri μ e σ si calcolano con (1.18) e (1.19).

Intervallo di confidenza di μ con σ nota

Per una distribuzione gaussiana con σ nota si dimostra (con l'algebra delle variabili gaussiane) che la distribuzione campionaria della statistica $\bar{X}$ (stimatore del valor medio) è una distribuzione gaussiana con media μ e deviazione standard $\frac{\sigma}{\sqrt{n}}$, dove n è la numerosità del campione. La banda di confidenza per il parametro μ è quindi:

$$\bar{X} - K_\gamma \cdot \frac{\sigma}{\sqrt{n}} \leq \mu \leq \bar{X} + K_\gamma \cdot \frac{\sigma}{\sqrt{n}} \tag{2.9}$$

con K_γ = percentile $\frac{1+\gamma}{2}$ normale standardizzato (vedi Fig. 2.7). Quindi il vero valore μ è contenuto per il $\gamma \cdot 100\%$ dei campioni nell'intervallo $\bar{X} \pm K_\gamma \cdot \frac{\sigma}{\sqrt{n}}$. In particolare la banda di confidenza al 95% corrisponde a:

$$\bar{X} \pm 1.96 \frac{\sigma}{\sqrt{n}}. \tag{2.10}$$

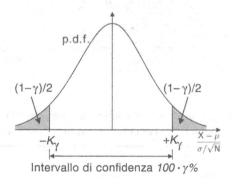

Figura 2.7. Limiti di un intervallo di confidenza bilatero

Esempio 2.4 Si consideri una distribuzione con $\mu = 170$ e $\sigma = 7$: estraendo da questa dei campioni composti da $N = 16$ individui, i valori medi di questi campioni sono distribuiti come una gaussiana $N(170, \frac{7}{\sqrt{16}})$. Il 95% dei valori medi dovrà quindi cadere nell'intervallo $(166.57, 173.43)$ (vedasi (2.10)). Tale informazione è di utilità pressoché nulla se non si conosce μ: risulta quindi più conveniente esprimere l'intervallo che con una confidenza del 95% contiene μ (si veda (2.9)). Ad esempio estraendo un campione con $\bar{x} = 172$, l'intervallo di confidenza contiene il valore incognito μ (Fig. (2.8(a))). Lo stesso non succede invece con un altro campione che fornisce $\bar{x} = 175$: perché? Il concetto di confidenza è illustrato nella Fig. (2.8(b)): estraendo un numero grande di campioni, per il 95% di essi l'intervallo di confidenza stimato contiene μ (il 5% degli intervalli invece non contiene μ).

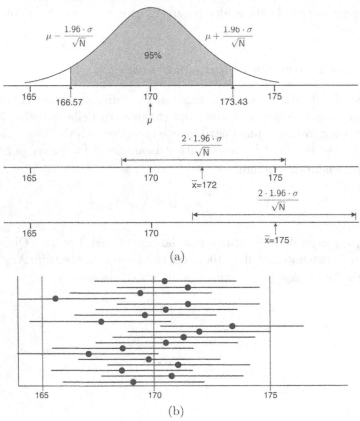

Figura 2.8. Esempio 2.4: intervallo di confidenza per $\mu = 170$, $\sigma = 7$ con $N = 16$: a) estrazione di due campioni; b) andamento intervalli di confidenza su diversi campioni

Gli intervalli di confidenza possono anche essere espressi in modo unilatero. In particolare cercando la statistica $\bar{X} + \varepsilon$ che supera (intervallo sulla coda desta) o che è inferiore (intervallo sulla coda sinistra) a θ per il $\gamma \cdot 100\%$ delle realizzazioni. Ricordando che $\frac{\bar{X}-\mu}{\sigma/\sqrt{n}}$ ha distribuzione normale standard, risulta che (vedasi Fig. (2.9)):

$$\varepsilon = \pm z_\gamma \cdot \frac{\sigma}{\sqrt{n}}.$$

In particolare il valore minore di μ in 95 esperimenti su 100 è:

$$\bar{X} - 1.645 \cdot \frac{\sigma}{\sqrt{n}}. \tag{2.11}$$

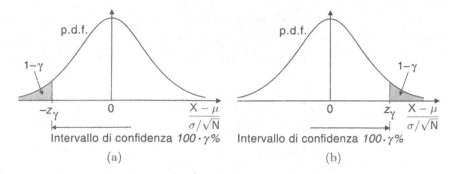

Figura 2.9. Intervalli di confidenza unilateri: a) limite di confidenza inferiore; b) limite di confidenza superiore

---

Esempio 2.5 Si considerino le durate a fatica di un lotto di 5 molle, proveniente da una popolazione log-normale con $\sigma = 0.16$: 131500, 153600, 170000, 281500, 310000 [cicli]. Calcolare la vita media che possiamo garantire con una confidenza del 90% che venga superata.

Considerando i logaritmi delle durate, la media risulta pari a 5.295. Il percentile 10% normale standardizzato risulta -1.282. La vita media con confidenza 90% è:

$$\overline{x}_{90} = 5.295 - 1.282 \cdot \frac{0.16}{\sqrt{5}} = 5.2033.$$

Il numero di cicli corrispondente è dunque 159698. In [8] viene definito **Risk Factor** il rapporto tra il valor medio dei cicli e il valore di cicli corrispondente al valore inferiore della banda di confidenza, cioè:

$$R_F = \frac{10^{5.295}}{10^{5.2033}} = \frac{197388}{159698} = 1.2360.$$

Il Risk Factor può essere inteso come coefficiente di sicurezza (da applicare al valor medio di 197388 cicli) per ricavare il limite inferiore della confidenza unilatera.

Utilizzando il concetto di Risk Factor spiegato nell'Esempio 2.5, l'istituto di ricerca LBF [8] ha definito delle mappe dalle quali è possibile calcolare l'estremo inferiore della banda, al 90% di confidenza, della media delle distribuzioni log-normali (si veda Fig. (2.10)). Tali mappe sono un modo semplice (proposto attraverso un coefficiente di sicurezza da applicare alla vita media N_{50}) per applicare una corretta analisi statistica delle prove di fatica sui componenti, sotto l'ipotesi (generalmente valida) che i dati appartengano ad una distribuzione lognormale.

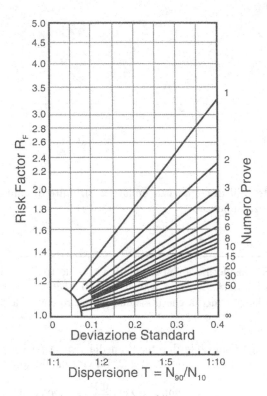

Figura 2.10. Risk Factor (confidenza del 90%) per analizzare prove di durata di componenti (tratto da [8])

Distribuzione χ^2

Siano $X_1, X_2...X_\nu$, delle variabili gaussiane standard indipendenti, allora la variabile casuale:

$$\chi^2_\nu = X_1^2 + X_2^2 + ... + X_\nu^2 \tag{2.12}$$

è distribuita secondo una χ^2 con ν gradi di libertà avente funzione densità di probabilità:

$$f(c) = \frac{1}{2^{\nu/2}\Gamma(\nu/2)} \cdot \exp\left[-\frac{c}{2}\right] \cdot c^{\nu/2-1} \tag{2.13}$$

dove

$$\Gamma(\nu) = \int_0^\infty e^{-y} \cdot y^{\nu-1} dy. \tag{2.14}$$

Il parametro ν corrisponde ai gradi di libertà dopo aver stimato un parametro o fittato una distribuzione. La probabilità cumulata è rappresentata in Fig. 2.11 al variare dei gradi di libertà: in virtù del teorema del limite centrale la distribuzione χ^2 tende ad una distribuzione normale per $\nu \to \infty$. I percentili che indicheremo con $\chi^2(p;\nu)$ sono tabulati in B.3.

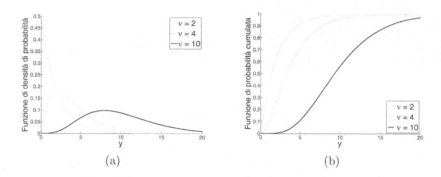

Figura 2.11. Distribuzione χ^2: a) p.d.f. al variare dei gradi di libertà; b) c.d.f. al variare dei gradi di libertà

Intervallo di confidenza per σ

Per la stima di σ si dimostra che la distribuzione campionaria $(n-1) \cdot \frac{S^2}{\sigma^2}$ è la distribuzione χ^2 con $(n-1)$ gradi di libertà. L'intervallo di confidenza al $\gamma \cdot 100\%$ è:

$$\frac{s}{\sqrt{\frac{\chi^2((1+\gamma)/2; n-1)}{n-1}}} \leq \sigma \leq \frac{s}{\sqrt{\frac{\chi^2((1-\gamma)/2; n-1)}{n-1}}}. \tag{2.15}$$

Esempio 2.6 Si abbia il campione di dati relativo al carico di rottura di una PA66 con 30% di fibre di vetro (Tabella A.14): stimare la σ e calcolarne la banda di confidenza al 95%.

Considerando i dati si ottiene $s = 3.797$ su un campione di $n = 12$ individui. Dai percentili $\chi^2(0.025; 11) = 3.816$ e $\chi^2(0.975, 11) = 21.92$ si ottiene: $2.69 \leq \sigma \leq 6.44$.

Distribuzione t-Student

Siano Z e V due variabili casuali indipendenti con Z gaussiana standardizzata e V distribuita come una χ^2_ν (cioè χ^2 con ν gradi di libertà).

La variabile $T = Z/(V/\nu)^{0.5}$ ha distribuzione detta t-Student con ν gradi di libertà, la cui densità di probabilità è:

$$f(t) = \frac{1}{\sqrt{\nu \pi}} \cdot \frac{\Gamma(\frac{\nu+1}{2})}{\Gamma(\frac{\nu}{2})} \cdot \left(1 + \frac{t^2}{\nu}\right)^{-\frac{\nu+1}{2}} \tag{2.16}$$

I percentili di una t-Student che indicheremo con $t(p; \nu)$ sono riportati in Tabella B.4; si può notare come per $\nu \to \infty$ i percentili della t-Student coincidono con quelli della gaussiana standardizzata.

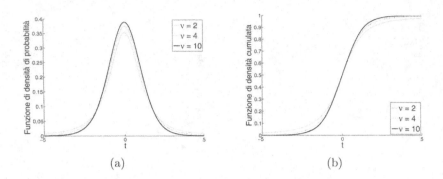

(a)   (b)

Figura 2.12. t-Student: a) p.d.f. al variare dei gradi di libertà; b) c.d.f. al variare dei gradi di libertà

Intervallo di confidenza per μ con σ incognita

Per una distribuzione gaussiana con σ non nota si dimostra che la quantità $\frac{\bar{X}-\mu}{S/\sqrt{n}}$ ha una distribuzione t-Student con $(n-1)$ gradi di libertà. L'intervallo di confidenza della media μ diventa quindi:

$$\bar{X} - t((1+\gamma)/2;\, n-1) \cdot s \leq \mu \leq \bar{X} + t((1+\gamma)/2;\, n-1) \cdot s. \qquad (2.17)$$

Esempio 2.7 Si consideri il campione di dati relativo al carico di rottura di una PA66 con 30% di fibre di vetro (Tabella A.14): stimare la μ e calcolarne la banda di confidenza al 95%.

Considerando i dati si ottengono $\bar{X} = 118.3$ ed $s = 3.797$ su un campione di $n = 12$ individui. Dal percentile $t(0.975, 11) = 2.201$ si ottiene: $109.94 \leq \mu \leq 126.66$.

Intervallo di confidenza per il percentile

La stima del percentile di ordine $p \cdot 100\%$ risulta:

$$\hat{x}_p = \bar{X} + z_p \cdot s. \qquad (2.18)$$

Il limite inferiore per una confidenza $\gamma \cdot 100\%$ del percentile x_p è espresso da:

$$x_{\underset{\sim}{p}} = \bar{X} - K(n;\, \gamma;\, p) \cdot s \qquad (2.19)$$

dove $K(n;\, \gamma;\, p)$ è tabulato in B.5.

In particolare l'Eurocodice 3 [9] utilizza questi concetti definendo le proprietà di resistenza di un materiale da utilizzare nel calcolo, ricavate a partire da una serie di dati sperimentali, come il percentile 5% con una confidenza di essere superato $\gamma = 75\%$. Un documento IIW [10], sulla base degli stessi concetti, propone per $K(n; \gamma; p)$ la formula (espressa per il percentile 5% e $\gamma = 75\%$):

$$K(n; 0.75; 0.05) = \frac{t(0.875; n-1)}{\sqrt{n}} + 1.645 \cdot \sqrt{\frac{n-1}{\chi^2(0.125; n-1)}} \, . \qquad (2.20)$$

Questa equazione permette di capire da cosa deriva $K(n; \gamma; p)$: esso è la combinazione tra l'estremo inferiore della banda di confidenza della media (il termine $t(0.875; n-1)$) e l'estremo superiore della banda di confidenza di σ (il termine $\sqrt{\frac{n-1}{\chi^2(0.125; n-1)}})^2$.

È semplice applicare la (2.20) per altre probabilità di cedimento sostituendo al termine 1.645 (corrispondente a $\Phi^{-1}(0.95)$) gli opportuni percentili della gaussiana standardizzata.

Esempio 2.8 Si consideri il campione di dati relativo al carico di snervamento di un acciaio P110: 818, 843, 830, 824, 835, 850 [MPa]. Stimare la resistenza caratteristica di progetto.

Considerando i dati si ottengono $\bar{X} = 833.33$ MPa ed $s = 11.89$ MPa. L'estremo inferiore della banda di confidenza $\gamma = 75\%$ per il percentile 5%, calcolato con la (2.20), risulta:

$$x_{0.05} = \bar{X} - 3.26 \cdot s = 794.5 \, \text{MPa} \, .$$

Una semplice stima del percentile avrebbe invece fornito: $\hat{x}_{0.05} = 813.8$ MPa.

2.4.2 Stime dei parametri: distribuzione esponenziale negativa

Se $t_1, t_2 \ldots t_n$ sono i valori osservati di un campione estratto da una distribuzione esponenziale negativa (1.37) la stima del parametro λ è data dall'inverso dalla media dei valori osservati, cioè:

$$\hat{\lambda} = \frac{1}{\bar{t}} \, . \qquad (2.21)$$

La banda di confidenza bilatera di $\hat{\lambda}$ al livello di confidenza $\gamma \cdot 100\%$ è delimitata dai seguenti estremi inferiore e superiore:

$$\underline{\lambda} = \frac{\chi^2((1-\gamma)/2; 2n)}{(2n \cdot \bar{t})} \qquad \tilde{\lambda} = \frac{\chi^2((1+\gamma)/2; 2n)}{(2n \cdot \bar{t})} \, . \qquad (2.22)$$

---

[2] Il percentile 0.875 per la confidenza deriva da, considerando indipendenti gli errori su media e dispersione, $0.875 = \sqrt{0.75}$.

Per $n > 15$ i limiti di confidenza si possono approssimare con:

$$\underline{\lambda} = \frac{1}{\bar{t}} \cdot \exp^{-1}\left(K_\gamma/\sqrt{n}\right), \qquad\qquad \tilde{\lambda} = \frac{1}{\bar{t}} \cdot \exp\left(K_\gamma/\sqrt{n}\right) \qquad (2.23)$$

dove K_γ è il percentile $(1+\gamma)/2$ della gaussiana standardizzata.
La stima del percentile $p \cdot 100\%$ è:

$$\hat{t}_p = -\bar{t} \cdot \ln(1-p). \qquad (2.24)$$

Gli estremi della banda di confidenza bilatera al $\gamma \cdot 100\%$ sono:

$$\underline{t}_p = \frac{(2n \cdot \bar{t})}{\chi^2((1+\gamma)/2; 2n)} \cdot \ln(1-p), \qquad \tilde{t}_p = \frac{(2n \cdot \bar{t})}{\chi^2((1-\gamma)/2; 2n)} \cdot \ln(1-p).$$
$$(2.25)$$

Esempio 2.9 In riferimento all'Esempio 1.2 calcolare l'onda con una probabilità di superamento pari all'1%.

Per verificare che i dati siano distribuiti come una distribuzione esponenziale negativa si plottano i dati sulla carta di probabilità nella quale l'asse delle ascisse rappresenta i dati mentre l'asse delle ordinate $-\ln(1-F)$, dove al posto di F si usa la probabilità cumulata empirica q_i (calcolata come $\frac{i}{N+1}$ essendo $N > 10$). La carta di probabilità è rappresentata in Fig. (2.13). Si nota che i dati, eccetto i due a dimensione maggiore, seguono bene la distribuzione esponenziale.

Il parametro $\tilde{\lambda}$ viene stimato secondo la (2.21) e risulta: $\hat{\lambda} = 1.8206$ ($\bar{t} = 0.549$): la retta corrispondente alla distribuzione teorica può essere rappresentata calcolando $t_{calc,i} = \bar{t} \cdot \ln(1-q_i)$ e riportando sul grafico la serie ($t_{calc,i}, -\ln(1-q_i)$). Considerando che la probabilità di superamento pari all'1% corrisponde a $F = 99\%$, dalla (2.24) per $p = 99\%$ si ottiene:

$$\hat{t}_{0.99} = 2.53 \text{ m}$$

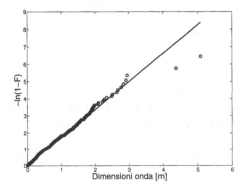

Figura 2.13. Esempio 2.9: carta probabilità dei dati relativi alle onde (onde.txt)

Esempio 2.10 Si considerino le misure delle dimensioni dei difetti (Tabella A.5, file `inclusioni.zip`) rilevate in un acciaio da costruzione. Si supponga che i dati provengano da una distribuzione esponenziale e si mostri la carta di probabilità risultante.

Dopo aver ordinato in senso crescente i dati e dopo aver verificato che la numerosità del campione è maggiore di 10 (qui in particolare 69), si utilizza la (2.4) per calcolare il vettore probabilità cumulata empirica contenente i valori di probabilità cumulata empirica di ogni singolo campione utilizzando come indice i il numero progressivo associato (da 1 a 69). Rappresentando la serie $(t_i, -\ln(1 - q_{(i)}))$ su un grafico cartesiano si ottiene la carta di probabilità: dai calcoli risulta $\hat{\lambda} = 0.3691$ e, riportando la distribuzione sulla carta di Fig. (2.14), si nota che la retta che rappresenta la distribuzione esponenziale non descrive bene l'andamento dei dati. Proviamo allora ad utilizzare la distribuzione esponenziale negativa a due parametri, traslando del valore minimo $t_0 = 0.55$ i dati all'origine del sistema di riferimento e stimando i parametri con la (1.43), che equivale ad analizzare con un'esponenziale negativa i

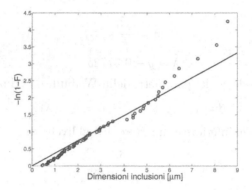

Figura 2.14. Esempio 2.10: carta probabilità dei dati riportati in Tabella A.5

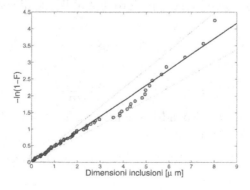

Figura 2.15. Esempio 2.10: carta probabilità esponenziale negativa a due parametri dei dati di Tabella A.5 dopo aver 'corretto' i dati attraverso t_0

dati $(t_i - t_0)$: risulta $\hat{\lambda} = 0.4406$. Si nota dalla Fig. 2.15 che la retta descrive molto meglio l'andamento dei dati. Sulla carta di probabilità è quindi possibile riportare anche gli estremi inferiore e superiore della banda di confidenza di $t_{calc,i}$ calcolati tramite la (2.25).

In alternativa si possono stimare i parametri t_0 e $\hat{\lambda}$ attraverso una regressione lineare (si veda Sec. 4.5.2) dei dati rappresentati sulla carta di probabilità di Fig. (2.14). Si ottiene $t_0 = 0.55$ e $\hat{\lambda} = 0.45$. Va notato che stimare i parametri in questo modo significa utilizzare un altro stimatore (non è quindi detto che le stime siano le stesse).

2.4.3 Stime dei parametri: distribuzione di Weibull e SEVD

Se $t_1, t_2...t_n$ sono i valori osservati di un campione estratto da una Weibull, i dati $y_1 = \ln(t_1), y_2 = \ln(t)....y_n = \ln(t_n)$ possono essere considerati come realizzazione di un campione da una SEVD.

Se $\bar{y}$ e s sono media e scarto quadratico medio delle y_i, le stime dei parametri (λ, δ) della SEVD sono:

$$\hat{\delta} = \frac{\sqrt{6}}{\pi} s \, ; \tag{2.26}$$

$$\hat{\lambda} = \bar{y} + 0.5772 \hat{\delta} \, . \tag{2.27}$$

Le stime corrispondenti dei parametri della Weibull sono dunque:

$$\hat{\beta} = 1/\hat{\delta} \qquad \hat{\alpha} = \exp(\hat{\lambda}) \, . \tag{2.28}$$

I limiti di confidenza inferiore e superiore di δ al livello di confidenza $\gamma\%$ sono:

$$\underline{\delta} = \frac{\hat{\delta}}{\exp\left(K_\gamma \cdot 1.049/\sqrt{n}\right)} \, ; \tag{2.29}$$

$$\tilde{\delta} = \hat{\delta} \cdot \exp\left(K_\gamma \cdot 1.049/\sqrt{n}\right) \tag{2.30}$$

con il percentile standard normale $K_\gamma = 100(\frac{1+\gamma}{2})$.
I limiti di confidenza inferiore e superiore di λ al livello di confidenza $\gamma \cdot 100\%$ sono:

$$\underline{\lambda} = \hat{\lambda} - K_\gamma \cdot 1.081 \frac{\hat{\delta}}{\sqrt{n}} \, ; \tag{2.31}$$

$$\tilde{\lambda} = \hat{\lambda} + K_\gamma \cdot 1.081 \frac{\hat{\delta}}{\sqrt{n}} \, . \tag{2.32}$$

Da questi seguono i corrispondenti limiti dell'intervallo di confidenza dei parametri α e β della Weibull:

$$\underline{\alpha} = \exp(\underline{\lambda}) \qquad \tilde{\alpha} = \exp(\tilde{\lambda}) \, ; \tag{2.33}$$

$$\underline{\beta} = \frac{1}{\tilde{\delta}} \qquad \tilde{\beta} = \frac{1}{\underline{\delta}} \tag{2.34}$$

La stima del percentile $p\%$ della SEVD è:

$$\hat{y}_p = \hat{\lambda} + \hat{\delta} u_p \qquad (2.35)$$

dove $u_p = \ln(-\ln(1-p))$.
I limiti di confidenza del percentile $p \cdot 100\%$ della SEVD sono:

$$\begin{matrix} \tilde{y}_p \\ \underset{\sim}{y_p} \end{matrix} = \hat{y}_p \pm K_\gamma \cdot \hat{\delta} \sqrt{\frac{(1.1u_p^2 - 0.1913u_p + 1.168)}{n}}. \qquad (2.36)$$

Il percentile della Weibull risulta:

$$\hat{t}_p = \exp(\hat{y}_p). \qquad (2.37)$$

I limiti di confidenza del percentile $p \cdot 100\%$ della Weibull sono:

$$\underset{\sim}{t_p} = \exp(\underset{\sim}{y_p}) \qquad\qquad \tilde{t}_p = \exp(\tilde{y}_p). \qquad (2.38)$$

Esempio 2.11 Sia dato il set di dati in Tabella A.4 (`molle.txt`) relativo alla durata a fatica di molle sospensione auto soggette a prove di fatica pulsante: analizzare i dati con una distribuzione di Weibull e calcolare il percentile 10% (vedasi Es.2.3).

I parametri della SEVD stimati mediante i dati risultano: $\hat{\lambda} = 12.772$ e $\hat{\delta} = 0.4495$, da cui si ricavano $\hat{\alpha} = 352500$ e $\hat{\beta} = 2.22$. Il percentile 10% risulta: $t_{0.1} = 128180$ cicli. Il parametro di forma β suggerisce che i dati possano anche essere analizzati con una distribuzione log-normale. In Fig. (2.16) è rappresentata la carta di probabilità insieme con i limiti della banda di confidenza al 95%, tracciati intorno alla distribuzione stimata: si può notare come tutti i dati (eccetto gli ultimi 2) seguano bene la distribuzione Weibull.

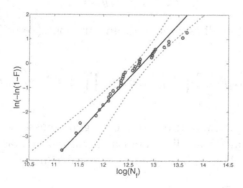

Figura 2.16. Esempio 2.11: carta probabilità dei dati riportati in Tabella A.4

2.5 Metodo della Massima Verosimiglianza (Metodo ML)

Nei campionamenti reali ci si trova spesso nella condizione di avere prove interrotte (denominate *runout*) oppure dati provenienti da ispezioni (un componente funziona ad una ispezione e viene trovato guasto a quella successiva). Nasce quindi il problema dell'analisi di questi dati, che si risolve con il metodo della 'Massima Verosimiglianza', o 'metodo ML', uno strumento versatile che deve la sua fortuna alla possibilità di tenere conto delle prove interrotte ed alla relativa facilità con cui si possono eseguire le analisi di confidenza [11]. Per questioni di semplicità notazionale analizzeremo il caso in cui sono solo due i parametri da stimare, il metodo si estende semplicemente al caso di più parametri.

2.5.1 Formulazione del metodo della Massima Verosimiglianza

Siano $y_1, y_2, ..., y_n$ i valori estratti da una popolazione avente funzione di densità di probabilità $f(y) = f(y, \alpha, \beta)$, con α e β parametri della distribuzione e siano $y'_1, y'_2, ..., y'_u$ i valori corrispondenti alle prove interrotte.

Per ipotesi i campioni sono estratti casualmente e indipendentemente tra di loro. La probabilità totale di accadimento del campione (verosimiglianza) è quindi il prodotto di estrazione dei differenti individui.

La probabilità di estrazione di un campione con valore argomentale nell'intervallo $(y_i - \frac{dy}{2}, y_i + \frac{dy}{2})$ è quindi:

$$P_i = f(y_i; \alpha, \beta)dy\,. \tag{2.39}$$

La probabilità che un individuo sopravviva oltre il valore argomentale y'_i è:

$$P'_j = 1 - F(y'_j; \alpha, \beta)\,. \tag{2.40}$$

La probabilità totale di estrazione di un campione (verosimiglianza o "likelihood") è quindi:

$$\mathcal{L}(\alpha, \beta) = \prod_i f(y_i; \alpha, \beta)dy \cdot \prod_j \left[1 - F(y'_j; \alpha, \beta)\right]\,. \tag{2.41}$$

I valori ottimi dei parametri α e β si ottengono massimizzando $\mathcal{L}(\alpha, \beta)$. Generalmente per questione di comodità di calcolo si massimizza il termine $\ln(\mathcal{L}(\alpha, \beta))$ (detto 'log-verosimiglianza' o 'log-likelihood'):

$$\ell(\alpha, \beta) = \sum_i \ln\left[f(y_i)\right] + \sum_j \ln\left[1 - F(y'_j)\right] + n \cdot \ln(dy)\,. \tag{2.42}$$

Il termine $n \cdot \ln(dy)$ si trascura perché è una costante che non influisce sulla ricerca del massimo.

I valori $\hat{\alpha}$ e $\hat{\beta}$ che massimizzano la (2.42) sono le stime dei parametri della popolazione da cui è stato estratto il campione.

Nel caso di un dato proveniente da ispezioni successive, il suo contributo alla log-verosimiglianza è:

$$\ln \left[F(y_{isp+1}; \alpha, \beta) - F(y_{isp}; \alpha, \beta) \right] \qquad (2.43)$$

dove $y_{isp+1} - y_{isp}$ identifica l'intervallo tra le ispezioni in cui si è verificato il guasto (o l'evento che interessa). Nel caso di un guasto verificatosi prima di un'ispezione y_{isp} il suo contributo è:

$$\ln \left[F(y_{isp}; \alpha, \beta) \right] . \qquad (2.44)$$

Quest'ultima espressione va anche usata nel caso in cui il termine y_{isp} rappresenta una soglia (per esempio del sistema di misura) del campionamento.

2.5.2 Analisi di confidenza

La confidenza delle stime dei parametri può essere calcolata con il seguente metodo. Sia $\hat{F}$ la matrice detta di **Fisher** locale:

$$\hat{F} = \begin{bmatrix} -\frac{\partial^2}{\partial \alpha^2} \ell(\alpha, \beta) & -\frac{\partial^2}{\partial \alpha \partial \beta} \ell(\alpha, \beta) \\ -\frac{\partial^2}{\partial \alpha \partial \beta} \ell(\alpha, \beta) & -\frac{\partial^2}{\partial \beta^2} \ell(\alpha, \beta) \end{bmatrix}$$

calcolata in corrispondenza delle stime dei parametri, cioè in $\alpha = \hat{\alpha}$ e $\beta = \hat{\beta}$. Si dimostra che asintoticamente $(n \to \infty)$ la matrice di covarianza degli stimatori di massima verosimiglianza è:

$$\text{Cov}(\hat{\alpha}, \hat{\beta}) = \hat{V} = \begin{bmatrix} Var(\hat{\alpha}) & cov(\hat{\alpha}, \hat{\beta}) \\ cov(\hat{\alpha}, \hat{\beta}) & Var(\hat{\beta}) \end{bmatrix} = \hat{F}^{-1}. \qquad (2.45)$$

Gli errori standard delle stime dei parametri sono:

$$\sigma_S(\hat{\alpha}) = \sqrt{Var(\hat{\alpha})}, \qquad \sigma_S(\hat{\beta}) = \sqrt{Var(\hat{\beta})}.$$

La stima con il metodo della Massima Verosimiglianza di un parametro $h = h(\alpha, \beta)$, funzione dei parametri α e β, è:

$$\hat{h} = h(\hat{\alpha}, \hat{\beta}). \qquad (2.46)$$

La varianza della stima del parametro (vedasi Cap.4) si ricava da:

$$Var(\hat{h}) = \hat{H} \cdot \hat{V} \cdot \hat{H}^T \qquad (2.47)$$

dove il vettore $\hat{H}$ delle derivate parziali della funzione $h = h(\alpha, \beta)$ è:

$$\hat{H} = \left\{ \frac{\partial h}{\partial \alpha} \ \frac{\partial h}{\partial \beta} \right\} \qquad (2.48)$$

ed è calcolato in $\alpha = \hat{\alpha}$ e $\beta = \hat{\beta}$. L'errore standard della stima del parametro è quindi:

$$\sigma_S(\hat{h}) = \sqrt{Var(\hat{h})}$$

mentre la banda di confidenza al $\gamma \cdot 100\%$ del parametro ha limiti inferiore e superiore:

$$\underline{h} = \hat{h} - K_\gamma \cdot \sigma_S(\hat{h}) \qquad\qquad \tilde{h} = \hat{h} + K_\gamma \cdot \sigma_S(\hat{h}). \qquad (2.49)$$

dove K_γ è il $100(1+\gamma)/2$ percentile normale standardizzato.

L'intervallo di confidenza della (2.49) è valido solo se il campo di esistenza del parametro h è $[0, \infty)$. Se il parametro deve essere positivo i limiti della banda di confidenza sono:

$$\underline{h} = \hat{h} \cdot \exp\left[-K_\gamma \cdot \frac{\sigma_S}{\hat{h}}\right] \qquad\qquad \tilde{h} = \hat{h} \cdot \exp\left[K_\gamma \cdot \frac{\sigma_S}{\hat{h}}\right]. \qquad (2.50)$$

Esempio 2.12 Si consideri un campione di n individui estratti da una popolazione gaussiana con valori osservati $x_1, x_2, ..., x_n$. La verosimiglianza del campione è:

$$\mathcal{L}(\mu, \sigma) = \left(2\pi\sigma^2\right)^{-\frac{1}{2}} \cdot \exp\left[-\frac{(x_1 - \mu)^2}{2\sigma^2}\right] \cdots \left(2\pi\sigma^2\right)^{-\frac{1}{2}} \cdot \exp\left[-\frac{(x_n - \mu)^2}{2\sigma^2}\right] \qquad (2.51)$$

cioè:

$$\mathcal{L}(\mu, \sigma) = \left(2\pi\sigma^2\right)^{-\frac{n}{2}} \cdot \exp\left[-\frac{\sum_{i=1}^{n}(x_i - \mu)^2}{2\sigma^2}\right]. \qquad (2.52)$$

Il logaritmo della Massima Verosimiglianza del campione è:

$$\ell(\mu, \sigma) = -\frac{n}{2} \cdot \ln\left(2\pi\sigma^2\right) - \sum_{i=1}^{n}\left[\frac{(x_i - \mu)^2}{2\sigma^2}\right]. \qquad (2.53)$$

Scrivendo il sistema:

$$\begin{cases} \frac{\partial}{\partial \mu}\ell(\mu, \sigma) = 0 \\ \frac{\partial}{\partial \sigma}\ell(\mu, \sigma) = 0 \end{cases} \qquad (2.54)$$

si ottiene dalla prima equazione:

$$\hat{\mu} = \frac{\sum_{i=1}^{n} x_i}{n} \qquad (2.55)$$

mentre dalla seconda:

$$\hat{\sigma}^2 = \frac{\sum_{i=1}^{n}(x_i - \mu)^2}{n}. \qquad (2.56)$$

La matrice di Fisher locale risulta essere:

$$\hat{F} = \begin{bmatrix} \sum_{i=1}^{n}\left(\frac{1}{\hat{\sigma}^2}\right) & \sum_{i=1}^{n} 2\left(\frac{x_i - \hat{\mu}}{\hat{\sigma}^3}\right) \\ \sum_{i=1}^{n} 2\left(\frac{x_i - \hat{\mu}}{\hat{\sigma}^3}\right) & \sum_{i=1}^{n}\left[\left(\frac{1}{\hat{\sigma}^2}\right) + \left(\frac{3}{\hat{\sigma}^4}\right) \cdot (x_i - \hat{\mu})^2\right] \end{bmatrix} = \begin{bmatrix} \frac{n}{\hat{\sigma}^2} & 0 \\ 0 & \frac{2n}{\hat{\sigma}^2} \end{bmatrix} \qquad (2.57)$$

La matrice di varianza locale è dunque:

$$\hat{V} = \begin{bmatrix} \frac{\hat{\sigma}^2}{n} & 0 \\ 0 & \frac{\hat{\sigma}^2}{2n} \end{bmatrix}.$$

(2.58)

La banda di confidenza al 95% della media è allora:

$$\hat{\mu} \pm 1.96 \cdot \frac{\hat{\sigma}}{\sqrt{n}}.$$

(2.59)

È da segnalare che la teoria, invece, prevede, con scarto quadratico medio calcolato dal campione, di usare il t Student. I valori del t Student però coincidono con i percentili normali standard per campioni infinitamente numerosi: se ne deduce che la procedura appena descritta fornisce stime corrette quando applicata a campioni molto numerosi.

___

2.5.3 Algoritmi applicati al metodo ML

In pratica, nella maggior parte dei casi, la stima dei parametri mediante il metodo ML viene effettuata sulla base di una massimizzazione numerica di ℓ. La prima particolarità è che gli algoritmi esistenti trovano il minimo di una funzione: per usare tali algoritmi in un problema di 'massimo' basta minimizzare la funzione $-\ell$ (vedi Fig. (2.17)).

In particolare si possono usare due diverse tipi di algoritmi [12]:

- **metodi di ordine zero** (basati su algoritmi tipo 'simplesso') in cui, a partire dalla soluzione di tentativo G, l'algoritmo genera una serie di soluzioni nel suo intorno; l'algoritmo sceglie quindi il punto con il valore più basso (o più alto) della funzione ℓ reiterando il processo. Questo metodo ha il vantaggio di convergere ad un minimo locale, anche con funzioni obiettivo non continue, ma richiede un numero elevato di valutazioni della funzione;

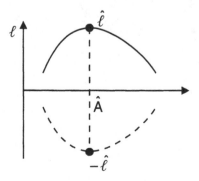

Figura 2.17. Minimizzazione funzione $-\ell$ per ricercare $\hat{\ell}$

- **metodi di ordine uno o superiore** in cui l'algoritmo di calcolo usa le derivate parziali prime ed eventualmente seconde (calcolate per via numerica o fornite in forma chiusa dall'utente) per approssimare la funzione obiettivo nel punto di tentativo G ricercando la traiettoria di massimo incremento (o decremento) della funzione. Assegnata una variazione alle variabili lungo tale traiettoria si determina un nuovo punto da cui ricominciare la procedura. L'algoritmo è veloce, fornisce inoltre come sottoprodotto il gradiente e l'Hessiano della funzione obiettivo nel massimo (o del minimo) locale.

Esempio 2.13 Si analizzi, con il metodo ML, il campione di dati relativo a prove di fatica su molle (Tabella A.6).

Scrivendo una subroutine che contenga la log-verosimiglianza del campione (bisogna assegnare un indice per indicare se la prova è interrotta) è possibile, a partire da un set di tentativo, ottenere:

$$\hat{\mu} = 5.4100 \text{ e } \hat{\sigma} = 0.2256.$$

La carta di probabilità è rappresentata nella Fig. (2.18) (nella carta di probabilità compaiono solo le prove complete). Usando un algoritmo di ordine uno o superiore, è possibile con semplicità eseguire anche l'analisi di confidenza. In particolare la matrice di Fisher (è direttamente l'Hessiano poiché abbiamo minimizzato la funzione $-\ell$), risulta:

$$\hat{Hess} = 10^2 \cdot \begin{bmatrix} 1.6886 & -0.2909 \\ -0.2909 & 2.4694 \end{bmatrix}.$$

La matrice di varianza, ottenuta dall'inversione dell'Hessiano (poiché abbiamo minimizzato la funzione $-\ell$, non è più necessario cambiare di segno per ottenere la matrice di varianza), risulta:

$$\hat{V} = 10^{-3} \cdot \begin{bmatrix} 6.0447 & 0.7120 \\ 0.7120 & 4.1334 \end{bmatrix}.$$

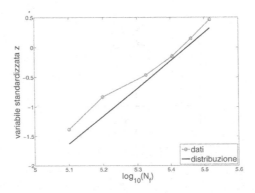

Figura 2.18. Esempio 2.13: carta di probabilità riportata in Tabella A.6

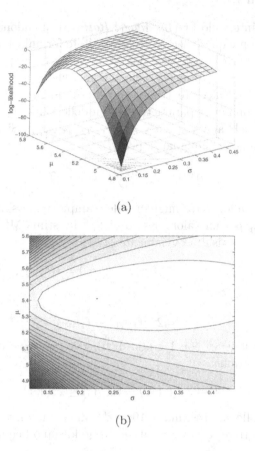

(a)

(b)

Figura 2.19. Esempio 2.13: andamento log-verosimiglianza: a) grafico 3D; b) mappa della superficie di log-verosimiglianza con linee isolivello

Le bande di confidenza dei due parametri della gaussiana sono quindi:

- $\underline{\mu} = 5.563$ e $\tilde{\mu} = 5.257$;
- $\underline{\sigma} = 0.129$ e $\tilde{\sigma} = 0.394$.

L'andamento della log-verosimiglianza in funzione della media μ e della deviazione standard σ è rappresentato nelle Figg. (2.19(a)) e (2.19(b)). Si noti come la zona del massimo è una zona piatta ed estesa. Utilizzando un metodo di ordine uno o superiore è quindi possibile che la soluzione non converga esattamente allo stesso valore che si ottiene con un algoritmo diretto.

2.5.4 Intervalli Lr

Con il termine intervallo Lr (*Likelihood Ratio*) si intendono i limiti di confidenza espressi come qui di seguito esposto. Tale formulazione ha il vantaggio di esprimere i limiti di confidenza nel range naturale del parametro in esame (non è necessaria una parametrizzazione come quella espressa dalla (2.41)).

Si supponga di calcolare l'intervallo di confidenza di un dato parametro γ_1 e che i rimanenti parametri del modello siano $\gamma_2, \gamma_3, ... \gamma_p$. La log-verosimiglianza del campione sia $\ell = \ell(\gamma_1, \gamma_2, \gamma_3, ... \gamma_p)$. Si definisce massimo vincolato della log-verosimiglianza per γ_1:

$$\ell_1(\gamma_1) = \max_{\gamma_2, ... \gamma_p} \ell(\gamma_1, \gamma_2, ... \gamma_p) \tag{2.60}$$

Tale valore è la log-verosimiglianza del campione massimizzata per i parametri $\gamma_2, \gamma_3, ... \gamma_p$ per un valore fissato di γ_1 . La stima ML è il valore $\hat{\gamma}_1$ che massimizza $\ell_1(\gamma_1)$ e risulta ovviamente:

$$\ell_1(\hat{\gamma}_1) = \max_{\gamma_1, \gamma_2, ... \gamma_p} \ell(\gamma_1, \gamma_2, ... \gamma_p) = \ell(\hat{\gamma}_1, \hat{\gamma}_2, ... \hat{\gamma}_p) \tag{2.61}$$

La quantità:

$$T = 2 \cdot [\ell_1(\hat{\gamma}_1) - \ell_1(\gamma_1)] \tag{2.62}$$

ha una distribuzione χ^2 con 1 grado di libertà. Ne segue che i valori γ_1 che soddisfano la relazione:

$$T = 2 \cdot [\ell_1(\hat{\gamma}_1) - \ell_1(\gamma_1)] \leq \chi^2(\epsilon; 1) \tag{2.63}$$

sono un intervallo approssimato $100 \cdot \epsilon\%$ di γ_1. I limiti di confidenza Lr superiore ed inferiore sono valori di γ_1 che soddisfano l'equazione:

$$\ell_1(\gamma_1) = \ell_1(\hat{\gamma}_1) - \frac{1}{2}\chi^2(\epsilon; 1) \tag{2.64}$$

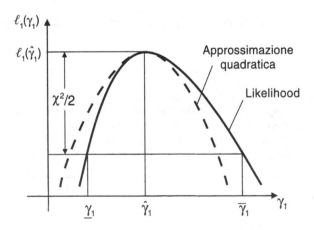

Figura 2.20. Profilo Lr e banda di confidenza del parametro γ_1

Poiché $\chi^2(0.95; 1) = 3.84$, l'equazione soprascritta equivale a individuare i limiti di confidenza Lr come i valori di γ_1 corrispondenti ad una distanza pari -1.92 rispetto al massimo della log-verosimiglianza $\ell(\hat{\gamma}_1, \hat{\gamma}_2, ... \hat{\gamma}_p)$ lungo il *profilo Lr*.

In Fig. 2.20 si vede inoltre indicata l'approssimazione quadratica della banda di confidenza che si ottiene attraverso la matrice di varianza (2.45) e le (2.49).

Esempio 2.14 Si considerino i dati di prove di fatica utilizzati nell'Esempio 2.13 e si ricavi la banda di confidenza di $\hat{\sigma}$ utilizzando il metodo del profilo Lr.

Al fine di stimare la banda di confidenza di $\hat{\sigma}$, si discretizza il campo di esistenza di σ, e per ognuno dei valori discretizzati si ricerca il valore della media che massimizza la log-verosimiglianza. Discretizzando la deviazione standard tra i valori $0.1 \div 0.9$ con un passo di 0.05 si ottengono i massimi vincolati riportati in Fig. 2.21.
Poiché $\ell(\hat{\gamma}_1, \hat{\gamma}_2, ... \hat{\gamma}_p) = -1.7$ gli estremi della banda di confidenza di σ sono i valori corrispondenti ad $\ell_1(\sigma) = -1.7 - 1.92$: stimando i parametri si ottiene $\underset{\sim}{\sigma} = 0.141$ e

$\tilde{\sigma} = 0.442$ (Fig. 2.21). La differenza tra questi risultati e quelli ottenuti nell'Esempio 2.13 è dovuta alla differenza tra il profilo Lr e l'approssimazione quadratica (vedasi Fig.2.20).

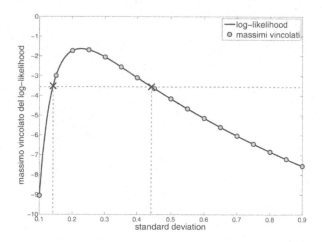

Figura 2.21. Esempio 2.14: andamento della log-verosimiglianza al variare di σ ed estremi della banda di confidenza

---

3

Statistica degli eventi estremi

3.1 Introduzione

In molte applicazioni ingegneristiche siamo interessati al maggiore o al minor valore di una variabile casuale. La sopravvivenza o il cedimento di una struttura dipendono unicamente dalla capacità di resistere al massimo carico o alla minima resistenza e non ai valori tipici di tali grandezze. Inondazioni, vento, temperatura, radiazioni solari rappresentano variabili per le quali solo il massimo valore in una sequenza può risultare critico per parecchi sistemi ingegneristici. Similmente il minimo valore di resistenza può essere critico in alcune situazioni. Vediamo alcuni esempi:

- nella progettazione strutturale siamo interessati a conoscere la minima resistenza del materiale o i carichi massimi agenti sulla struttura;
- nei programmi di prevenzione delle inondazioni interessa conoscere il massimo flusso di un fiume o la massima altezza delle onde per dimensionare correttamente altezza e resistenze di dighe e protezioni;
- la corrosione di un materiale è associata alla formazione di piccoli crateri (*micro-pits*) di metallo corroso. La resistenza alla corrosione di un componente è governata dalla grandezza del massimo *pit* di corrosione;
- la progettazione di componenti di sicurezza (es. il braccio di sospensione di una autovettura) deve tenere conto dei carichi massimi cui il componente può essere sottoposto durante la sua vita operativa;
- la progettazione degli edifici deve essere fatta tenendo conto dei carichi massimi dovuti ad azioni eoliche e sismiche che si possono presentare nella vita della struttura.

Per illustrare il concetto di valore estremo ricorriamo al seguente esempio. Supponiamo di conoscere le misurazioni del vento in una data località su base oraria per un totale di rilevazioni che coprono 40 anni. In totale abbiamo $40 \cdot 365 \cdot 24 = 350400$ punti sperimentali che sono realizzazioni di una v.a. X con distribuzione $F_X(x)$ che descrive la velocità del vento nella località di interesse. Supponiamo di essere interessati a conoscere le distribuzioni dei venti

Beretta S: Affidabilità delle costruzioni meccaniche.
© Springer-Verlag Italia, Milano 2009

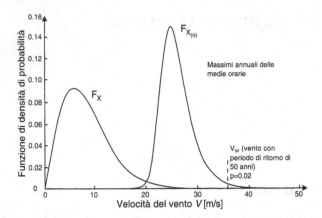

Figura 3.1. Popolazione dei venti rilevata in una località (tratta da [13])

massimi annuali: selezioniamo il valore massimo fra le $n = 365 \cdot 24 = 8760$ osservazioni annuali, in modo tale da ottenere un campione di 40 osservazioni che supporremo provenire da una v.a. detta $X_{(n)}$ con distribuzione $F_{X_{(n)}}$, che descrive la distribuzione dei venti massimi annuali. Si osservi che la distribuzione $F_{X_{(n)}}$ è concentrata su valori argomentali più alti rispetto a $F_X(x)$, e di conseguenza $X_{(n)}$ ha valor medio più alto rispetto a X (Fig. 3.1).

La popolazione dei venti orari è detta distribuzione madre e quella dei massimi annuali è la distribuzione dei valori estremi. In generale il problema consiste nello stimare la distribuzione dei valori estremi a partire dalla madre, oppure mediante analisi di dati sperimentali ottenuti con opportune tecniche proprie della statistica dei valori estremi [14–16].

3.2 Distribuzione dei valori estremi e distribuzione madre

Supponiamo che i dati di un esperimento siano sintetizzabili dal campione i.i.d. $X_1, X_2, \ldots, X_n$ da una distribuzione $F_X(x)$. Indichiamo (Sec. 2.2.1) con $X_{(1)}, X_{(2)}, \ldots, X_{(n)}$ la **statistica d'ordine** campionaria, ovvero la successione dei dati ordinata in senso crescente.

Supponiamo ora di ripetere l'esperimento più volte, e di ordinare i risultati in senso crescente, in modo da ottenere i campioni:

$$
\begin{array}{llllll}
X'_{(1)} & X'_{(2)} & X'_{(3)} & \ldots & X'_{(n)} & \text{prima serie} \\
X''_{(1)} & X''_{(2)} & X''_{(3)} & \ldots & X''_{(n)} & \text{seconda serie} \\
X'''_{(1)} & X'''_{(2)} & X'''_{(3)} & \ldots & X'''_{(n)} & \text{terza serie} \\
\vdots & \vdots & \vdots & & \vdots &
\end{array}
\tag{3.1}
$$

Se allora consideriamo i campioni $X'_{(1)}, X''_{(1)}, X'''_{(1)}, \ldots$ e $X'_{(n)}, X''_{(n)}, X'''_{(n)}, \ldots$ essi provengono rispettivamente dalle distribuzioni $F_{X_{(1)}}(x)$ e $F_{X_{(n)}}(x)$, dette distribuzione del minimo e distribuzione del massimo su n osservazioni dalla **distribuzione madre** $F_X(x)$. È possibile esprimere le distribuzioni dei valori estremi in termini della distribuzione madre.

Per trovare la distribuzione del minimo $X_{(1)}$, nell'ipotesi che il campione $X_1, \ldots, X_n$ sia i.i.d. dalla distribuzione $F_X(x)$, si osservi che la probabilità che $X_{(1)} > x$ è equivalente alla probabilità che tutti gli X_i $(i = 1, 2, \cdots n)$ siano maggiori di x. Quindi:

$$1 - F_{X_{(1)}}(x) = Prob(X_{(1)} > x) = Prob(X_i > x, i = 1, \ldots, n)$$
$$= Prob(X_1 > x) \cdot Prob(X_2 > x) \cdots Prob(X_n > x). \quad (3.2)$$

Dato che le variabili X_i sono identicamente distribuite con una distribuzione comune $F_X(x)$, si ottiene:

$$1 - F_{X_{(1)}}(x) = [Prob(X > x)]^n = [1 - F_X(x)]^n \quad (3.3)$$

$$F_{X_{(1)}}(x) = 1 - [1 - F_X(x)]^n. \quad (3.4)$$

Similmente per calcolare la distribuzione del massimo $X_{(n)}$, si osservi che la probabilità di avere $X_{(n)} \leq x$ è equivalente alla probabilità che tutti gli $X_i \leq x$ per $i = 1, 2 \ldots, n$, di conseguenza :

$$F_{X_{(n)}}(x) = Prob(X_{(n)} \leq x) = Prob(X_i \leq x, i = 1, \ldots, n)$$
$$= Prob(X_1 \leq x) \cdot Prob(X_2 \leq x) \ldots Prob(X_n \leq x). \quad (3.5)$$

In conclusione

$$F_{X_{(n)}} = [F_X(x)]^n. \quad (3.6)$$

Esempio 3.1 Supponiamo che il tempo fra gli arrivi di automobili ad una stazione di servizio sia descritta da una distribuzione esponenziale con valore medio 10 minuti. Si calcoli la probabilità di avere un tempo minimo minore di 6 minuti su un periodo che copre l'arrivo di 5 auto.

La distribuzione madre per il tempo tra gli arrivi delle auto è (Fig. 3.2)

$$F_X(x) = 1 - \exp(-\lambda x)$$

dove $\lambda = 1/10 = 0.1$. Poiché 5 arrivi corrispondono a 4 intervalli tra le auto ($n = 4$), la probabilità cumulata del minimo valore è:

$$F_{X_{(1)}} = 1 - [1 - (1 - \exp(-\lambda x))]^4 = 1 - \exp(-4\lambda x).$$

La probabilità di avere un tempo minore di 6 minuti:

$$F_{X_{(1)}}(6) = 0.909.$$

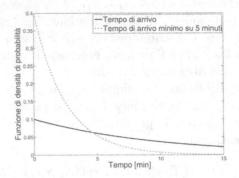

Figura 3.2. Esempio 3.1: confronto funzioni di densità di probabilità

Esempio 3.2 Si supponga di avere rilevato il carico di snervamento su spezzoni di lamiere saldate di testa di larghezza $L_{provino}$=100 mm: tali dati risultano ben descritti da una distribuzione gaussiana con $\mu = 650$ MPa e $\sigma = 50$ MPa. Qual è la distribuzione della massima resistenza su una lamiera di larghezza ($L_{lamiera}$) di 1 metro e di 2 metri?

In questo caso l'esponente n è pari a:

$$n = \frac{L_{lamiera}}{L_{provino}}$$

e la relazione (3.6) può essere espressa come:

$$F_{X_{(n)}}(x) = [\Phi(z)]^n \qquad \text{con} \qquad z = \frac{x-\mu}{\sigma}.$$

Derivando tale relazione si può scrivere:

$$f_{X_{(n)}}(x) = n \cdot [\Phi(z)]^{n-1} \cdot \varphi(z).$$

Le risultanti distribuzioni dei valori massimi sono confrontate con la distribuzione originaria nella figura 3.3: va annotato come al crescere di n la distribuzione sia sem-

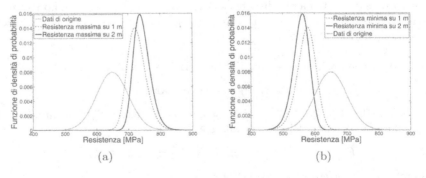

Figura 3.3. Esempio 3.2: resistenza lamiere: a) distribuzione dei massimi; b) distribuzione dei minimi

pre meno simmetrica. Se invece fosse richiesta la distribuzione dei minimi avremmo dalla (3.4):

$$F_{X_{(1)}}(x) = 1 - [1 - \Phi(z)]^n$$

che derivata dà:

$$f_{X_{(n)}}(x) = n \cdot [1 - \Phi(z)]^{n-1} \cdot \varphi(z).$$

Si noti come, a pari numero n di estrazioni, la distribuzione dei minimi e quella dei massimi risultino simmetriche rispetto al valor medio della distribuzione madre ($\mu = 650$ MPa): ciò è dovuto alla simmetria della distribuzione madre stessa.

3.3 Distribuzioni asintotiche

L'approccio visto nei precedenti esempi diventa di applicazione impossibile quando si abbia a che fare con un numero n di individui che tende ad ∞ (si pensi ad esempio a ricercare il difetto massimo in un componente che contiene milioni di difetti microscopici). Fortunatamente però la forma della distribuzione dei valori estremi $X_{(1)}$ e $X_{(n)}$ diventa insensibile, al crescere di n, alla forma della distribuzione madre e tende a delle forme limite dette **distribuzioni asintotiche**. Tali distribuzioni descrivono il comportamento della variabile $X_{(1)}$ o $X_{(n)}$ ragionevolmente bene anche quando la forma esatta della distribuzione madre $F_X(x)$ non è nota. Le distribuzioni limite per i valori estremi sono classificate in 3 tipi secondo la forma delle code della distribuzione madre [17].

Queste distribuzioni asintotiche si usano per rilevazioni sperimentali, diverse da quelle usuali, ottenute mediante un campionamento per massimi (o per minimi): tale tipo di campionamento si realizza considerando le realizzazioni di $X_{(n)}$ o $X_{(1)}$ e trascurando le altre misure. A prima vista questo modo di procedere può sembrare complicato ma vi sono alcune grandezze per le quali una tale procedura è immediata: ad esempio con un termometro avente i segnali di massima e minima è molto semplice rilevare la massima e minima temperatura giornaliera in una data località, lo stesso vale per le onde e per i venti (addirittura nel caso di queste grandezze variabili con continuità risulta difficile pensare al significato di una singola rilevazione istantanea e si adottano valori mediati su un prefissato intervallo di tempo).

3.3.1 Distribuzioni asintotiche tipo I

Valore massimo (Largest Extreme Value - LEVD)

La distribuzione asintotica tipo I dei valori massimi è utilizzata quando è possibile ipotizzare che il campo di esistenza della distribuzione madre $F_X(x)$

sia illimitato superiormente e la coda destra della relativa densità decade in modo esponenziale. In tal caso possiamo esprimere $F_X(x)$ come:

$$F_X(x) = 1 - \exp\left[-g(x)\right] \tag{3.7}$$

dove $g(x)$ è una funzione monotonicamente crescente di x.
La distribuzione del massimo $X_{(n)}$ per n che tende a $+\infty$ è assimilabile a quella di una v.a. Y con

$$F_Y(y) = \exp\left\{-\exp\left[-\frac{(y-\lambda)}{\delta}\right]\right\}. \tag{3.8}$$

La funzione densità di probabilità della Y è:

$$f_Y(y) = \frac{1}{\delta} \cdot \exp\left\{-\frac{(y-\lambda)}{\delta} - \exp\left[-\frac{(y-\lambda)}{\delta}\right]\right\}. \tag{3.9}$$

Il percentile $p \cdot 100\%$ si calcola, invertendo la (3.8):

$$y_p = \lambda + \delta \cdot \left[-\ln(-\ln(p))\right]. \tag{3.10}$$

Si noti che la (3.10) è l'equazione di una retta. La relazione $(y_p, -\ln(-\ln(F)))$ può quindi essere sfruttata per la rappresentazione dei dati in carta di probabiltà.

Valore minimo (Smallest Extreme Value - SEVD)

La distribuzione asintotica tipo I per valori minimi si utilizza quando è possibile supporre che la distribuzione madre abbia supporto illimitato inferiormente, e una densità la cui coda sinistra decade in modo esponenziale. La distribuzione del minimo $X_{(1)}$, in tal caso è assimilabile a quella di v.a Z per la quale risulta:

$$F_Z(z) = 1 - \exp\left\{-\exp\left[\frac{(z-\lambda)}{\delta}\right]\right\} \tag{3.11}$$

dove i parametri di forma e posizione sono stati per semplicità scritti con la stessa notazione della distribuzione dei massimi.

La forma delle due distribuzioni tipo I è speculare: in particolare la variabile *largest* $-Y$ risulta descritta dalla SEVD[1].
    Le distribuzioni tipo I prendono il nome di **distribuzioni di Gumbel**, dal nome dello studioso che ha fondato lo studio della statistica dei valori estremi [17]. La *largest* viene usata per descrivere i massimi di venti, onde, dimensioni di difetti (Fig. 3.4(a)) e carichi su strutture (Fig. 3.4(b)). L'uso della *smallest* riguarda invece la resistenza statica di materiali fragili, la resistenza a fatica (in entrambi i casi il cedimento è governato dal massimo difetto presente),

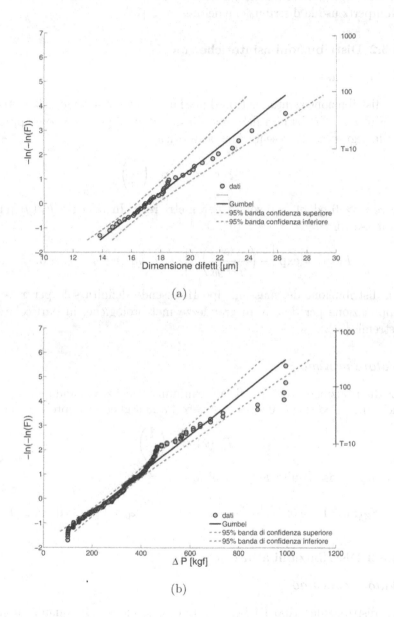

(a)

(b)

Figura 3.4. Esempio di utilizzo di distribuzione Gumbel: a) inclusioni in acciaio per automotive [19]; b) carichi da turbolenza rilevati su Hercules C-130 [20]

la vita degli individui nelle valutazioni dei premi assicurativi (in tale ambito Gompertz usò la distribuzione dei minimi, [18]).

3.3.2 Distribuzioni asintotiche tipo II

Valore massimo

La distribuzione asintotica tipo II per i massimi è utile quando la distribuzione madre $F_X(x)$ è definita nel campo $0 < x < \infty$, e per $x \to \infty$ è approssimata dalla seguente rappresentazione asintotica:

$$F_X(x) \approx 1 - \alpha \cdot \left(\frac{1}{x}\right)^m \qquad (3.12)$$

dove $\alpha > 0$ ed $m > 0$ sono i parametri reali. In tal caso $F_Y(y)$ può essere espressa come:

$$F_Y(y) = \exp\left[-\left(\frac{w}{y - y_0}\right)^m\right] \qquad m,\ w,\ y - y_0 > 0. \qquad (3.13)$$

La distribuzione dei massimi tipo II, essendo definita solo per $x > 0$, trova applicazione per descrivere grandezze meteorologiche, in particolare i venti estremi [21].

Valore minimo

La distribuzione tipo II per il valore minimo si utilizza quando $F_X(x)$ è definita nel range $-\infty < x < 0$ e per $x \to -\infty$ ha la seguente rappresentazione:

$$F_X(x) \approx \alpha \left(\frac{1}{x}\right)^m. \qquad (3.14)$$

In questo caso risulta $F_Z(z)$ risulta:

$$F_Z(z) = 1 - \exp\left[-\left|\frac{\omega}{z - z_0}\right|^m\right] \qquad z - z_0 < 0,\ \omega > 0,\ m > 0. \qquad (3.15)$$

3.3.3 Distribuzioni asintotiche tipo III

Valore massimo

La distribuzione tipo III per il valore massimo è utile quando il campo di esistenza della distribuzione madre ha un limite superiore ω e per $x \to \omega^-$ la $F_X(x)$ può essere approssimata dalla seguente:

$$F_X(x) \approx 1 - \alpha \cdot (\omega - x)^m \qquad x \leq \omega,\ \alpha > 0,\ m > 0. \qquad (3.16)$$

---

[1] Questa è una proprietà generale dei valori estremi: i metodi di analisi esposti nel seguito per i massimi possono essere applicati ai minimi considerando l'opposto della variabile $(-Y)$.

La distribuzione tipo III dei massimi risulta essere quindi espressa dalla funzione:

$$F_Y(y) = \exp\left[-\left(\frac{\omega - y}{\omega - \nu}\right)\right]^m \qquad y < \omega, \; \nu < \omega. \qquad (3.17)$$

Valore minimo

La distribuzione tipo III dei minimi può essere usata quando la distribuzione madre ha un limite inferiore ϵ e per $x \to \epsilon^+$ la $F_X(x)$ può essere approssimata dalla seguente:

$$F_X(x) \approx 1 - \alpha \cdot (x - \epsilon)^m \qquad \epsilon \leq x < \infty. \qquad (3.18)$$

In questo caso la distribuzione tipo III per il valore minimo risulta:

$$F_Z(z) = 1 - \exp\left[-\left(\frac{z - \epsilon}{\nu - \epsilon}\right)\right]^m \qquad (3.19)$$

definita per: $z \geq \epsilon$, $m > 0$, $\nu > \epsilon$. La distribuzione tipo III dei minimi corrisponde ad una distribuzione di Weibull a tre parametri. Le distribuzioni tipo III dei massimi tendono ad essere usate meno frequentemente delle tipo I o tipo II perché in generale è abbastanza difficile apprezzare l'esistenza di un asintoto superiore sulla base di poche decine di dati.

3.3.4 Espressioni generalizzate delle distribuzioni dei valori estremi (Generalized Extreme Value - GEV)

Le espressioni delle distribuzioni dei valori estremi viste nei paragrafi precedenti possono anche essere scritte in termini di una distribuzione generalizzata dei valori estremi [14].

Parametrizzazione α

In particolare, tali espressioni possono essere scritte in termini di un unico parametro α che descrive la forma della distribuzione:

$$G_0(y) = \exp\left[-\exp\left(\frac{y-\mu}{\sigma}\right)\right] \qquad -\infty < y < \infty \; \text{Tipo I};$$

$$G_{1,\alpha} = \exp\left[-\left(\frac{y-\mu}{\sigma}\right)^\alpha\right] \qquad y \geq \mu, \; \alpha > 0 \; \text{Tipo II}; \qquad (3.20)$$

$$G_{2,\alpha} = \exp\left\{-\left[-\left(\frac{y-\mu}{\sigma}\right)\right]^\alpha\right\} y < \mu, \; \alpha < 0 \; \text{Tipo III}.$$

Parametrizzazione γ

I tre modelli, che a prima vista appaiono separati, fanno parte di un'unica famiglia di distribuzioni dei valori estremi usando la parametrizzazione [16]:

$$\gamma = \frac{1}{\alpha}, \tag{3.21}$$

le G_α si scrivono come un'unica distribuzione:

$$G_\gamma(y) = \exp\left\{-\left[1+\gamma\left(\frac{y-\mu}{\sigma}\right)\right]^{-\frac{1}{\gamma}}\right\} \tag{3.22}$$

definita per:

$$1+\gamma\left(\frac{y-\mu}{\sigma}\right) > 0, \ \gamma \neq 0 \tag{3.23}$$

in cui μ è il **parametro di posizione**, $\sigma > 0$ è il **parametro di scala** e γ il **fattore di forma**. Osservando che:

$$(1+\gamma \cdot y)^{\frac{1}{\gamma}} \to 0 \qquad \text{per } \gamma \to 0 \tag{3.24}$$

si verifica che:

$$G_\gamma(y) \to G_0(y) \qquad \text{per } \gamma \to 0. \tag{3.25}$$

In funzione del parametro γ, ci si riconduce allora alle tre differenti tipologie di distribuzioni asintotiche, in particolare:

$$\begin{array}{lll} Gumbel & per & \gamma \to 0 \\ Tipo\,II & per & \gamma > 0 \\ Tipo\,III & per & \gamma < 0. \end{array}$$

Le funzioni di densità di probabilità corrispondenti sono:

$$g_Y(y) = \begin{cases} \exp\left\{-\exp\left[-\left(\frac{y-\mu}{\sigma}\right)\right]\right\} \frac{1}{\sigma}\exp\left[-\left(\frac{y-\mu}{\sigma}\right)\right] \\[4pt] \text{definita per: } -\infty < y < \infty \hspace{3cm} \text{per } \gamma = 0; \\[10pt] \exp\left\{-\left[1+\gamma\left(\frac{y-\mu}{\sigma}\right)\right]^{-1/\gamma}\right\} \frac{1}{\sigma}\left\{1+\gamma\left(\frac{y-\mu}{\sigma}\right)\right\}^{-\frac{1}{\gamma}-1} \\[4pt] \text{definita per: } \mu-\frac{\sigma}{\gamma} \leq y < \infty \hspace{2.5cm} \text{per } \gamma > 0; \\[10pt] \exp\left\{-\left[1+\gamma\left(\frac{y-\mu}{\sigma}\right)\right]^{-1/\gamma}\right\} \frac{1}{\sigma}\left\{1+\gamma\left(\frac{y-\mu}{\sigma}\right)\right\}^{-\frac{1}{\gamma}-1} \\[4pt] \text{definita per: } -\infty < y \leq \mu-\frac{\sigma}{\gamma} \hspace{2.5cm} \text{per } \gamma < 0. \end{cases} \tag{3.26}$$

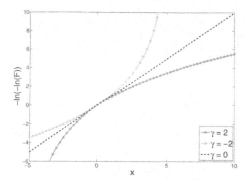

Figura 3.5. Andamento delle distribuzioni dei valori estremi massimi al variare del parametro γ

Il percentile $p \cdot 100\%$ risulta:

$$y_p = \mu - \frac{\sigma}{\gamma} \left\{ 1 - (-\ln(p))^{-\gamma} \right\} \tag{3.27}$$

con il parametro μ che corrisponde al percentile 36.8% (ha una probabilità di superamento del 63.2%).

È interessante, con riferimento alla distribuzione di Gumbel dell'Esempio 3.3, osservare come cambia la forma della distribuzione al variare del parametro γ. In Fig. 3.5 è rappresentata la funzione G nella carta di probabilità della Gumbel, ovvero assumendo come ordinata la variabile $z = -\ln(-\ln(G))$.

3.3.5 Distribuzione limite dei massimi

Le proprietà asintotiche delle distribuzioni dei valori estremi massimi possono essere così espresse: sotto alcune condizioni di regolarità per la distribuzione madre F_X si ha che per $n \to \infty$ [14]:

$$\left| F_{X_{(n)}}(y) - G\left(\frac{y - \mu_n}{\sigma_n}\right) \right| = \left| F^n(y) - G\left(\frac{y - \mu_n}{\sigma_n}\right) \right| \to 0, \tag{3.28}$$

con $G \in \{G_0, G_1, G_2\}$ e parametri μ_n e $\sigma_n > 0$. In particolare μ_n è il valore massimo caratteristico di Y su n estrazioni (Sec. 3.5.1).

Esempio 3.3 Si consideri una distribuzione madre con valore $F_X(x) = 1 - \exp(-x)$. La distribuzione dei massimi su 30 individui, calcolata tramite la (3.6), può essere ben approssimata da una distribuzione di Gumbel con parametri $\lambda = 3.4$ e $\delta = 0.94$. Il parametro λ può essere stimato anche sfruttando la definizione di massimo caratteristico (si veda Esempio 3.5).

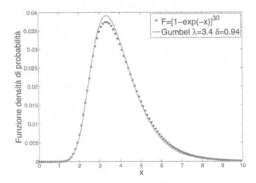

Figura 3.6. Esempio 3.3: distribuzione dei massimi su 30 individui e Gumbel approssimante i dati

3.4 Problemi di stima per le distribuzioni dei valori estremi

Nei prossimi paragrafi vedremo come affrontare il problema della stima dei parametri per le distribuzioni (asintotiche) dei valori estremi nei tre casi analizzati. Per ragioni di semplicità espositiva faremo riferimento solo alle distribuzioni dei massimi, i medesimi risultati per le distribuzioni dei minimi sono facilmente ottenibili per simmetria.

3.4.1 Stima dei parametri con il metodo dei momenti per le distribuzioni Gumbel

Il metodo dei momenti è uno dei metodi più popolari per la stima dei parametri di una distribuzione. Sia $Y_1, \ldots, Y_n$ un campione i.i.d. da una distribuzione di Gumbel per il massimo con parametri λ e δ. Si può mostrare che se Y è la variabile di popolazione allora:

$$E(Y) = \lambda - eu \cdot \delta \quad \text{e} \quad Var(Y) = \frac{\pi^2}{6}\delta^2 \tag{3.29}$$

dove $eu = 0.5772$ è la costante di Eulero. Indichiamo ora con $\bar{Y}$ e S_Y^2 la media e la varianza campionaria calcolate sulla base del campione $Y_1, \ldots, Y_n$. Le stime di λ e δ col metodo dei momenti si ottengono risolvendo il sistema

$$\begin{cases} E(Y) = \bar{Y} \\ Var(Y) = S_Y^2 \, . \end{cases}$$

Risolvendo tali equazioni si ottengono gli stimatori

parametro di scala $\hat{\delta} = \frac{\sqrt{6}}{\pi} \cdot S_Y$;

parametro di posizione $\hat{\lambda} = \bar{Y} - \text{eu} \cdot \hat{\delta} = \bar{Y} - 0.450041 \cdot S_Y$
$$(3.30)$$

le cui varianze sono [16]:

$$var(\hat{\lambda}) \approx \frac{1.1678\hat{\delta}^2}{n} ;$$

$$var(\hat{\delta}) \approx \frac{1.1\hat{\delta}^2}{n}$$
$$(3.31)$$

essendo gli stimatori correlati con $\rho_{\hat{\lambda},\hat{\delta}} = 0.123$ (per la banda di confidenza del percentile si veda l'Esempio 3.6).

Va osservato che gli stimatori ottenuti col metodo dei momenti, pur essendo facilmente calcolabili, non sempre godono delle proprietà descritte in Sec. 2.1. Tuttavia le stime ottenute con tale metodo sono da considerarsi un primo tentativo da raffinare con il metodo della Massima Verosimiglianza (Sec. 2.5).

3.4.2 Stima dei parametri con il metodo ML per una Gumbel

Sia $y_1, \ldots, y_n$ una realizzazione campionaria da una distribuzione di Gumbel per i massimi. Gli stimatori ML per λ e δ soddisfano le seguenti equazioni [16]:

$$\sum_{i=1}^{n} \exp\left[-\left(\frac{y_i - \hat{\lambda}}{\hat{\delta}}\right)\right] = n \qquad (3.32)$$

e

$$\sum_{i=1}^{n} \left(y_i - \hat{\lambda}\right)\left\{1 - \exp\left[-\left(\frac{y_i - \hat{\lambda}}{\hat{\delta}}\right)\right]\right\} = n\hat{\delta}. \qquad (3.33)$$

La (3.32) può essere riscritta:

$$\hat{\lambda} = -\hat{\delta} \cdot \ln\left[\frac{1}{n}\sum_{i=1}^{n} \exp\left(-y_i/\hat{\delta}\right)\right] \qquad (3.34)$$

che, inserita nella (3.33), porta al seguente valore di $\hat{\delta}$:

$$\hat{\delta} = \bar{y} - \frac{\sum_{i=1}^{n} y_i \exp\left(-y_i/\hat{\delta}\right)}{\sum_{i=1}^{n} \exp\left(-y_i/\hat{\delta}\right)}. \qquad (3.35)$$

Per trovare $\hat{\delta}$ è necessario risolvere la (3.35) con metodi iterativi. Inserendo poi la soluzione trovata nella (3.34) si ottiene $\hat{\lambda}$. In alternativa a questa procedura si massimizza direttamente la log-verosimiglianza del campione.

La matrice di varianza delle stime ML di $\hat{\lambda}$, $\hat{\delta}$ risulta:

$$V = \frac{1}{n} \cdot \frac{6\hat{\delta}^2}{\pi^2} \begin{bmatrix} \frac{\pi^2}{6} + (1-\text{eu})^2 & (1-\text{eu}) \\ (1-\text{eu}) & 1 \end{bmatrix}. \tag{3.36}$$

La stima ML del percentile di ordine $p \cdot 100\%$ è:

$$\hat{y}_p = \hat{\lambda} - \ln[-\ln(p)] \cdot \hat{\delta} \tag{3.37}$$

la cui varianza asintotica è:

$$\frac{\hat{\delta}^2}{n} \left\{ 1 + \frac{6}{\pi^2} [1 - \text{eu} - \ln(-\ln(p))]^2 \right\}. \tag{3.38}$$

3.4.3 Stima dei parametri con il metodo ML per Tipo II e Tipo III GEV

In questo caso si utilizza il metodo classico della Massima Verosimiglianza. Il contributo di ogni dato alla log-verosimiglianza del campione è [15]:

$$\ell_i = -\ln(\sigma) - \left(1 + \frac{1}{\gamma}\right) \cdot \left[1 + \gamma \left(\frac{y_i - \mu}{\sigma}\right)\right] - \left[1 + \gamma \left(\frac{y_i - \mu}{\sigma}\right)\right]^{-\frac{1}{\gamma}} \tag{3.39}$$

valida con la condizione:

$$1 + \gamma \left(\frac{y_i - \mu}{\sigma}\right) > 0. \tag{3.40}$$

Inoltre in funzione di γ si hanno i seguenti risultati:

- per $\gamma > -0.5$ gli stimatori ML hanno le usuali proprietà asintotiche;
- per $\gamma < -1$ non esiste il massimo di ℓ;
- per $\gamma \to 0$ la (3.39) diventa:

$$\ell_i = -\ln(\sigma) - \left(\frac{y_i - \mu}{\sigma}\right) - \exp\left[-\left(\frac{y_i - \mu}{\sigma}\right)\right]. \tag{3.41}$$

Per evitare problemi numerici durante la massimizzazione si fissa per il parametro γ un intervallo in un intorno di 0 in cui vale la (3.41) invece della (3.39).

3.5 Periodo di ritorno

Il **periodo di ritorno** è definito come il tempo medio tra realizzazioni di un evento di magnitudo maggiore o uguale ad una prefissata soglia. Per esempio il terremoto con un tempo di ritorno 20 anni è il terremoto con un'intensità che viene raggiunta o superata mediamente una volta ogni 20 anni. Questo non significa che questo valore viene raggiunto ogni 20 anni, ma che il tempo medio tra i raggiungimenti di tale valore (valutati su un periodo di tempo molto più lungo) è di 20 anni. Si può stimare che la probabilità che l'evento si verifichi in ogni anno è $1/20 = 0.05$. Il periodo di ritorno di un evento Ω, che indicheremo con T_Ω, e la probabilità di accadimento, sono legati dalla seguente relazione:

$$T_\Omega = \frac{1}{Prob(\Omega)}. \tag{3.42}$$

Per esempio si consideri un dado non truccato e la faccia 3: in ogni lancio la probabilità che essa sia osservata è pari a $1/6$. Per la (3.42) il tempo di ritorno dell'evento $\{3\}$ è: $T_{\{3\}} = 6$.

Esempio 3.4 La funzione densità di probabilità del vento massimo annuale in una data località è descritta da una LEVD con $\lambda = 90$ km/h e $\delta = 30$ km/h. Calcolare il periodo di ritorno del vento massimo annuale con una velocità maggiore di 150 km/h.

La probabilità di avere una velocità maggiore di 150 km/h è:

$$Prob(X > 150) = 1 - Prob(X \leq 150) = 1 - F(150) = 0.1266$$

Conseguentemente T=$1/0.1266 = 7.9$ anni.

Osserviamo nell'Esempio 3.4 precedente che 150 è quel valore argomentale che ha periodo di ritorno $T = 7.9$ anni. In generale, data una grandezza X, ha senso chiedersi qual è quel valore argomentale $x(T)$ che ha periodo di ritorno pari a T fissato. Si consideri l'evento $\Omega = \{X > x(T)\}$, che rappresenta l'insieme dei valori argomentali maggiori di $x(T)$, allora deve valere:

$$T = \frac{1}{Prob(X > x(T))} = \frac{1}{1 - F_X(x(T))}, \tag{3.43}$$

ovvero

$$F_X(x(T)) = 1 - \frac{1}{T}. \tag{3.44}$$

Negli esempi seguenti si vedrà come stimare $x(T)$ una volta fissato T.

3.5.1 Valore massimo caratteristico

Il particolare valore argomentale della variabile X detto valore massimo caratteristico - $x_{cl,k}$ - ha la seguente proprietà: il valore medio del numero di superamenti di $x_{cl,k}$ su k estrazioni è unitario. Affinché $x_{cl,k}$ sia il valore massimo caratteristico deve valere la seguente relazione:

$$k \cdot [1 - F_X(x_{cl,k})] = 1, \tag{3.45}$$

di conseguenza deve essere:

$$k = \frac{1}{1 - F_X(x_{cl,k})} \tag{3.46}$$

Quindi il valore massimo caratteristico su k estrazioni è pari a $x(k)$, ovvero quel valore argomentale della variabile X che ha periodo di ritorno pari a k. Il valore caratteristico permette di ottenere una semplice approssimazione del percentile di ordine 36.8%[2] della variabile $X_{(k)}$, che rappresenta il massimo su k estrazioni, a partire dalla distribuzione $F_X(x)$.

Se consideriamo k estrazioni dalla variabile X, la distribuzione del massimo $X_{(k)}$ è nota tramite la (3.6) ed è quindi possibile calcolare la probabilità cumulata di $x_{cl,k}$:

$$F_{X_{(k)}}(x_{cl,k}) = [F_X(x_{cl,k})]^k = \left(1 - \frac{1}{k}\right)^k. \qquad (3.47)$$

La probabilità di superare il valore massimo caratteristico su k estrazioni risulta:

$$1 - F_{X_{(k)}}(x_{cl,k}) = 1 - [F_X(x_{cl,k})]^k = 1 - \left(1 - \frac{1}{k}\right)^k. \qquad (3.48)$$

Per $k \to \infty$ la (3.48) converge al valore $1 - e^{-1} = 0.6321$.
Ovvero $x_{cl,k}$ è, approssimativamente, il percentile di ordine 36.8% della distribuzione $F_{X_{(k)}}(x)$.

Ad analoghe conclusioni si poteva arrivare per mezzo di un approccio basato sul calcolo delle probabilità. Si consideri un esperimento i cui risultati consistono nel verificarsi o meno di un certo evento Ω. Si assuma inoltre che: i) la probabilità di Ω sia fissa in ogni esperimento e pari a π; ii) che gli esperimenti siano indipendenti. Sia U la variabile che rappresenta il numero di esperimenti da effettuare prima che si verifichi l'evento Ω. U è una v.a. discreta il cui campo di esistenza è $\{1, 2, \dots\}$ e la cui funzione massa di probabilità può essere scritta come[3]:

$$P(U = n) = p_U(n) = (1 - \pi)^{n-1} \cdot \pi \qquad n = 1, 2, \dots \qquad (3.49)$$

Il valor medio di U è proprio il periodo di ritorno dell'evento Ω. Si ha che:

$$T_\Omega = E(U) = \sum_{i=1}^{\infty} n \cdot p_U(n) = \frac{1}{\pi}. \qquad (3.50)$$

Si osservi inoltre che la probabilità che l'evento Ω si verifichi almeno una volta in n esperimenti indipendenti risulta (espressa come complemento a uno della probabilità che Ω non si verifichi in n):

$$\hat{p} = 1 - (1 - \pi)^n. \qquad (3.51)$$

In conclusione, risulta evidente la coincidenza tra le (3.50) e (3.51), e le (3.42) e (3.48).

---

[2] in modo tale da avere un'idea dei valori centrali della distribuzione F_{X_k}
[3] Distribuzione geometrica

Esempio 3.5 Il concetto di valore massimo caratteristico può essere applicato alla distribuzione dell'Esempio 3.3. Considerando la distribuzione $F_X(x) = 1 - \exp(-x)$, se ne può ricercare il valore massimo caratteristico per 30 estrazioni. Tale valore corrisponde al valore $x_{cl,30}$ per il quale: $F_X(x_{cl,30}) = 1 - 1/30$.

Ne risulta $x_{cl,30} = 3.4$. Si può facilmente verificare come tale valore corrisponda al valore modale dei massimi e coincide con il percentile 0.368 della distribuzione dei massimi su 30 estrazioni.

Esempio 3.6 Si consideri il seguente campione di venti massimi annuali rilevati nello stretto di Messina (`venti.txt` in Tabella A.7, [22]). Calcolare la velocità del vento critico, in corrispondenza della quale eseguire la verifiche statiche e dinamiche sulla struttura. Si consideri che la probabilità che il vento critico sia superato in 30 anni sia del 2%.

Sia Y la variabile che descrive il vento massimo annuale e y_{crit} il valore in corrispondenza del quale effettuare le verifiche di resistenza. Si definisca $\pi = Prob(Y > y_{crit})$; la probabilità che in 30 estrazioni almeno una osservazione abbia superato y_{crit} è pari a:

$$\hat{p} = 1 - (1 - \pi)^{30} \tag{3.52}$$

Dai dati del problema $\hat{p} = 0.02$, quindi risulta $\pi = 6.73 \cdot 10^{-4}$, cui corrisponde un tempo di ritorno $T = 1/\pi = 1485$ anni.

Per risolvere completamente il problema occorre trovare la distribuzione che descrive i dati del vento massimo annuale e da questa ricavare il vento massimo con tempo di ritorno 1485 anni. Si supponga che Y abbia distribuzione LEVD: si può vedere dalla Fig. 3.7 come tale assunzione sia ragionevole, considerando $\hat{\lambda} = 12.2$ e $\hat{\delta} = 3.5$ m/s.

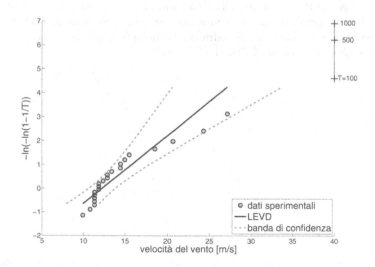

Figura 3.7. Esempio 3.6: carta di probabilità Gumbel dei dati riportati in Tabella A.7

Si cerca il valore argomentale $y(T)$ con tempo di ritorno $T = 1485$ anni. Invertendo la (3.43) si ha che:

$$x(T) = F_X^{-1}\left(1 - \frac{1}{T}\right) = F_X^{-1}(0.9993)$$

x(T) quindi corrisponde al percentile di ordine $(1 - 1/T)$. Dalla (3.10) si ottiene:

$$\hat{y}(T) = \hat{\lambda} - \ln[-\ln(1 - 1/T)] \cdot \hat{\delta} , \qquad (3.53)$$

la cui banda di confidenza bilatera al $\gamma \cdot 100\%$ (per gli stimatori della (3.30)) si scrive come:

$$\begin{matrix}\tilde{y}(T)\\ \underline{y}(T)\end{matrix} = \hat{y}(T) \pm K_\gamma \cdot \hat{\delta}\sqrt{\frac{(1.1u_p^2 - 0.1913u_p + 1.168)}{n}} \qquad (3.54)$$

dove $u_p = -\ln(-\ln(1 - 1/T))$ e K è il percentile $(1+\gamma)/2$ della gaussiana standardizzata. La stima del vento con tempo di ritorno 1485 anni, con una confidenza del 95%, risulta: 37.76 ± 9.57 m/s.

Esempio 3.7 Fra il 2 e il 6 novembre 1994 l'Italia nord-occidentale fu interessata da un'esondazione di diversi corsi d'acqua, a seguito di un breve periodo di intense precipitazioni. La provincia più colpita fu quella di Alessandria, in Piemonte, per l'esondazione del Tanaro, dove ci furono 79 vittime. La maggior parte delle vittime abitavano in edifici costruiti in prossimità del fiume entro la fascia corrispondente al periodo di ritorno $T = 50$ anni. Cosa era successo?

La Fig. 3.8 descrive visivamente il significato di fasce di esondazione: costruire un'abitazione con una durata attesa di 50 anni entro la fascia del periodo di ritorno di 50 anni è assolutamente troppo rischioso. Ciò equivale infatti ad una probabilità del 63.6% di superamento dell'esondazione (valore ottenuto inserendo nella (3.51) $n = 50$ anni e $\pi = \frac{1}{50}$).

Per una struttura con una vita di 50 anni, i carichi con periodo di ritorno $T = 50$ anni (corrispondenti al valore massimo caratteristico) sono indicativi del valore modale dei carichi massimi. Si vedrà infatti nella Sez. 3.7 che le norme forniscono per gli edifici i carichi eolici riferiti a $T = 50$ anni.

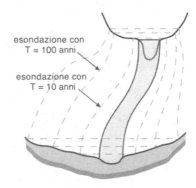

esondazione con
T = 100 anni

esondazione con
T = 10 anni

Figura 3.8. Esempio 3.7: schema delle fasce di esondazione di un fiume

3.5.2 Tipo I o Tipo III?

Riassumendo quanto fatto sino ad ora, il procedimento per cautelarsi nei confronti della probabilità di accadimento di eventi estremi è:

- utilizzare la (3.51);
- calcolare π e calcolare quindi il periodo di ritorno T richiesto;
- stimare il valore argomentale corrispondente a T.

Un problema interessante è il seguente. Supponiamo di studiare una grandezza Y e di aver adottato una distribuzione di Gumbel come modello probabilistico. Fissato un tempo di ritorno T si ha che:

$$y(T) = \lambda - \ln[-\ln(1 - 1/T)] \cdot \delta$$

quindi si può notare che $y(T) \to \infty$ per $T \to \infty$. Questo può rivelarsi un problema, in quanto si è visto, nell'Esempio 3.6, come la probabilità di un evento estremo può essere legata a tempi di ritorno molto elevati. Per risolvere tale problema bisognerebbe assumere che la grandezza Y sia limitata superiormente ed utilizzare, come modello probabilistico, una distribuzione di *Tipo III* con estremo superiore ω. Questa assunzione limita però le possibilità applicative, in quanto, ad esempio, ω è un parametro difficilmente stimabile, che di solito viene fissato mediante informazioni non statistiche.

Operativamente, dunque, ragioneremo nel seguente modo. Data una realizzazione $y_1, y_2...y_n$ da Y, si rappresentano i dati sulla carta di probabilità della Gumbel: se i dati presentano una curvatura verso l'alto conviene utilizzare un modello GEV. La correttezza di tale scelta può essere maggiormente supportata da un test sul profilo Lr (Sec. 2.5.4) per verificare che $\gamma \neq 0$. Pur in presenza della curvatura, le due distribuzioni *Tipo I* e *Tipo III* sono assimilabili per valori argomentali distanti da ω, quindi, se ω è molto maggiore dei dati, la distribuzione *Tipo I* è un'approssimazione ragionevole.

Esempio 3.8 Dato un set di dati relativo ai difetti rilevati all'origine del cedimento in bielle motore in ghisa sferoidale [23] (riportati in Tabella A.8 ed in difettibielle.txt), stimare il difetto con $T = 1000$ μm sapendo che $\omega \approx 2500$ μm (pari allo spessore medio della parete del getto).

Interpolando i dati con una GEV i parametri risultano essere: $\hat{\gamma} = -0.1249$, $\hat{\mu} = 481.687$, $\hat{\sigma} = 283.983$ (essendo $\hat{\gamma} < 0$ la distribuzione è una *Tipo III*). Il valore argomentale corrispondente ad un periodo di ritorno T si calcola dalla (3.27) e risulta:

$$y(T) = \mu - \frac{\sigma}{\gamma} \cdot \left\{ 1 - \left[-\ln\left(1 - \frac{1}{T}\right)\right]^{-\gamma} \right\}. \tag{3.55}$$

Il difetto con $T = 500$ risulta $x(500) = 1709$ μm, quello con $T = 1000$ risulta $x(1000) = 1796$ μm.

Se i dati fossero descritti con una Gumbel si otterrebbe (con il metodo ML) $\hat{\lambda} = 463.2$ μm, $\hat{\delta} = 274.4$ μm e quindi $x(500) = 2168$ μm, $x(1000) = 2358$ μm (si

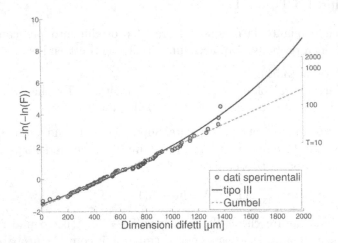

Figura 3.9. Esempio 3.8: carta di probabilità dei difetti interpolati con Gumbel e *Tipo III* [23]

può vedere dalla Fig. 3.8 come non vi sia molta differenza tra le due distribuzioni all'incirca fino a $T = 500$).

Essendo $\ell(\hat{\mu}, \hat{\sigma}, \hat{\gamma}) = -644.56$ e $\ell(\hat{\lambda}, \hat{\delta}) = -645.51$, non si può affermare che $\hat{\gamma} \neq 0$ (la log-verosimiglianza $\ell(\hat{\lambda}, \hat{\delta})$, per la Gumbel, corrisponde ad un massimo vincolato di $\ell(\mu, \sigma, \gamma)$ per $\gamma = 0$). Alla stessa conclusione si poteva arrivare calcolando la banda di confidenza al 95% di γ, attraverso la matrice di Fisher; ne risulta che $\gamma = -0.295$ e $\tilde{\gamma} = 0.04$. Poiché tale intervallo contiene il valore nullo, non si può affermare che $\hat{\gamma} \neq 0$.

In alternativa, se si è certi dell'esistenza dell'asintoto $\omega = 2500$, si può fare un'interpolazione imponendo che $(\mu - \sigma/\gamma) = 2500$ (si veda la (3.26)).

3.6 Campionamento per massimi

La domanda che in generale ci si può porre circa il campionamento per i massimi (o per i minimi) riguarda la significatività delle stime del valore $y(T)$ corrispondenti al tempo di ritorno T.

Consideriamo una variabile Y e supponiamo di volerne studiare la distribuzione dei massimi. In generale, rileveremo il valore osservato massimo, selezionandolo da un campione estratto su un assegnato periodo o area o volume di controllo: sorge spontaneo chiedersi come cambino la distribuzione dei massimi al variare dell'area di controllo e le stime della grandezza corrispondente ad un certo tempo di ritorno.

Si consideri un set di dati estratti da una LEVD e campionati su aree (o volumi, o tempi) di controllo A_0 ed un altro set di dati campionati su aree

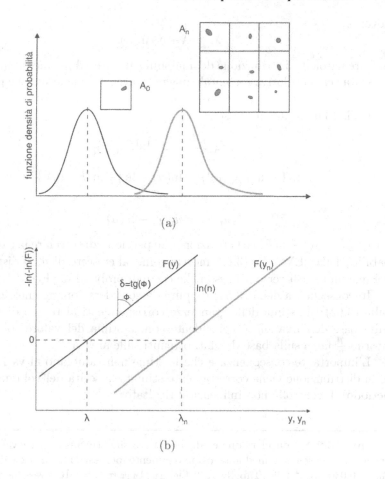

(a)

(b)

Figura 3.10. a) Trasformazione LEVD da un'area di controllo A_0 ad un'area $A_n = nA_0$; b) spostamento della stessa LEVD, su una carta di probabilità, al variare dell'area di controllo

di controllo $A_n = nA_0$ (si veda Fig. 3.10(a)). Sulla base della (3.6), si può esprimere la distribuzione dei massimi sulle aree A_n come:

$$F_{A_n}(y) = [F_{A_0}(y)]^n. \tag{3.56}$$

Se la $F_{A_0}(y)$ è una LEVD:

$$F_{A_n}(y) = \left\{ \exp\left[-\exp\left(-\frac{y - \lambda}{\delta} \right) \right] \right\}^n. \tag{3.57}$$

Con semplici passaggi si ottiene:

$$F_{A_n}(y) = \left\{ \exp\left[-\exp\left(-\frac{y - \lambda_n}{\delta} \right) \right] \right\} \tag{3.58}$$

dove:

$$\lambda_n = \lambda + \delta \cdot \ln(n). \tag{3.59}$$

In altre parole la distribuzione dei massimi sulle aree A_n è ancora una LEVD, spostata verso i valori argomentali maggiori, avente il medesimo δ e parametro di posizione espresso dalla (3.59), come mostrato in Fig. 3.10.

Dalla (3.6) si può anche scrivere:

$$\ln[F_{A_n}(y)] = n \cdot \ln[F_{A_0}(y)] \tag{3.60}$$

$$\ln\left\{-\ln\left[F_{A_n}(y)\right]\right\} = \ln(n) + \ln\left\{-\ln\left[F_{A_0}(y)\right]\right\} \tag{3.61}$$

ovvero:

$$u_{p,A_n} = u_{p,A_0} - \ln(n) \tag{3.62}$$

dove $u_p = -\ln(-\ln(F))$ è la relazione che permette di tracciare la carta di probabilità della LEVD. La (3.62) mostra come, al crescere di n, la distribuzione dei massimi trasli verso il basso nelle carte di probabilità (Fig. 3.10(b)).

In conseguenza della (3.58) (oppure da considerazioni geometriche basate sulla (3.62)) la stima delle grandezze corrispondenti al tempo di ritorno T, sulla base dell'area A_0, è coincidente con la stima del valore col tempo di ritorno $\frac{T}{n}$ fatta sulla base dei dati ottenuti sulle aree A_n.

L'importante conseguenza è che le stime non cambiano al variare di A_0: se la distribuzione viene correttamente stimata la scelta del volume (o area o periodo) di controllo non influenza il risultato.

Esempio 3.9 Si consideri un set di difetti massimi (inclusioni) rilevate su di un acciaio per cuscinetti mediante campionamento per estremi su aree di controllo $A_0 = 0.0309 \, \text{mm}^2$ [19] (Tabella A.9, file: inclu_mur.prn). Ricavare la dimensione dei difetti massimi su aree di $100 \, \text{mm}^2$.

I dati risultano ben analizzati da una distribuzione di Gumbel con parametri $\lambda = 4.13 \, \mu\text{m}$ e $\delta = 1.43 \, \mu\text{m}$. La popolazione dei difetti massimi su aree di $100 \, \text{mm}^2$ è una LEVD con parametri $\lambda = 15.71 \, \mu\text{m}$ e $\delta = 1.43 \, \mu\text{m}$ (vedasi (3.59)).

Esempio 3.10 Proviamo ad affrontare il problema dei venti del Ponte di Messina con la logica di *spostare in avanti* la distribuzione del vento massimo annuale. La distribuzione dei venti massimi su un arco di 30 anni (dalla (3.59)) è una LEVD con parametri:

$$\lambda_{30y} = 24.104 \text{ m/s} \qquad\qquad \delta_{30y} = 3.5 \text{ m/s}.$$

Il percentile 98% (probabilità di superamento del 2%) è quindi:

$$y_{0.98,30y} = \lambda_{30y} - \delta_{30y} \ln(-\ln(0.98)) = 37.76 \text{ m/s}.$$

Il valore massimo caratteristico su 30 anni (ovvero il vento con $T = 30$) è invece:

$$y_{cl,30} = y(T = 30) = \lambda - \delta \cdot \ln(-\ln(1 - 1/30)) = 24.045 \text{ m/s}.$$

Osserviamo che λ_{30y} è circa $y_{cl,30}$, se confrontiamo le due formule:

$$y_{cl,n} = \lambda - \delta \cdot \ln(-\ln(1 - 1/n)) \qquad \lambda_n = \lambda + \delta \cdot \ln(n)$$

possiamo quindi osservare che:

$$-\ln\left(-\ln\left(1 - \frac{1}{n}\right)\right) \approx \ln(n).$$

3.7 Normativa italiana venti

I carichi agenti su costruzioni sono stabiliti da un Decreto Ministeriale [24]; la parte inerente i carichi sismici è stata recentemente aggiornata.

Le azioni che il vento, la cui direzione è assunta orizzontale, esercita su una costruzione, provocano degli effetti dinamici. Tali azioni sono ricondotte a carichi statici equivalenti:

$$p = q_{ref} \cdot c_e \cdot c_p \cdot c_d \qquad (3.63)$$

in cui:

- q_{ref}: pressione cinetica di riferimento;
- c_e: coefficiente di esposizione, funzione della topografia del terreno, dell'altezza rispetto al suolo e dalla categoria di esposizione del sito ove sorge la costruzione;
- c_p: coefficiente di forma (o coefficiente aerodinamico), funzione della tipologia e della geometria della costruzione e del suo orientamento rispetto alla direzione del vento;
- c_d: coefficiente dinamico, con cui si tiene conto degli effetti riduttivi dovuti alla non contemporaneità delle massime pressioni locali e degli effetti amplificativi dovuti alle vibrazioni strutturali.

La pressione cinetica q_{ref} espressa in N/m^2 risulta:

$$q_{ref} = \frac{1}{2}\rho v_{ref}^2 \qquad (3.64)$$

in cui ρ è la densità dell'aria assunta convenzionalmente costante pari a $1.25\,kg/m^3$ e v_{ref} è la velocità di riferimento al suolo (espressa in m/s) per un periodo di ritorno di 50 anni, con:

$$v_{ref} = v_{ref,0} \qquad\qquad \text{per } a < a_0$$

$$v_{ref} = v_{ref,0} + k_a \cdot (a - a_0) \text{ per } a > a_0. \qquad (3.65)$$

Tabella 3.1. Valori dei parametri $v_{ref,0}$, a_0 e k_a per il calcolo della velocità di riferimento

Zona	Descrizione	$v_{ref,0}$ [m/s]	a_0 [m]	k_a [1/s]
1	Valle d'Aosta, Piemonte, Lombardia, Trentino Alto Adige, Veneto, Friuli Venezia Giulia (con l'eccezione della provincia di Trieste)	25	1000	0.010
2	Emilia Romagna	25	750	0.015
3	Toscana, Marche, Umbria, Lazio, Abruzzo, Molise, Puglia, Campania, Basilicata, Calabria (esclusa la provincia di Reggio Calabria)	27	500	0.20
4	Sicilia e provincia di Reggio Calabria	28	500	0.020
5	Sardegna (zona a oriente della retta congiungente Capo Teulada con l'Isola di Maddalena)	28	750	0.015
6	Sardegna (zona a occidente della retta congiungente Capo Teulada con l'Isola di Maddalena)	28	500	0.020
7	Liguria	28	1000	0.015
8	Provincia di Trieste	30	1500	0.010
9	Isole (con l'eccezione di Sicilia e Sardegna) e mare aperto	31	500	0.020

in cui a è la quota sul livello del mare della località in cui si intende progettare la costruzione e a_0 è la quota al di sopra della quale v_{ref} aumenta proporzionalmente ad un coefficiente k_a. I valori $v_{ref,0}$ e i coefficienti k_a e a_0 si ricavano dalla Tabella 3.1 in funzione delle diverse zone in cui è suddiviso il territorio italiano (si veda Fig. 3.11).

Figura 3.11. Mappa eolica: suddivisione in zone del territorio italiano

Per la dipendenza dal periodo di ritorno vale invece la formula:

$$v_{ref}(T_R) = \alpha_r(T_R) \cdot v_{ref,0} \tag{3.66}$$

in cui il parametro α_r è funzione del periodo di ritorno T_R con la seguente formula [25]:

$$\alpha_r = 0.70 \left\{ 1 - 0.11 \cdot \ln \left[-\ln \left(1 - \frac{1}{T_R} \right) \right] \right\}. \tag{3.67}$$

La norma quindi adotta la statistica dei valori estremi basata sulla distribuzione Gumbel per il calcolo della velocità di riferimento al suolo in funzione del tempo di ritorno.

Nel caso il progettista voglia scegliere il periodo di ritorno T_R su cui effettuare le verifiche, la norma propone la relazione approssimata:

$$T_R = \frac{1}{\hat{p}(n)} \cdot \Delta t \tag{3.68}$$

in cui Δt è il periodo di funzionamento della struttura e $\hat{p}(n)$ è la probabilità di superamento del vento massimo cui ci si intende riferire.

Tutti gli altri coefficienti si calcolano in base a valori tabulati, funzione delle varie condizioni in cui si deve costruire la struttura.

Esempio 3.11 Come esempio di utilizzo della (3.68) sia data $\hat{p}(n) = 0.05$ e $\Delta t = 50$ anni. Si ottiene:

$$T_R = 1000 \text{ anni.}$$

Se si utilizza la (3.51) il periodo di ritorno corretto è invece: $T = 975$ anni.

3.8 Eccedenze sopra una soglia

Un recente metodo di analisi dei valori estremi è il **POT** (*Peak Over Thresholds*), inizialmente sviluppato per l'analisi dei dati idrogeologici a partire dalla seconda metà degli anni '70, ha trovato in anni recenti una sempre maggiore applicazione [26].

L'idea fondamentale alla base di questo metodo è l'analisi degli estremi di una grandezza X sulla base delle eccedenze. Dato un insieme di dati $x_1, x_2...x_n$, si definiscono come **eccedenze** y_j quei valori x_i maggiori di un valore di soglia u. Le quantità $(y_j - u)$ sono chiamati **eccessi** sopra u.

La distribuzione di probabilità di una eccedenza è condizionata dall'evento che la variabile X sia maggiore di u. Tale distribuzione condizionata, detta F la funzione di distribuzione della variabile X, risulta:

$$F^{[u]}(x) = Prob(X \le x \text{ dato che } X > u) = \frac{F(x) - F(u)}{1 - F(u)}. \tag{3.69}$$

3.8.1 Distribuzione di Pareto generalizzata

Le distribuzioni generalizzate dei valori estremi sono correlate ad una distribuzione detta **distribuzione di Pareto generalizzata** avente probabilità cumulata:

$$W_\gamma(x) = 1 - (1 + \gamma x)^{-1/\gamma} \qquad (3.70)$$

definita per $x > 0$ se $\gamma > 0$ e per $0 < x < 1/|\gamma|$ per $\gamma < 0$.
Per $\gamma \to 0$ la distribuzione tende all'espressione:

$$W_0(x) = 1 - e^{-x}. \qquad (3.71)$$

Il legame tra la distribuzione di Pareto e la distribuzione generalizzata dei massimi è il seguente:

$$W(x) = 1 + \ln G(x). \qquad (3.72)$$

Nel caso si consideri un parametro di posizione ed uno di scala, la (3.70) diventa:

$$W_{\gamma,\mu,\sigma}(x) = 1 - \left(1 + \gamma \cdot \frac{x - \mu}{\sigma}\right)^{-\frac{1}{\gamma}}. \qquad (3.73)$$

Una interessante proprietà della distribuzione di Pareto è la seguente:

$$W_{\gamma,\mu,\sigma}^{[u]}(x) = W_{\gamma,u,\sigma_u} \qquad (3.74)$$

ovvero la distribuzione delle eccedenze è ancora una Pareto in cui il parametro γ resta invariato, $\mu = u$ ed il parametro di scala è espresso da:

$$\sigma_u = \sigma + \gamma \cdot (u - \mu). \qquad (3.75)$$

Distribuzione limite delle eccedenze

La distribuzione delle eccedenze ha proprietà asintotiche simili a quelle delle distribuzioni dei valori estremi. In particolare in [15], considerando alcune ipotesi di regolarità sulla distribuzione madre $F_X(x)$, si mostra che:

$$\left| F^{[u]}(x) - W_{\gamma,u,\sigma}(x) \right| \to 0 \qquad (3.76)$$

per $u \to \sup \mathcal{X}$, dove $\mathcal{X}$ è il campo di esistenza della variabile X.

3.8.2 Analisi dei dati

Sulla base della (3.76), quando si dispone di un numero elevato di dati, è possibile cercare di analizzare le eccedenze di dati provenienti da una qualsiasi distribuzione utilizzando come modello la distribuzione di Pareto generalizzata $W_{\gamma,u,\sigma}$. Dati quindi:

$x_1, x_2, ...x_n$ dati originali rilevati in un periodo Γ

$y_1, y_2, ...y_k$ eccedenze sopra una soglia u.

Si suppone che le eccedenze siano un campione i.i.d. da una distribuzione di Pareto $W_{\gamma,u,\sigma}$, di conseguenza si stimano i parametri γ e σ mediante metodo ML.

In particolare il contributo di ogni dato alla log-verosimiglianza è:

$$\ell_i = -\ln(\sigma) - \frac{1+\gamma}{\gamma} \cdot \ln\left[\left(1+\gamma \cdot \frac{y_i - \mu}{\sigma}\right)\right], \qquad (3.77)$$

per $\gamma \to 0$:

$$\ell_i = -\ln(\sigma) - \frac{y_i - \mu}{\sigma}, \qquad (3.78)$$

Per la massimizzazione del log-likelihood valgono le considerazioni già fatte a proposito della GEV (Sec. 3.4.2 e 3.4.3), mentre per $\gamma \to 0$ la stima di $\hat{\sigma}$ risulta:

$$\hat{\sigma} = \sum_{i=1}^{k} \frac{(y_i - u)}{k}. \qquad (3.79)$$

3.8.3 Analisi dei dati

Una volta stimati i parametri di una distribuzione $W_{\gamma,u,\sigma}$ usata come modello per i dati, esistono tre diversi metodi per stimare le grandezze relative agli eventi estremi (per esempio considerando la distribuzione del massimo su un intervallo 10Γ), esposti qui di seguito.

Primo metodo

Conoscendo k ed n siamo in grado di stimare:

$$F(u) \approx 1 - \frac{k}{n} \qquad (3.80)$$

$$F^{[u]}(x) = \frac{F(x) - F(u)}{1 - F(u)} \approx W_{\gamma,u,\sigma} \qquad (3.81)$$

da cui:

$$F(x) \approx F(u) + (1 - F(u)) \cdot W_{\gamma,u,\sigma} \qquad (3.82)$$

per $x \geq u$.

Possiamo a questo punto disporre di una stima di $F(x)$ con cui, ad esempio, stimare il valore massimo di X su un intervallo di 10Γ. In particolare il massimo caratteristico ha periodo di ritorno:

$$T = 10n$$

e la distribuzione dei massimi risulta:

$$F_{max,10\Gamma} = [F(x)]^{10n}.$$

Esempio 3.12 In riferimento al file `inclusioni.zip` (Tabella A.5) si utilizzi il metodo del POT con i primi 19 file per stimare la distribuzione del difetto massimo su un'area di $100\,mm^2$ ($S_{extr} = 100mm^2$).

Una volta messi in sequenza tutti i valori contenuti nei vari file e ordinati in ordine crescente, si utilizza la carta di probabilità di Weibull per scegliere la soglia della coda alta dei dati. Dalla Fig. 3.12(a) si nota che la coda alta dei dati non viene descritta bene dalla distribuzione Weibull. Utilizziamo quindi il metodo POT, interpolando i dati al di sopra di $u = 20\,\mu m$ (in particolare, prendendo il primo dato oltre $20\,\mu m$, risulta $u = 21.388\,\mu m$). I dati sono ben descritti da (Fig. 3.12(b)):

$$W_{0,u,\sigma} = 1 - \exp\left[-\left(\tfrac{x-21.388}{\sigma}\right)\right].$$

La stima del parametro σ si ottiene (3.79) da:

$$\hat{\sigma} = \text{valor medio (eccedenze)} = 23.549\,\mu m.$$

Essendo il numero delle eccedenze $k = 41$ e il numero totale dei dati $n = 193$, dalla (3.80) si ottiene il valore:

$$F(u) = 0.788.$$

Dalla (3.82) si ottiene quindi:

$$F(x) = 0.788 + 0.212 \cdot \left[1 - \exp\left[-\left(\frac{x - 21.388}{\sigma}\right)\right]\right].$$

Avendo 193 difetti su un'area di $19\,mm^2$, il numero di difetti su un'area di $100\,mm^2$ risulta:

$$T = 193\tfrac{100}{19} = 1015.8.$$

Il difetto massimo su un'area di $100\,mm^2$ risulta:

$$x_{cl,1015.8} = F^{-1}(1 - \tfrac{1}{1015.8}) = 147.9\,\mu m$$

La distribuzione del difetto massimo su $100\,mm^2$ è quindi:

$$F_{max,S_{extr}} = [F(x)]^{1015.8}.$$

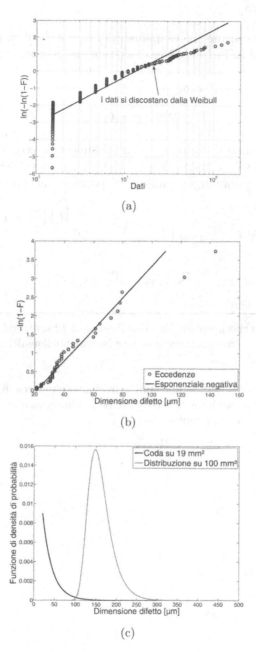

(a)

(b)

(c)

Figura 3.12. Esempio 3.12: a) carta di probabilità di Weibull per tutti i dati: la soglia viene fissata a $21.388\,\mu m$; b) carta di probabilità dell'esponenziale negativa che descrive le eccedenze: $u = 21.388\,\mu m$, $\sigma = 23.549$; c) distribuzione delle inclusioni rilevate su $19\,mm^2$ (valida per $x \geq u$) e distribuzione dei difetti massimi su $100\,mm^2$

Secondo metodo

Con il metodo precedente si presupponeva di sapere che il numero di estrazioni in Γ fosse pari ad n. Può accadere di avere a disposizione solo il numero k di eccedenze.

La stima della distribuzione tronca è:

$$F^{[u]}(x) \approx W_{\gamma,u,\sigma}. \tag{3.83}$$

L'evento massimo rilevato su Γ è il massimo di k eccedenze e quindi l'evento massimo ha $T = k$: da ciò segue che, su un intervallo 10Γ, il massimo avrà $T = 10k$. Il valore argomentale corrispondente ad un periodo di ritorno T risulta:

$$y_{cl,T} = W_{\gamma,u,\sigma}^{-1}\left(1 - \frac{1}{T}\right) = u + \sigma\frac{\left[\left(\frac{1}{T}\right)^{-\gamma} - 1\right]}{\gamma} \tag{3.84}$$

e

$$F_{max,10\Gamma} = [W_{\gamma,u,\sigma}]^{T}. \tag{3.85}$$

Esempio 3.13 In riferimento ai dati dell'Esempio 3.12 si utilizzi il secondo metodo POT per stimare il massimo caratteristico e la distribuzione del difetto massimo su un'area di $100\,\text{mm}^2$ (S_{extr}).

I difetti per ognuno dei 19 file erano stati individuati su un'area di $1\,\text{mm}^2$, quindi per $19\,mm^2$ di area sono risultate 41 eccedenze. Se vogliamo valutare quante eccedenze ci sono in $100\,mm^2$ le otteniamo da:

$$41 \cdot \frac{100}{19} = 215.8.$$

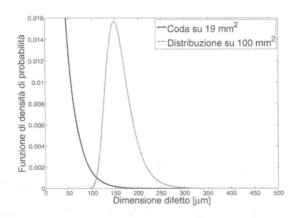

Figura 3.13. Esempio 3.13: distribuzione delle eccedenze e distribuzione del difetto massimo su $100\,\text{mm}^2$

Il massimo caratteristico sull'area $100\,\text{mm}^2$ ha periodo di ritorno $T = 215.8$ e risulta:

$$y_{cl,215.8} = W^{-1}(1 - \tfrac{1}{215.8}) = 147.9\,\mu m.$$

La distribuzione del difetto massimo è:

$$F_{max,S_{extr}} = [W_{0,u,\sigma}]^{215.8} = \left[1 - \exp\left(-\frac{y - 21.388}{23.549}\right)\right]^{215.8}.$$

Le densità di probabilità sono rappresentate in Fig. 3.13: la differenza rispetto al primo metodo è che la distribuzione madre è quella delle eccedenze, mentre la distribuzione del difetto massimo risulta uguale a quella dell'esempio precedente.

Terzo metodo

Cerchiamo una distribuzione $W_{\gamma,\bar{\mu},\bar{\sigma}}$ tale che valgano le seguenti condizioni:

$$\begin{cases} W_{\gamma,\bar{\mu},\bar{\sigma}}^{[u]}(x) = W_{\gamma,u,\sigma}(x) \\ W_{\gamma,\bar{\mu},\bar{\sigma}}(u) = F_x(u) \approx 1 - \frac{k}{n}. \end{cases} \tag{3.86}$$

Per l'esponenziale negativa ($\gamma = 0$) i parametri incogniti risultano:

$$\begin{cases} \bar{\sigma} = \sigma \\ \bar{\mu} = u + \sigma \cdot \ln\left(\frac{k}{n}\right). \end{cases} \tag{3.87}$$

Per $\gamma \neq 0$ invece:

$$\begin{cases} \bar{\sigma} = \sigma \cdot \left(\frac{k}{n}\right)^{\gamma} \\ \bar{\mu} = u - \sigma \cdot \left[1 - \left(\frac{k}{n}\right)^{\gamma}\right] / \gamma. \end{cases} \tag{3.88}$$

In tal modo si approssima la coda superiore della F_X per $x > u$ mediante la distribuzione di Pareto.

L'esemplificazione di tale procedura è illustrata nella Fig. 3.14 nella quale la Pareto $W_{\gamma,\bar{\mu},\bar{\sigma}}$ approssima la coda superiore di una serie di dati per $x \geq u$.

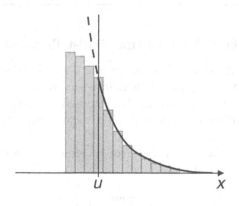

Figura 3.14. Significato grafico del terzo metodo

Esempio 3.14 In riferimento all'Esempio 3.12, utilizzando il terzo metodo POT si calcolino il massimo caratteristico e la distribuzione dei massimi per un'area di $100\,\text{mm}^2$.

Utilizzando una esponenziale negativa otteniamo i nuovi parametri dalle (3.87):

$$\bar{\mu} = -15.09\,\mu\text{m} \qquad\qquad \bar{\sigma} = 23.549\,\mu\text{m}.$$

È interessante vedere il significato del terzo metodo sulla carta di probabilità di Weibull: si può vedere come la $W_{\gamma,\bar{\mu},\bar{\sigma}}$ interpola i dati per $x \geq u$.

Considerando il periodo di ritorno $T = 1015.8$ (lo stesso dell'Esempio 3.12) possiamo calcolare $x_{cl,1015.8}$ invertendo la distribuzione esponenziale negativa:

$$x_{cl,1015.8} = 147.9\,\mu\text{m}.$$

La distribuzione dei massimi su un'area di $100\,mm^2$ si trova da:

$$F_{max,S_{extr}} = [W_{\gamma,\bar{\mu},\bar{\sigma}}(x)]^{1015.8}.$$

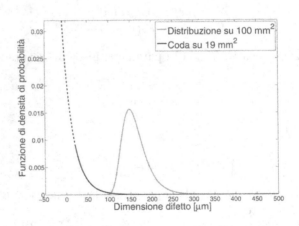

Figura 3.15. Esempio 3.14: la distribuzione delle inclusioni viene approssimata con il terzo metodo (interpola i dati per per $x \geq u$)

3.8.4 Scelta della soglia e del tipo di distribuzione

Negli esempi precedenti la scelta della soglia u è stata fatta in modo grossolano analizzando dove la distribuzione madre sembrava chiaramente discostarsi dall'andamento dei dati nella coda alta. È possibile scegliere correttamente la soglia sulla base delle considerazioni qui di seguito esposte [15].

La media di una variabile Y_0 descritta da una distribuzione di Pareto con parametri γ, u_0 e σ risulta:

$$E(Y_0) = u_0 + \frac{\sigma}{1 - \gamma}. \tag{3.89}$$

Se consideriamo gli eccessi $Y_0' = Y_0 - u_0$, risulta:

$$E(Y_0') = E(Y_0) - u_0 = \frac{\sigma}{1 - \gamma}. \tag{3.90}$$

Consideriamo ora le eccedenze Y al di sopra di una soglia $u \geq u_0$. Per la (3.74) risulterà:

$$E(Y) = u + \frac{\sigma + \gamma(u - u_0)}{1 - \gamma}. \tag{3.91}$$

Ne segue che per gli eccessi:

$$E(Y') = \frac{\sigma + \gamma(u - u_0)}{1 - \gamma}. \tag{3.92}$$

Ovvero l'andamento di $E(Y')$ è lineare rispetto alla soglia u ed in particolare ha una pendenza pari a $\gamma/1 - \gamma$.

Il grafico di $E(Y')$ (detto **mean excess plot**) permette di individuare la soglia nella zona in cui il grafico è lineare e di capire il segno di γ dalla pendenza.

Esempio 3.15 In riferimento all'Esempio 3.12, si scelga la soglia u e si calcoli con il metodo POT il massimo caratteristico per un'area di $100\,mm^2$.

Calcolando $E(Y')$ al variare di u si ottiene l'andamento tipico di Fig. 3.16 che mostra come la soglia possa essere scelta tra 15 e 30 μm. Inoltre l'andamento crescente suggerisce $\gamma > 0$, come si evince anche dalla Fig. (3.12(b)). In particolare per $u = 25\mu m$, si ottengono i parametri $\hat{\gamma} = 0.105$, $\hat{\sigma} = 20.46$. Poiché il numero di eccedenze (rilevate su 19 mm^2) è $k = 45$, il valore massimo caratteristico su 100 mm^2 risulta (3.84):

$$y_{cl,236.8} = 150.9.$$

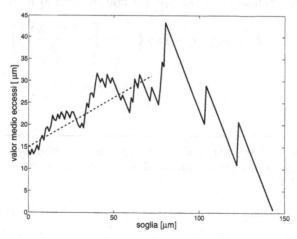

Figura 3.16. Esempio 3.15: il valor medio degli eccessi

3.8.5 Legame tra $W_{0,u,\sigma}$ e LEVD

Supponiamo di avere una variabile X con distribuzione esponenziale $W_{0,u,\sigma}$:

$$F_X(x) = 1 - \exp\left[-\left(\frac{x-u}{\sigma}\right)\right] , \qquad (3.93)$$

il valore argomentale corrispondente al periodo di ritorno T si calcola come

$$1 - \frac{1}{T} = 1 - \exp\left[-\left(\frac{x-u}{\sigma}\right)\right] \qquad (3.94)$$

e quindi dopo semplici passaggi:

$$x_{cl} = u + \sigma \cdot \ln(T). \qquad (3.95)$$

Generalizzando quanto visto nel secondo metodo è possibile ricavare un ulteriore legame tra $W_{0,u,\sigma}$ e LEVD. In particolare la 'densità' delle eccedenze (il numero medio delle eccedenze sul periodo di acquisizione Γ) risulta essere:

$$\rho = \frac{k}{\Gamma}. \qquad (3.96)$$

Nell'ipotesi che le eccedenze siano state modellate con una $W_{0,u,\sigma}$, si stima il valore massimo caratteristico su un periodo $\Gamma_{extr} = N \cdot \Gamma$ come:

$$x_{cl,\Gamma_{extr}} = u + \sigma \cdot \ln(\rho \cdot N \cdot \Gamma) \qquad (3.97)$$

ove il termine $\rho \cdot N \cdot \Gamma$ rappresenta il numero di eccedenze su Γ_{extr} ed il periodo di ritorno del massimo su Γ_{extr}.
Considerando l'analogia con la (3.59) ed il fatto che la LEVD approssima la distribuzione dei massimi di un'esponenziale negativa, se ne trae la conclusione che:

$$F_{max,\Gamma_{extr}}(x) \approx \exp\left\{-\exp\left[-\left(\frac{x-\lambda}{\delta}\right)\right]\right\} \qquad (3.98)$$

dove:

$$\lambda = u + \sigma \cdot \ln(\rho \cdot N \cdot \Gamma) \qquad (3.99)$$

$$\delta = \sigma. \qquad (3.100)$$

Esempio 3.16 Si verifichino le differenze tra le funzioni di densità di probabilità ottenute, negli esempi precedenti, con il primo metodo, col secondo e con l'approssimazione LEVD.

Utilizzando le (3.100) e (3.99) otteniamo i parametri della LEVD approssimata:

$$\lambda = u + \sigma \cdot (\rho N \Gamma) = 147.9\,\mu m \qquad\qquad \delta = 23.5\,\mu m.$$

Dalla (3.98) otteniamo la distribuzione LEVD che approssima la distribuzione dei massimi su un'area di $100\,mm^2$. La funzione densità di probabilità della LEVD è rappresentata in Fig. 3.17(a).

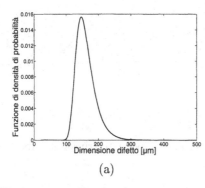
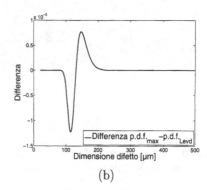

(a)   (b)

Figura 3.17. Esempio 3.16: approssimazione massimi di $W_{0,u,\sigma}$ mediante LEVD: a) distribuzione dei massimi su un'area di $100\, mm^2$ approssimata con una LEVD; b) differenza tra la p.d.f. dei massimi ottenuta con il primo metodo e l'approssimazione LEVD

La differenza tra funzione di densità di probabilità calcolata con il primo metodo e quella dell'approssimazione LEVD è rappresentata in Fig. 3.17(b). Si noti che le differenze tra i valori calcolati con il primo metodo e con la LEVD sono al massimo dell'ordine di 10^{-5}, mentre quelle tra i valori calcolati con il secondo metodo e con la LEVD sono dell'ordine di 10^{-2}. Inoltre, in quest'ultimo caso, esse sono anche più ampie in riferimento al valore delle ascisse.

3.9 Analisi statistica degli spettri di carico

Una della applicazioni della statistica dei valori estremi che ha rivestito storicamente una propria importanza nell'ambito strutturale e meccanico è l'analisi degli spettri di carico per ottenere informazioni utili alla valutazione dell'affidabilità strutturale nei confronti dei carichi massimi e delle azioni affaticanti.

3.9.1 Carichi massimi

Dal punto di vista dei carichi massimi, la statistica dei valori estremi viene applicata per estrapolare una serie di misure sperimentali relative alle forze applicate ad un componente o ad una struttura, esattamente come le diverse normative nazionali considerano le azioni del vento e della neve sulle costruzioni.

Una delle prime applicazioni, al di fuori dei carichi meteorologici su strutture civili, è l'indagine condotta per ricavare i carichi da turbolenza per gli aerei C130 [20] (vedasi Fig. 3.4(b)), in cui si definirono i carichi massimi da turbolenza al variare del numero di ore di volo (o del *periodo di ritorno*). Questo tipo di valutazioni, molto importante per valutare l'integrità strutturale dei mezzi di trasporto, può venir fatta solo su prototipi (o simulatori virtuali)

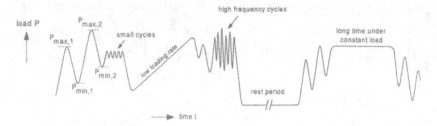

Figura 3.18. Una sequenza di sollecitazioni su un componente (riprodotto da [28] con permesso dell'autore)

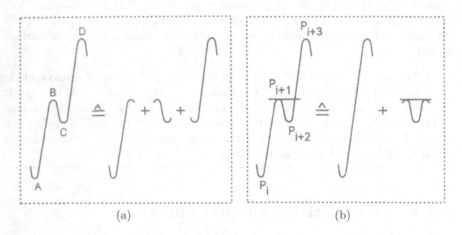

Figura 3.19. Metodi di conteggio dei cicli: a) escursioni successive; b) rainflow (riprodotto da [28] con permesso dell'autore)

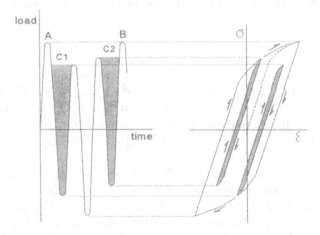

Figura 3.20. Metodo rainflow e cicli di sollecitazione (riprodotto da [28] con permesso dell'autore)

sottoposti alle condizioni di impiego estreme dei veicoli stessi (la cui risposta od esecuzione dipende dal veicolo stesso).

Sembra quasi superfluo segnalare che le rilevazioni devono venir fatte rappresentando al meglio le condizioni operative, ma di fatto alcuni recenti *problemi* nell'integrità strutturale di velivoli militari sono stati dovuti al fatto che le valutazioni dei carichi estremi erano state fatte trascurando completamente alcune situazioni operative estreme verificatesi nell'impiego effettivo [27].

3.9.2 Fatica e spettri di sollecitazione

Nel caso di cicli di fatica, il primo problema consiste nell'analizzare i segnali di una storia temporale per descrivere al meglio le sollecitazioni affaticanti. Considerando la sequenza ipotetica di Fig. 3.18, i cicli di fatica vengono analizzati nell'ipotesi di trascurare i cicli di riposo ed i fenomeni legati alla frequenza dei cicli.

Se è facile ricavare da una storia temporale il ciclo di sollecitazione massima (identificato dallo sforzo massimo e minimo), più complicato è individuare correttamente i diversi cicli di sollecitazione. Storicamente questo problema si pose dapprima nell'industria aeronautica al fine di prevedere correttamente la vita a fatica in componenti soggetti a carichi variabili [28]. L'intuitiva identificazione dei cicli in termini di semplici escursioni tra massimi e minimi non permette di identificare i cicli di sollecitazione di maggiore ampiezza (Fig. 3.19(a)). Il conteggio con il metodo *rainflow*, che deve il suo nome al descrivere i cicli come il flusso d'acqua sul tetto di una pagoda [29], permette invece di identificare correttamente i cicli di sollecitazione. Il metodo rainflow dal punto di vista fisico consiste nell'identificare i cicli di isteresi chiusi nella risposta ciclica del materiale all'interno del ciclo massimo, identificato dagli sforzi massimo e minimo della sequenza (Fig. 3.20).

Dal punto di vista operativo l'algoritmo del *rainflow*, dopo essere stato recepito dalle diverse normative sulle costruzioni metalliche, è stato recentemente normato [30] e consiste nell'eliminare successivamente da una sequenza i cicli di minore ampiezza per restare con il ciclo di ampiezza maggiore (Fig. 3.21).

Una volta identificati i cicli di sollecitazione in una storia temporale, se ne da una rappresentazione schematica in termini di *spettro di sollecitazione*. Con tale termine si indica un grafico, su scala semi-logaritmica, che riporta in senso decrescente i cicli di sollecitazione e il corrispondente numero di eccedenze (o *cicli cumulati*). Questa rappresentazione permette di identificare in modo semplice: i) il massimo range di sforzo ΔS_{max} (oppure la massima ampiezza $S_{a,max}$) rappresentato dal punto più alto sull'asse delle ordinate; ii) il numero totale di cicli N_{max} rappresentato dal punto più a destra sull'asse delle ascisse. Se ad esempio consideriamo gli sforzi sull'assale ferroviario dell'Esempio 1.4 (Tabella A.2, file `sforzo_assile.txt`), rilevati su 1250 km, la rappresentazione, in termini di spettro, dell'istogramma degli sforzi rilevati sull'assile permette di identificare semplicemente il massimo livello di sforzo ciclico ed il numero totale di cicli (Fig. 3.22(a)).

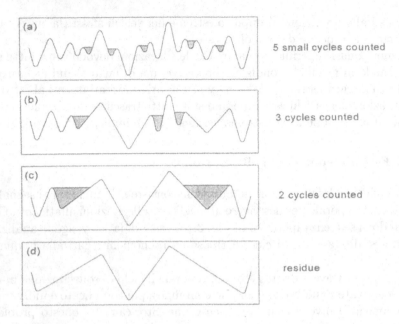

Figura 3.21. Metodo rainflow: sequenza di applicazione (riprodotto da [28] con permesso dell'autore)

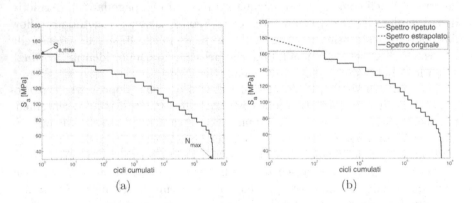

Figura 3.22. Assale ferroviario: a) spettro rilevato su 1250 km ($S_{a,max} = \Delta S_{max}/2$); b) spettro dello stesso assale ripetuto 100 volte (125000 km) e ipotesi di estrapolazione

3.9.3 Estrapolazione degli spettri di sollecitazione

Estrapolare uno spettro di sollecitazione corrisponde a stimare i ΔS corrispondenti a percorrenze (o tempi) maggiori di quelli su cui sono state eseguite le misure. Considerando ancora il caso dell'assile, se si considerasse una percorrenza di 125000 km ripetendo 100 volte le sollecitazioni rilevate su 1250 km, lo spettro di sollecitazioni si sposterebbe a destra (per effetto della scala logaritmica) mantenendo lo stesso livello di sforzo massimo: *estrapolare* lo spettro ad una percorrenza di $125000 km$ significa invece stimare la parte alta dello spettro al di sopra del livello ΔS_{max} misurato (Fig. 3.22(b)).

Adottando i concetti della statistica dei valori estremi (in termini di *massimi per blocchi* o *POT*), il compito risulta di facile soluzione, sulla base del legame tra numero di eccedenze e periodo di ritorno:

- detto Γ il percorso su cui è stato misurato lo spettro composto da N_{max} cicli, il massimo valore $\Delta S_{max,\Gamma}$ ha un periodo di ritorno $T = \Gamma$;
- il massimo livello di sforzo su una percorrenza $100 \cdot \Gamma$, che indichiamo con $\Delta S_{max,100\Gamma}$, avrà un periodo di ritorno $T = 100 \cdot \Gamma$ e si verificherà una volta su $100 \cdot N_{max}$ cicli (ovviamente il livello di sforzo $\Delta S_{max,\Gamma}$ ha 100 eccedenze);
- ripetendo tale procedura è semplice calcolare i ΔS cui corrisponde un numero di eccedenze compreso tra 1 e 100.

Esempio 3.17 Si hanno a disposizione 16 storie di carico (`sterrato.zip`) rilevate su un autoveicolo su un percorso sconnesso particolarmente gravoso della lunghezza L di 6 km. La grandezza misurata è il carico verticale agente sul supporto posteriore di una ruota. Si richiede il calcolo dello spettro di carico estrapolato per una percorrenza di 3000 km.

Tabella 3.2. Esempio 3.17: $\Delta P_{V,max}$ su 16 percorsi sconnessi di 6 km (ricavate dai file `sconnesso.zip`)

$\Delta P_{V,max,i}$ [N]			
4863	4726	4726	5198
4421	4573	4726	4421
4726	4421	4268	4726
4684	4573	4802	4573

Dopo avere effettuato un conteggio dei cicli con metodo *rainflow*, dalle diverse storie di carico è possibile ricavare i valori massimi della variazione di carico $\Delta P_{V,max,i}$. Analizzando questi dati, riportati in Tabella 3.2, si può vedere dalle carte di probabilità come questi siano descrivibili tramite una LEVD di parametri $\delta = 170.78$ e $\lambda = 4552.9$ (Fig.3.23(b)). È quindi possibile stimare i $\Delta P_{V,max}$ ($\Delta P_{V,max} = \lambda + \delta \cdot \ln(T)$) corrispondenti a percorrenze maggiori di 96 km (16 storie di 6 km), come indicato in Tabella 3.3. Le coppie di punti (eccedenze , $\Delta P_{V,max}$) rappresentano l'estrapolazione dello spettro (Fig. 3.23(c)).

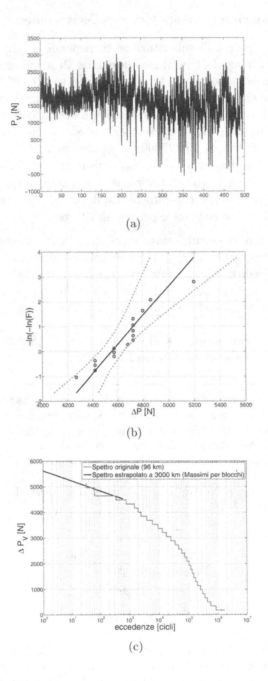

(a)

(b)

(c)

Figura 3.23. Esempio 3.17 (sterrato): a) parte di una storia di carico; b) carta di probabilità LEVD dei massimi $\Delta P_{V,max,i}$; c) estrapolazione dello spettro

Tabella 3.3. Estrapolazione dello spettro (sterrato, metodo dei massimi per blocchi)

km	T (km/L)	$\Delta P_{V,max}$	Eccedenze [cicli]
50	8.3	4915	60
100	16.7	5033	30
500	83.3	5308	6
1000	166.7	5427	3
2000	333.3	5545	1.5
3000	500.0	5614	1

Esempio 3.18 Con la stessa strumentazione utilizzata per l'Esempio 3.17 si è acquisito l'andamento delle forze verticali (`milano-lecco.txt`) su un percorso stradale a percorrenza veloce di 20 km. Si estrapoli, tramite metodo POT, lo spettro di carico per una percorrenza di 3000 km.

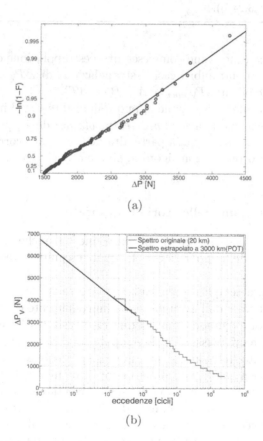

(a)

(b)

Figura 3.24. Esempio 3.18 (strada a scorrimento veloce): a) carta esponenziale delle eccedenze ($u = 1500$ N); b) estrapolazione dello spettro a 3000 km (POT)

Tabella 3.4. Estrapolazione dello spettro (Milano-Lecco, metodo POT)

km	T (km/L)	$\Delta P_{V,max}$	Eccedenze [cicli]
15	0.75	3926	200
20	1	4078	150
100	5	4932	30
500	25	5786	6
1000	50	6154	3
3000	150	6737	1

Dopo avere ricavato le variazioni di carico significative (ΔP_V) tramite metodo Rain-flow, si analizzano i dati tramite carte di probabilità; quindi, selezionata una soglia adeguata ($\Delta P_V = 1500$) e verificato che le eccedenze siano distribuite secondo un'e-sponenziale negativa (3.93) (Fig. 3.24(a)), si possono ricavare, con metodo POT come descritto negli esempi precedenti, i valori $\Delta P_{V,max}$ in corrispondenza di per-correnze comprese tra 20 e 3000 km. È quindi possibile (Tabella 3.4) ricostruire lo spettro di carico per 3000 km così come visto nell'Esempio 3.17. Lo spettro ottenuto è riportato in Fig. 3.24(b).

Gli esempi discussi mostrano come eseguire l'estrapolazione con *massimi per blocchi* o *POT*: in entrambi i casi l'estrapolazione di ΔP_V si avvale di una formula riconducibile a $\Delta P_{V,max} = A + B \cdot \log(T)$.

Sulla base di tale osservazione si può quindi dire che il metodo proposto dall'istituto LBF come una *log-linear extrapolation* dello spettro, basata sul tracciamento della tangente alla parte alta dello spettro, corrisponde di fatto ad una procedura, pur se non rigorosa, simile a quella ottenibile con i valori estremi [31].

3.9.4 Estrapolazione delle storie temporali

L'estrapolazione degli spettri di sollecitazione ha anche lo scopo di poter ottenere delle storie temporali con le quali eseguire i test di durata dei componenti.

Una procedura semplice per ricavare storie temporali rappresentative di una spettro è ricavare dall'estrapolazione un coefficiente di maggiorazione da applicare alle storie temporali. Ad esempio nel caso dell'Esempio 3.18, si può vedere come i valori massimi nell'estrapolazione siano pari a 1.65 volte il $\Delta P_{V,max}$ raggiunto in 20 km: si può quindi approssimativamente dire che il segnale ΔP_V venga amplificato di un fattore 1.65 una volta su 3000 km.

Un modo molto più corretto di procedere, inventato da P. Johannesson [32] sulla base dell'estrapolazione con metodo POT dello spettro, si basa sull'idea di approssimare con una distribuzione di Pareto i picchi e le valli della storia temporale (immaginando un segnale costituito solo da *turning points*) che corrispondono a massimi e minimi dei cicli minimi al di sopra di una valore di soglia rispettivamente pari a u_{max} e u_{min} (Fig. 3.25(a)). È quindi possibile

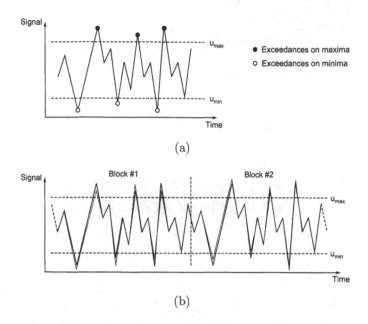

Figura 3.25. Metodi di estrazione di storie temporali: a) applicazione metodo POT a picchi e valli; b) estrazione casuale dei massimi $> u_{max}$ (e dei minimi $< u_{min}$) durante la ripetizione delle sequenze (riprodotto da [32] con permesso dell'autore)

rigenerare differenti storie temporali ripetendo il segnale originale ed estrarre casualmente i massimi sopra u_{max} dalla distribuzione di Pareto, che descrive le eccedenze degli sforzi (una procedura uguale si applica per i minimi) (Fig. 3.25(b)).

Un esempio di tale procedura è mostrata in Fig. 3.26 in cui si vede il risultato di tali operazioni per generare una storia di carico (in questo caso pressione) estrapolata su un componente idraulico [33]. Va annotato come in tali operazioni di solito si esegua anche un *filtro rainflow* omettendo dalla storia i punti che individuano dei cicli di sollecitazione bassa. Si vede infatti dalla Fig. 3.21 come dopo aver contato i cicli di minore ampiezza questi possano essere omessi dalle storie, riducendo il numero complessivo di cicli (in Fig. 3.26 si vede come, dopo questa operazione, lo spettro sia troncato).

3.10 Analisi di inclusioni e difetti

Un importante problema industriale consiste nel caratterizzare la distribuzione delle inclusioni ed impurezze presenti in un materiale metallico. Esistono diverse norme basate concettualmente sul conteggiare le inclusioni rinvenute su sezioni metallografiche confrontando le stesse con mappe di riferimento [34], senza che però queste indicazioni possano essere estrapolate né correttamen-

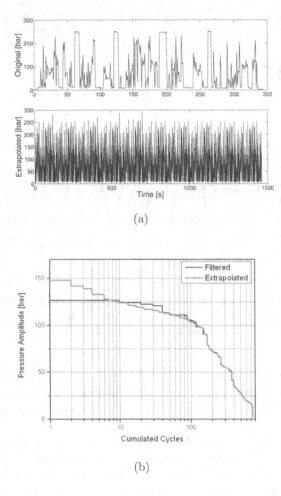

Figura 3.26. Estrapolazione di un segnale di pressione in un componente idraulico: a) storia originale e storia estrapolata a picchi e valli; b) lo spettro del segnale estrapolato (riprodotte da [33])

te applicate, per il basso numero di inclusioni, ai moderni acciai *super-clean* impiegati ad esempio nei cuscinetti e negli ingranaggi.

In questo ambito, strettamente connesso alla stima del limite di fatica di acciai ad alta resistenza, Murakami per primo applicò la statistica dei valori estremi, attraverso un campionamento per massimi mediante sezioni lappate, al rilievo di inclusioni e difetti per stimare la dimensione del difetto massimo caratteristico in un dato volume di materiale [35]. Tale metodo è stato recepito dalla norma ASTM E2283-03 [36].

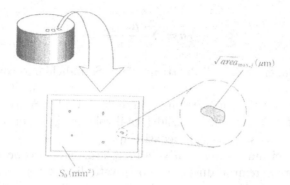

Figura 3.27. Campionamento per massimi mediante sezioni lappate (riprodotto da [19] con permesso dell'editore)

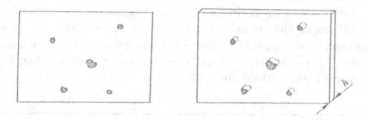

Figura 3.28. Stima del volume di controllo per sezioni lappate (riprodotto da [19] con permesso dell'editore)

3.10.1 Stima del difetto massimo caratteristico in un componente

L'applicazione del metodo si basa sul rilievo di un certo numero di inclusioni (o difetti massimi) d_{max} su sezioni lappate con aree di controllo S_o: le indicazioni di ASTM E2283 al riguardo sono di ricavare un minimo di $n = 30 - 40$ difetti ed un'area di controllo S_o indicativamente di 100 mm^2.

La norma ASTM E2283 si limita a descrivere l'analisi dei dati con la distribuzione di Gumbel e la stima del difetto massimo con $T = 1000$ per eseguire il confronto tra diversi lotti di materiale, attribuendo quindi implicitamente alla stima del difetto massimo caratteristico per $T = 1000$ il significato di un'indice della qualità del materiale.

Inizialmente Murakami applicò il metodo per stimare la dimensione del difetto massimo all'origine del cedimento per fatica di provini e componenti [35]. In particolare egli suggerì, sulla base di simulazioni numeriche, che il campionamento bi-dimensionale su aree di controllo S_o fosse equivalente a trovare i difetti massimi su un volume di controllo:

$$V_o = S_o \cdot h \tag{3.101}$$

dove:

$$h = \sum_{i=1}^{n} \frac{d_{max,i}}{n} \tag{3.102}$$

dove n è il numero totale di difetti massimi. Se indichiamo con V_c il volume di materiale di cui si vuole stimare il difetto, il periodo di ritorno del difetto massimo caratteristico su V_c risulta quindi: $T = V_c/V_o$. Se lo sforzo nel componente non è costante si può considerare il volume $V_{90\%}$, cui corrisponde uno sforzo s: $0.9 \cdot s_{max} < s < s_{max}$ (vedasi Cap. 7).

Tali semplici indicazioni relative all'applicazione dei concetti della statistica dei valori estremi ai difetti hanno trovato diverse verifiche sperimentali in termini di dimensioni caratteristiche dei difetti all'origine del cedimento di fratture per fatica [19].

Il vero problema dell'applicazione realistica di questi metodi è che l'area S_o deve essere scelta in modo da contenere effettivamente il difetto che poi si trova all'origine del cedimento nei pezzi (e poter effettuare un effettivo campionamento per massimi scegliendo il massimo tra $4 - 5$ inclusioni): nel caso di acciai per cuscinetti l'area di controllo per rinvenire i difetti massimi può arrivare a $5000 - 10000$ mm^2 [37].

Esempio 3.19 Si consideri il set di inclusioni massime rilevate tramite sezioni lappate rilevate di area $S_o = 66.37\ mm^2$ su un acciaio da bonifica con 0.45% C [37] (Tabella A.10, file c45lappature.txt).

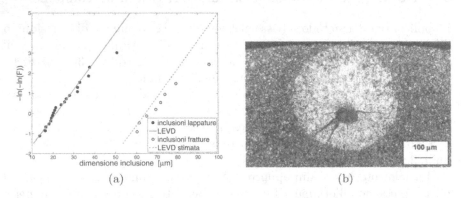

(a)   (b)

Figura 3.29. Stima delle inclusioni massime in un volume a partire da sezioni lappate [37]: a) analisi con LEVD dei dati e confronto con le inclusioni all'origine della frattura; b) esempio di una frattura originata da un'inclusione (si noti il cosiddetto *fish-eye* attorno all'inclusione, ovvero la cricca generata da un'inclusione interna)

I parametri della distribuzione LEVD che interpola i dati (vedasi Fig. 3.29(a)) risultano $\lambda = 21.36$ μm e $\delta = 7.16$ μm. Calcolando il valor medio delle inclusioni massime, risulta $h = 25.49$ μm, il volume di controllo corrispondente al campionamento 2D è $V_o = 1.692$ mm^3. Per un volume $V_c = 668$ mm^3 si può quindi stimare che i difetti massimi appartengano ad una LEVD con parametri: $\lambda_c = 64.19$ μm e $\delta_c = 7.16$ μm. Tale distribuzione risulta vicina ai risultati sperimentali di inclusioni rinvenute all'origine della frattura in provini di volume V_c soggetti a prove di fatica assiale (Tabella A.11, file `c45fratture.txt`).

4

Funzioni di variabili casuali e modelli statistici

4.1 Grandezza funzione di una variabile casuale

Qualsiasi variabile Y, definita come funzione di una variabile casuale X, sarà anch'essa una variabile casuale. Supponiamo di conoscere, per la variabile X, la funzione densità di probabilità $f_X(x)$ e la funzione di probabilità cumulata $F_X(x)$. Siamo in grado di calcolare le stesse funzioni per la variabile Y, a partire da f_X e F_X? Supponiamo che Y sia espressa come:

$$Y = g(X) \tag{4.1}$$

dove g è una funzione da $\mathcal{X}$, il campo di esistenza di X, a $\mathcal{Y}$, il campo di Y. Per definizione la probabilità cumulata di Y è la probabilità che si abbia $Y \leq y$:

$$F_Y(y) = Prob\{Y \leq y\} = Prob\{g(X) \leq y\} \tag{4.2}$$

$$= \int_{g(x) \leq y} f_X(x) dx \tag{4.3}$$

dove l'integrazione va eseguita su tutti i valori di x per i quali $g(x) \leq y$ (Fig. 4.1).

Se $g(x)$ è una funzione monotona crescente o decrescente, le funzioni F_Y e f_Y possono essere espresse in modo più conveniente. L'inversa della (4.1) può essere infatti espressa e derivata nel modo seguente:

$$x = g^{-1}(y) = h(y) \rightarrow dx = \left|\frac{dh}{dy}\right| \cdot dy = |h'(y)| \cdot dy \tag{4.4}$$

dove il valore assoluto permette di considerare sia funzioni crescenti che decrescenti, evitando valori negativi nelle funzioni di densità e nella cumulata. Dalle (4.3) e (4.4) segue che:

$$F_Y(y) = \int_{-\infty}^{y} f_X(h(u)) \cdot |h'(u)| du \tag{4.5}$$

$$f_Y(y) = f_X(h(y)) \cdot |h'(y)| \tag{4.6}$$

Beretta S: Affidabilità delle costruzioni meccaniche.
© Springer-Verlag Italia, Milano 2009

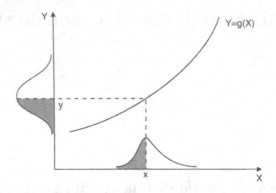

Figura 4.1. Funzione monotona crescente di una variabile casuale

---

Esempio 4.1 Si suppone di considerare la resistenza statica di un materiale ceramico [1]:

$$s = \frac{K_{IC}}{0.7 \cdot \sqrt{\pi \cdot a}}$$

dove la distribuzione della dimensione dei difetti $a\ [mm]$ è un esponenziale negativa con valor medio 0.5 mm.

$$x = g^{-1}(y) = h(y) \to a = \frac{1}{\pi}\left(\frac{K_{IC}}{0.7 \cdot s}\right)^2$$

$$f_A(a) = \frac{1}{\mu_a} \exp\left(-\frac{a}{\mu_a}\right)$$

$$f_Y = f_X[h(y)] \cdot |h'(y)| \to f_S(s) = \frac{1}{\mu_a} \exp\left[-\frac{\frac{1}{\pi}\left(\frac{K_{IC}}{0.7 \cdot s}\right)^2}{\mu_a}\right] \cdot \frac{1}{\pi}\left(\frac{K_{IC}}{0.7}\right)^2 \left(\frac{-2}{s^3}\right).$$

$$(4.7)$$

Considerando $K_{IC} = 700\ MPa\sqrt{mm}$, si ricava la distribuzione di resistenza illustrata in Fig. 4.2(a). I punti della curva 'numerica' sono stati invece ricavati derivando numericamente la funzione di probabilità cumulata ottenuta nel modo seguente:

$$Prob(S > \bar{s}) = Prob\left(A < \bar{a} = \frac{1}{\pi}\left(\frac{K_{IC}}{0.7 \cdot \bar{s}}\right)^2\right) \to F_{\bar{S}}(\bar{s}) = 1 - F_A(\bar{a}). \qquad (4.8)$$

In particolare, discretizzando in un certo numero di punti la variabile a, si ricava la s corrispondente e quindi $F_S(s)$. La f_S si ottiene quindi derivando numericamente F_S (Fig. 4.2(b)).

---

[1] Nel seguito si assumerà la notazione inglese, con L (*load*) per lo sforzo ed S (*strength*) per la resistenza

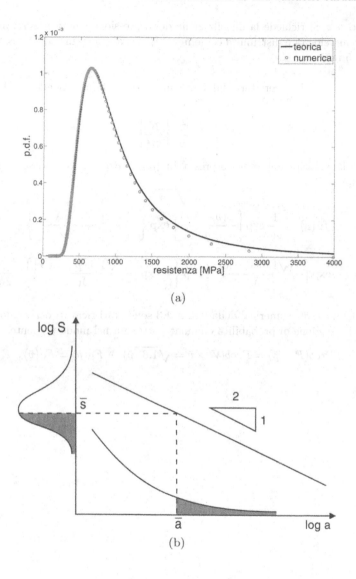

Figura 4.2. Esempio 4.1: a) densità di probabilità della resistenza di un materiale ceramico ricavata numericamente (a partire dai valori argomentali della dimensione dei difetti a) e teoricamente (tramite la (4.7)); b) rappresentazione grafica della (4.8)

Esempio 4.2 Si richiede la distribuzione della pressione cinetica esercitata da un vento la cui velocità è distribuita come una LEVD caratterizzata da $\lambda_V = 24.1$ m/s e $\delta_V = 3.5$ m/s.

La pressione cinetica esercitata dal vento su un ostacolo(assumendo per l'aria $\rho = 1.25$ kg/m^3, vedasi (3.64)) è data dalla formula:

$$p = \frac{v^2}{1.6} \left[\frac{N}{m^2}\right] \tag{4.9}$$

dove v è la velocità del vento espressa in [m/s]. Ripetendo i passaggi illustrati nell'esempio 4.1:

$$v = \sqrt{1.6 \cdot p}$$

$$f_V(v) = \frac{1}{\delta_V} \exp\left[-\frac{(v - \lambda_V)}{\delta_V}\right] \exp\left\{-\exp\left[-\frac{(v - \lambda_V)}{\delta_V}\right]\right\}$$

$$f_P(p) = \frac{1}{\delta_V} \exp\left[-\frac{(\sqrt{1.6 \cdot p} - \lambda_V)}{\delta_V}\right] \exp\left\{-\exp\left[-\frac{(\sqrt{1.6 \cdot p} - \lambda_V)}{\delta_V}\right]\right\} \cdot \frac{1.6}{2\sqrt{1.6 \cdot p}} \,. \tag{4.10}$$

I punti della curva 'numerica' della figura 4.3 sono stati ricavati derivando numericamente la funzione di probabilità cumulata ottenuta nel modo seguente:

$$Prob(P > \bar{p}) = Prob(V > \bar{v} = \sqrt{1.6 \cdot \bar{p}}) \to F_P(\bar{p}) = F_V(\bar{v}) \,.$$

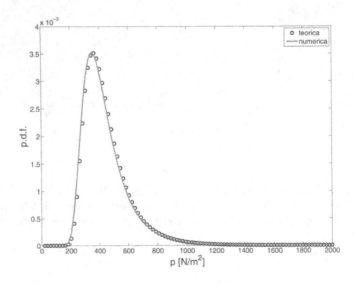

Figura 4.3. Esempio 4.2: densità di probabilità della pressione cinetica

4.2 Grandezza funzione di più variabili

Supponiamo ora che Y sia funzione di due variabili casuali continue X_1 e X_2, con funzione di densità congiunta $f_{X_1,X_2}(x_1,x_2)$. Sia

$$Y = g(X_1, X_2), \tag{4.11}$$

allora la funzione di probabilità cumulata di Y è espressa dalla seguente:

$$F_Y(y) = \int\int_{g(x_1,x_2)\leq y} f_{X_1,X_2}(x_1,x_2)dx_1 dx_2. \tag{4.12}$$

L'espressione (4.12) è di difficile utilizzo, tuttavia supponiamo che per ogni fissato $x_2 \in \mathcal{X}_2$ la funzione $y = g(x_1,x_2)$ sia invertibile rispetto ad x_1. Indichiamo tale inversa con

$$h(y, x_2) = g^{-1}(y, x_2) = x_1.$$

Si puo mostrare che

$$F_Y(y) = \int_{\mathcal{X}_2}\int_y f_{X_1,X_2}(h(y,x_2),x_2)\left|\frac{\partial h(x,x_2)}{\partial y}\right|dydx_2 \tag{4.13}$$

da cui:

$$f_Y(y) = \int_{\mathcal{X}_2} f_{X_1,X_2}(h(y,x_2),x_2)\left|\frac{\partial h(y,x_2)}{\partial y}\right|dx_2. \tag{4.14}$$

Esempio 4.3 Si richiede di calcolare, tramite la (4.12), l'affidabilità di un componente caratterizzato da una resistenza $S \in N(\mu_S, \sigma_S)$ e sottoposto ad uno sforzo $L \in N(\mu_L, \sigma_L)$.

L'affidabilità è data dalla probabilità:

$$Prob(S > L) \text{ ovvero } Prob(Y = S - L > 0)$$

che, come appena illustrato, si può calcolare tramite la (4.12).

Se S ed L sono variabili casuali indipendenti allora la superficie di $f_{S,L}$ corrisponde ad una 'campana' (Fig. 4.4(a)) espressa da:

$$f_{X_1,X_2}(x_1,x_2) = f_{X_1}(x_1)f_{X_2}(x_2). \tag{4.15}$$

Considerando quindi un generico valore di resistenza s (Fig.4.5(a)), la probabilità di cedimento è data dalla probabilità di avere una resistenza pari ad s e contemporaneamente uno sforzo superiore a s:

$$dP_f = f_S(s)ds\int_s^\infty f_L(l)dl. \tag{4.16}$$

Estendendo il calcolo per tutti i valori di S:

$$P_f = Prob(S \leq L) = \int_{-\infty}^\infty f_S(s)ds\cdot\int_s^\infty f_L(l)dl = \int_{-\infty}^\infty f_S(s)\cdot[1 - F_L(s)]\,ds. \tag{4.17}$$

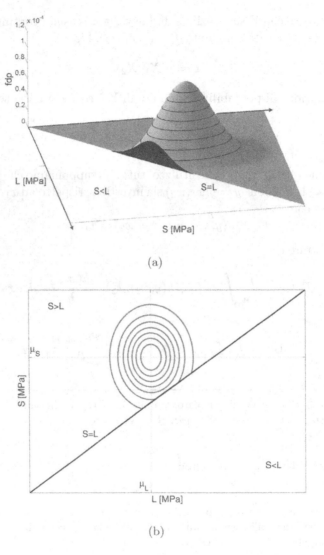

(b)

Figura 4.4. Esempio 4.3: probabilità di cedimento (regione $S < L$ espressa tramite la (4.12))

La probabilità di cedimento può anche essere calcolata considerando inizialmente un singolo valore di sforzo l:

$$dP_f = f_L(l)dl \int_{-\infty}^{l} f_S(l)ds \qquad (4.18)$$

$$P_f = Prob(S \leq L) = \int_{-\infty}^{\infty} f_L(l)dl \cdot \int_{-\infty}^{l} f_S(l)ds = \int_{-\infty}^{\infty} f_L(l) \cdot F_S(l)dl . \qquad (4.19)$$

Un modo per ottenere questa equazione è riportato anche in Sec. 5.2.2.

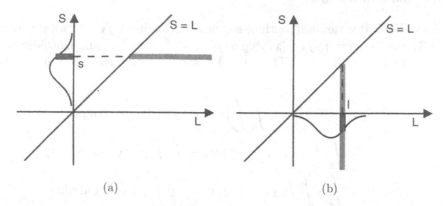

Figura 4.5. Esempio 4.3: calcolo di dP_f: a) derivazione della (4.17) b) derivazione della (4.19)

4.3 Algebra delle variabili casuali

Come abbiamo visto in Sec. 1.1.5, se X è una variabile aleatoria continua con funzione di densità $f_X(x)$, si definisce:

Media μ_X : $E(X) = \int x f_X(x) dx$;

Varianza σ_X^2 : $Var(X) = \int (x - \mu_X)^2 f_X(x) dx = E(X - \mu_X)^2 = E(X^2) - \mu_X^2$

Se inoltre $\varphi(X)$ è una funzione continua della variabile X:

$$E[\varphi(x)] = \int_X \varphi(x) f_X(x) dx \,. \tag{4.20}$$

Se $\varphi(X, Y)$ è una funzione continua delle variabili (X, Y) e se (X, Y) sono variabili casuali continue con probabilità congiunta $f_{X,Y}(x, y)$ risulta:

$$E[\varphi(X, Y)] = \int_X \int_Y \varphi(x, y) f_{X,Y}(x, y) dx dy \,. \tag{4.21}$$

Costante

Sia α una costante nota e $Z = \varphi(X) = \alpha X$ allora:

$$E(Z) = \int \alpha \cdot x \cdot f_X(x) dx = \alpha \cdot \int x f_X(x) dx = \alpha \cdot E(X)$$

$$Var(Z) = \alpha^2 Var(X) \,. \tag{4.22}$$

Somma e differenza

Siano X e Y due variabili continue con densità congiunta $f_{X,Y}(x,y)$: si ricordi, (1.3), che $f_X(x) = \int_y f_{X,Y}(x,y)dy$ e $f_Y(y) = \int_x f_{X,Y}(x,y)dx$. Considerando le variabili $S = (X + Y)$ e $D = (X - Y)$, somma e differenza di X e Y, si ha che:

$$
\begin{aligned}
E(S) = E(X + Y) &= \int_x \int_y (x + y) \cdot f_{X,Y}(x,y) \cdot dx dy \\
&= \int_x \int_y x \cdot f_{X,Y}(x,y)dx dy + \int_x \int_y y \cdot f_{X,Y}(x,y)dx dy \\
&= \int_x x \int_y f_{X,Y}(x,y)dy dx + \int_y y \int_x f_{X,Y}(x,y)dx dy \\
&= \int_x x \cdot f_X(x)dx + \int_y y \cdot f_Y(y)dy \\
&= E(X) + E(Y).
\end{aligned}
\tag{4.23}
$$

Quindi se $S = X + Y$: $E(S) = E(X) + E(Y)$, inoltre:

$$
\begin{aligned}
\sigma_S^2 &= \sigma_X^2 + \sigma_Y^2 && \text{se } X \text{ ed } Y \text{ indipendenti} \\
\sigma_S^2 &= \sigma_X^2 + \sigma_Y^2 + 2\rho\sigma_X\sigma_Y && \text{se } X \text{ ed } Y \text{ correlati}
\end{aligned}
\tag{4.24}
$$

dove ρ è il coefficiente di correlazione (definito dalla (1.62)). Se invece $D = X - Y$ si può dimostrare allo stesso modo che:

$$
E(D) = E(X) - E(Y)
$$

$$
\sigma_D^2 = \sigma_X^2 + \sigma_Y^2 \qquad\qquad \text{se } X \text{ ed } Y \text{ indipendenti}
\tag{4.25}
$$

$$
\sigma_D^2 = \sigma_X^2 + \sigma_Y^2 - 2\rho\sigma_X\sigma_Y \text{ se } X \text{ ed } Y \text{ correlati}.
$$

Esempio 4.4 Calcolare la tolleranza naturale di una barra rettilinea costituita dalla giunzione dei 3 segmenti riportati in Fig.4.6.

Dal punto di vista deterministico: $L = A + B + C = 200 \pm 0.21$ mm. Da un punto di vista probabilistico il campo di tolleranza può essere considerato come l'intervallo $(-3\sigma, +3\sigma)$ di una distribuzione gaussiana con valor medio pari al valore centrale del campo stesso: il risultato dell'accostamento dei tre segmenti può essere quindi valutato come somma di tre variabili gaussiane, i cui parametri, in mm, sono:

$$\mu_A = 100, \qquad\qquad \mu_B = 70, \qquad\qquad \mu_C = 30$$

$$\sigma_A = 0.1/3 = 3.33 \cdot 10^{-2} \quad \sigma_B = 0.08/3 = 2.66 \cdot 10^{-2} \quad \sigma_C = 0.03/3 = 1 \cdot 10^{-2}.$$

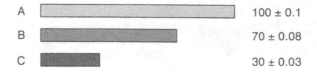

A		100 ± 0.1
B		70 ± 0.08
C		30 ± 0.03

Figura 4.6. Esempio 4.4: giunzione di tre barre, lunghezze in mm

Se consideriamo la variabile $Z = A + B + C$:

$$\mu_Z = \mu_A + \mu_B + \mu_C = 200$$

$$\sigma_{A+B+C} = \sqrt{\sigma_A^2 + \sigma_B^2 + \sigma_C^2} = 4 \cdot 10^{-2}.$$

Il campo di tolleranza $\pm 3\sigma$ risulta:

$$200 \pm 3 \cdot \sigma_{A+B+C} = 200 \pm 0.12.$$

Esempio 4.5 Accoppiamento foro base 100 H7/n6 : qual è la probabilità di avere accoppiamenti con gioco?

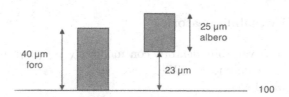

Figura 4.7. Esempio 4.5: accoppiamento foro base 100 H7/n6

Dal punto di vista deterministico l'interferenza massima risulta: $i_{max,det} = 48$ μm e il gioco massimo: $g_{max,det} = 17$ μm (quindi $i_{min,det} = -17$ μm).
Dal punto di vista probabilistico, come già descritto nell'Esempio 4.4, le dimensioni dell'albero e del foro si considerano distribuite come gaussiane: come valor medio si assume il valore centrale del campo di tolleranza, mentre la deviazione standard si trova dividendo lo stesso campo di tolleranza (pari a $-3\sigma \div +3\sigma$) per 6 :

$$\mu_A = 100.0355 \text{ mm} \qquad \mu_F = 100.020 \text{ mm}$$

$$\sigma_A = 25/6 = 4.166 \text{ μm} \quad \sigma_F = 6.66 \text{ μm}.$$

Costruiamo la variabile interferenza: $I = A - F$

$$\mu_I = \mu_A - \mu_F = 15.5 \text{ μm}$$

$$\sigma_I = \sqrt{\sigma_A^2 + \sigma_F^2} = 7.86 \text{ μm}.$$

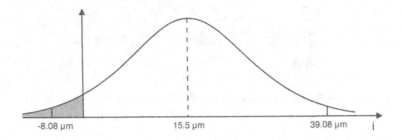

Figura 4.8. Esempio 4.5: distribuzione della variabile interferenza I

Calcolando il campo $\pm 3\sigma$ si ottiene: $i_{max} = 39.08\mu m$ ed $i_{min} = -8.08\mu m$. Per calcolare la probabilità di avere accoppiamenti con gioco, calcoliamo la probabilità di avere valori di interferenza < 0 (Fig. 4.5). Si calcola:

$$z = \frac{0-15.5}{7.86} = -1.972 \quad \rightarrow \quad \phi(-1.972) = 0.0244$$

La probabilità di avere un valore compreso tra $i_{min} = -8.08\mu m$ e $i_{min,det} = -17\mu m$ è 0.13%.

4.3.1 Prodotto e quoziente

Prodotto di variabili aleatorie

Siano X e Y due variabili aleatorie con medie μ_X e μ_Y, varianze σ_X^2 e σ_Y^2 e correlazione ρ. Definiamo $P = X \cdot Y$.
In generale vale che:

$$E(P) = E(X) \cdot E(Y) + Cov(X \cdot Y) = \mu_X \mu_Y + \rho \sigma_X^2 \sigma_Y^2 \qquad (4.26)$$

quindi se X e Y sono non correlate[2] ($\rho = 0$), allora:

$$E(P) = E(X) \cdot E(Y) = \mu_X \mu_Y . \qquad (4.27)$$

Se X e Y sono non correlate vale anche la seguente:

$$Var(P) = \sigma_P^2 = \mu_X^2 \sigma_Y^2 + \mu_Y^2 \sigma_X^2 + \sigma_X^2 \sigma_Y^2 . \qquad (4.28)$$

Se X e Y sono invece gaussiane correlate:

$$Var(P) = \sigma_P^2 = \mu_X^2 \sigma_Y^2 + \mu_Y^2 \sigma_X^2 + \sigma_X^2 \sigma_Y^2 + 2\rho \mu_X \mu_Y \sigma_X \sigma_Y + \rho^2 \sigma_X^2 \sigma_Y^2 . \quad (4.29)$$

---

[2] se X e Y sono indipendenti allora esse sono non correlate. Il viceversa non è vero! Nel caso X e Y siano gaussiane allora vale anche il viceversa.

Quoziente di variabili gaussiane

Per quanto riguarda il quoziente di variabili normali (definendo $Q = X/Y$), valgono le seguenti:

$$E(Q) = \mu_Q \approx \frac{\mu_X}{\mu_Y}\left[1 + \frac{\sigma_Y}{\mu_Y}\left(\frac{\sigma_Y}{\mu_Y} - \rho\frac{\sigma_X}{\mu_X}\right)\right]. \qquad (4.30)$$

Quindi se $\rho = 0$, e di conseguenza X e Y indipendenti:

$$\mu_Q \approx \frac{\mu_X}{\mu_Y}\left[1 + \left(\frac{\sigma_Y}{\mu_Y}\right)^2\right]. \qquad (4.31)$$

Nel caso $\sigma_Y^2\mu_X \ll \mu_Y^3$ allora $\mu_Q \approx \frac{\mu_X}{\mu_Y}$. Per quanto riguarda la varianza valgono le equazioni:

$$Var(Q) = \sigma_Q^2 \approx \frac{\mu_X^2}{\mu_Y^2}\left[\frac{\sigma_Y^2}{\mu_Y^2} + \frac{\sigma_X^2}{\mu_X^2} - 2\rho\frac{\sigma_X\sigma_Y}{\mu_X\mu_Y}.\right] \qquad (4.32)$$

In particolare se $\rho = 0$ (X e Y indipendenti):

$$Var(Q) = \sigma_Q^2 \approx \frac{\mu_X^2\sigma_Y^2 + \mu_Y^2\sigma_X^2}{\mu_Y^4}. \qquad (4.33)$$

Esempio 4.6 Si consideri un accoppiamento foro base 100 H7/u6 di una chiavetta di 100 mm forzata nella sua sede (Fig. 4.9): stimare la probabilità di cedimento.

Dal punto di vista deterministico: $i_{max,det} = 91 + 25 = 116\ \mu m$ e $i_{min,det} = 91 - 40 = 51\mu m$. Dal punto di vista probabilistico:

$$\mu_A = 100.1035\text{ mm} \qquad \mu_F = 100.020\text{ mm}$$

$$\sigma_A = 25/6 = 4.166\ \mu m \quad \sigma_F = 6.66\ \mu m\,.$$

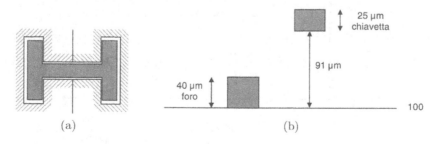

(a)   (b)

Figura 4.9. Esempio 4.6: accoppiamento chiavetta: a) configurazione; b) tolleranze dell'accoppiamento

Definiamo una variabile $I = A - F$ con parametri:

$$\mu_I = \mu_A - \mu_F = 83.5 \text{ μm}$$

$$\sigma_I = \sqrt{\sigma_A^2 + \sigma_F^2} = 7.86 \text{ μm}.$$

Considerando il modulo elastico appartenente ad una distribuzione normale $E \in N(206000; 2000)$ si calcola la popolazione delle sollecitazioni come:

$$L = \frac{I}{100} E$$

$$\mu_L = \frac{\mu_I \cdot \mu_E}{100} = 172 \text{ MPa}$$

$$\sigma_L = \frac{\sqrt{\sigma_I^2 \mu_E^2 + \sigma_E^2 \mu_I^2 + \sigma_E^2 \sigma_I^2}}{100} = 16.3 \text{ MPa}.$$

Si stima quindi uno sforzo massimo e minimo:

$$l_{max} = \mu_L + 3\sigma = 221.2 \text{ MPa}$$

$$l_{min} = \mu_L - 3\sigma = 122.8 \text{ MPa}.$$

Mentre lo sforzo massimo deterministico risulta: $l_{max,det} = i_{max,det} \cdot E_{max}/100 = 245$ MPa (assumendo $E_{max} = \mu_E + 3\sigma_E$). Si esegue il confronto della popolazione delle sollecitazioni con le resistenze ($\mu_S = 300$ MPa, $\sigma_S = 20$ MPa) per determinare la probabilità di cedimento. Si ha cedimento quando $L > S$.

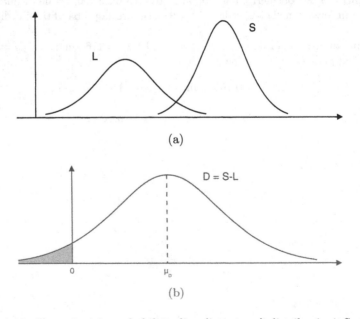

(a)

(b)

Figura 4.10. Esempio 4.6: probabilità di cedimento: a) distribuzioni S ed L; b) distribuzione $S - L$

$$P_f = Prob(L > S)$$

$$P_f = Prob(S - L < 0).$$

Costruiamo quindi una variabile $D = S - L$ con parametri:

$$\mu_D = \mu_S - \mu_L = 128 \text{ MPa}$$

$$\sigma_D = \sqrt{\sigma_S^2 + \sigma_L^2} = 25.8 \text{ MPa}$$

$$z_0 = \frac{0 - \mu_D}{\sigma_D} = -\frac{\mu_D}{\sigma_D} = -4.96$$

Per determinare la probabilità di cedimento si calcola:

$$P_f = Prob(S - L < 0) = \Phi\left(-\frac{\mu_D}{\sigma_D}\right) = 1 - \Phi\left(\frac{\mu_D}{\sigma_D}\right) = 1 - \Phi(4.96) = 3.53 \cdot 10^{-7}.$$

Una verifica deterministica (utilizzando a titolo indicativo il percentile 5% della distribuzione degli sforzi) avrebbe invece rivelato un coefficiente di sicurezza:

$$\frac{s_{min}}{l_{max}} = \frac{258.9}{249} = 1.07$$

apparentemente troppo basso per garantire l'affidabilità del pezzo.

4.4 Approssimazione del I ordine

Considerando una variabile Z funzione di più variabili casuali $X_1, X_2...X_n$:

$$Z = f(X_1, X_2...X_n) \tag{4.34}$$

la media e la varianza sono, per definizione:

$$E(Z) = \int_{x_1=-\infty}^{\infty} ... \int_{x_n=-\infty}^{\infty} f(x_1, ..., x_n) \cdot f_{X_1,...,X_n}(x_1, ..., x_n) dx_1...dx_n \tag{4.35}$$

$$\sigma_Z^2 = \int_{x_1=-\infty}^{\infty} ... \int_{x_n=-\infty}^{\infty} [f(x_1, ..., x_n) - \mu_Z]^2 \cdot f_{X_1,...,X_n}(x_1, ..., x_n) dx_1...dx_n \tag{4.36}$$

Il calcolo della media e della varianza può risultare difficoltoso, anche conoscendo la funzione di densità congiunta. Queste grandezze vengono quindi approssimate ricorrendo ad uno sviluppo in serie di Taylor nell'intorno di $(\mu_1...\mu_n)$ [2] :

$$\begin{aligned}
Z = &f(\mu_1, \mu_2, ..., \mu_n) + \sum_{i=1}^{n} \frac{\partial f}{\partial X_i}\Big|_{\mu_1,\mu_2,...,\mu_n} (X_i - \mu_i) \\
&+ \frac{1}{2} \sum_{i=1}^{n} \sum_{j=1}^{n} \frac{\partial^2 f}{\partial X_i \partial X_j}\Big|_{\mu_1,\mu_2,...,\mu_n} (X_i - \mu_i)(X_j - \mu_j) + ...
\end{aligned} \tag{4.37}$$

Trascurando i termini di ordine superiore al primo si ottiene:

$$Z \approx f(\mu_1, \mu_2, ..., \mu_n) + \sum_{i=1}^{n} \frac{\partial f}{\partial X_i}|_{\mu_1, \mu_2, ..., \mu_n} (X_i - \mu_i) \qquad (4.38)$$

e dato che il secondo termine di questa somma ha valor medio nullo ($E(X_i - \mu_i) = 0$), la (4.38) restituisce il valore della media:

$$E(Z) \approx f(\mu_1, \mu_2, ..., \mu_n) . \qquad (4.39)$$

Analogamente la varianza viene calcolata nel modo seguente:

$$\sigma_Z^2 \approx \sum_{i=1}^{n} a_i^2 Var(X_i) + \sum_{i=1}^{n} \sum_{j=1, j \neq i}^{n} a_i a_j Cov(X_i, X_j) \qquad (4.40)$$

in cui $a_i = \frac{\partial f}{\partial X_i}|_{\mu_1, \mu_2, ..., \mu_n}$ e $a_j = \frac{\partial f}{\partial X_j}|_{\mu_1, \mu_2, ..., \mu_n}$ [3].

Se le variabili X_i sono statisticamente indipendenti risulta:

$$\sigma_Z^2 \approx \sum_{i=1}^{n} a_i^2 \sigma_{X_i}^2 . \qquad (4.41)$$

Esempio 4.7 Si applicano i risultati sopra esposti al semplice caso di funzione di una singola variabile. Si confronta la distribuzione della pressione cinetica $p = f(v)$, ricavata tramite la stima dei parametri approssimati appena illustrata, con i risultati ottenuti nell'esempio 4.2. La velocità del vento è distribuita come una LEVD caratterizzata da $\lambda_V = 24.1$ m/s e $\delta_V = 3.5$ m/s, mentre la pressione è data dalla formula:

$$p = \frac{v^2}{1.6} .$$

Applicando la (4.39) e la (4.41) si ottengono

$$E(p) = \frac{\mu_V^2}{1.6}$$

$$\sigma_P^2 = \left(\frac{2\mu_V}{1.6} \right)^2 \sigma_V^2$$

in cui

$$\mu_V = \lambda_V + 0.5772\delta_V$$

$$\sigma_V = \frac{\pi}{\sqrt{6}}\delta_V .$$

La distribuzione della pressione viene così approssimata da una gaussiana, che può essere confrontata con la distribuzione (4.10) ricavata nell'esempio 4.2 (Fig. 4.11). La media della distribuzione è bene approssimata, ma la forma della distribuzione non è corretta.

---

[3] La (4.40) è la generalizzazione della (2.47), che era stata scritta per un parametro $h = h(X, Y)$

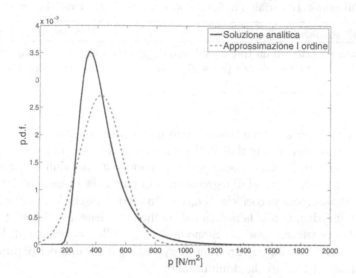

Figura 4.11. Esempio 4.7: densità di probabilità della pressione cinetica: confronto tra approssimazione del I ordine e soluzione numerica

4.5 Correlazione

4.5.1 Introduzione

Nell'analisi dei risultati di prove sperimentali è interessante poter determinare se una delle variabili è "associata" a qualcuna delle altre.

Una volta individuato il tipo di relazione adatto, l'*analisi di regressione* è utilizzata per definirne la funzione matematica, calcolandone i coefficienti. La misura su quanto bene la funzione rappresenta i dati sperimentali è fatta attraverso le misure di correlazione.

4.5.2 Analisi di regressione lineare semplice

L'analisi di regressione lineare semplice è volta a stabilire una relazione di tipo lineare tra due variabili X ed Y.

La variabile X che viene impostata durante la prova è detta "variabile indipendente" (per tale motivo di seguito la indicheremo con il minuscolo, x); la variabile Y in uscita è la variabile dipendente.

La relazione che viene cercata è del tipo:

$$Y = a_1 x + a_0 + \epsilon. \tag{4.42}$$

Tabella 4.1. Variabili indipendenti e corrispondenti variabili in uscita

Variabile indipendente	*Variabile in uscita*
allungamento (Δl_0) di un tratto calibrato di provino	sforzo (o forza) sul provino
livello di sollecitazione di una prova di fatica	durata del provino
percentuale di fibra di composito	carico di rottura

Dove ϵ è una variabile d'errore, ovvero una variabile aleatoria di media nulla. Alcuni esempi di variabili indipendenti con cui avremo a che fare sono riportate in Tabella 4.1, insieme alle corrispondenti variabili in uscita.

L'obiettivo dell'analisi di regressione è in particolare quello di determinare i valori da assegnare ai coefficienti a_0 e a_1 in modo tale che la (4.42) interpoli al meglio i dati disponibili: la ricerca dei coefficienti viene di solito effettuata con il *metodo dei minimi quadrati*. Siano $y_1, \ldots, y_n$ delle osservazioni di Y relative ai valori della variabile indipendente $x_1, \ldots, x_n$ Le stime dei parametri a_0 e a_1 saranno quei valori che minimizzano:

$$E^2 = \sum_{i=1}^{n} (y_i - a_1 x_i - a_0)^2 \ . \tag{4.43}$$

Nell'ipotesi che:

- lo scarto σ_ϵ^2 sia costante e indipendente da X;
- non vi siano prove interrotte.

La ricerca dei parametri a_0 e a_1 viene fatta minimizzando il funzionale E^2, imponendo

$$\begin{cases} \frac{\partial E^2}{\partial a_0} = -2 \sum (y_i - a_1 x_i - a_0)^2 = 0 \\ \frac{\partial E^2}{\partial a_1} = -2 \sum (y_i - a_1 x_i - a_0) \cdot x_i = 0, \end{cases} \tag{4.44}$$

e risolvendo il sistema delle (4.44) si ottiene:

$$\begin{cases} \hat{a_1} = \frac{\sum_1^n (x_i - \bar{x})(y_i - \bar{y})}{\sum_1^n (x_i - \bar{x})^2} = \frac{n \sum y_i x_i - \sum x_i \sum y_i}{n \sum x_i^2 - (\sum x_i)^2} \\ \hat{a_0} = \frac{\sum y_i \sum x_i^2 - \sum x_i \sum y_i x_i}{n \sum x_i^2 - (\sum x_i)^2} \end{cases} \ . \tag{4.45}$$

I valori $\hat{y}_i = \hat{a_1} x_i - \hat{a_0}$, $i = 1, \ldots, n$ saranno detti valori stimati delle y_i, in corrispondenza di essi si calcola il valore dei residui

$$\epsilon_i = y_i - \hat{y}_i = y_i - \hat{a_1} x_i - \hat{a_0}, \quad i = 1, \ldots, n. \tag{4.46}$$

I residui rappresentano, ovviamente, lo scostamento dei valori stimati di Y dai valori osservati. Una quantità di interesse nell'analisi di regressione è la somma al quadrato dei residui, detta SSE (*Sum of the Squared Errors*):

$$SSE = \sum_{i=1}^{n} \epsilon_i^2 = \sum_{i=1}^{n} (y_i - \hat{y}_i)^2 = \sum_{i=1}^{n} (y_i - \hat{a_1} x_i - \hat{a_0})^2 \ . \tag{4.47}$$

Per formulare un giudizio sulla significatività della rappresentazione la prima quantità da calcolare è l'**errore standard**:

$$S_{Y|X} = \sqrt{\frac{SSE}{n-2}} = \sqrt{\frac{\sum(y_i - \hat{y}_i)^2}{n-2}} \qquad (4.48)$$

che dà una misura dello scarto (della dispersione) dei punti attorno alla retta stimata. La grandezza $S_{Y|X}$ è una stima dello scarto σ_ϵ: $S_{Y|X} = \hat{\sigma}_\epsilon$. Inoltre, detto:

$$S_Y^2 = \sum(y_i - \bar{y}_i)^2,$$

si definisce il coefficiente di determinazione [1]:

$$R^2 = \sqrt{1 - \frac{S_{Y|X}^2}{S_Y^2}}.$$

Tale parametro esprime il contributo di X alla variazione di Y. In particolare R^2 permette di esprimere un giudizio sulla correlazione tra le variabili:

$$R^2 \leq 0.5 \qquad \text{correlazione lineare non significativa;}$$

$$0.5 < R^2 < 0.9 \quad \text{modesta correlazione lineare;}$$

$$R^2 > 0.9 \qquad \text{forte correlazione lineare.}$$

Se alle ipotesi fatte sul modello di regressione ne aggiungiamo una terza, ovvero che l'errore ϵ nella (4.42) sia una variabile gaussiana di media nulla allora si puo dimostrare che gli stimatori $\hat{a}_1$ ed $\hat{a}_0$ hanno anch'essi distribuzione gaussiana con medie rispettivamente pari a a_1 ed a_0 (gli stimatori sono consistenti) e deviazioni standard espresse dalle seguenti:

$$\sigma_{a1} = \sigma_\epsilon \cdot \sum_1^n (x_i - \bar{x})^2$$

$$\sigma_{a0} = \sigma_\epsilon \cdot \sqrt{\frac{1}{n} + \frac{\bar{x}^2}{\sum_1^n (x_i - \bar{x})^2}} . \qquad (4.49)$$

La proprietà di normalità degli stimatori $\hat{a}_1$ ed $\hat{a}_0$ permette di costruire test e intervalli di confidenza per i parametri di regressione, si veda ad esempio [1, 38, 39].

Esempio 4.8 Si abbiano i dati, relativi alla vita a fatica di un acciaio C45, riportati in Tabella A.12 (file `corti.txt`). Si richiede di descrivere la curva limite a fatica mediante un legame di tipo lineare, e di tracciare la retta corrispondente ad una probabilità di cedimento $P_f = 5\%$.

In campo bi-logaritmico il legame tra sforzo e numero di cicli a fatica è rappresentato dalla retta $\log N = a_0 + a_1 \log S$. Si sceglie come variabile indipendente la variabile sforzo, dato che le prove sono state eseguite a livelli di sforzo prefissati, e si trovano, tramite le (4.45), i parametri della (4.42) che minimizzino l'errore, ottenendo:

$$a_0 = 58.3$$
$$a_1 = -7.5 .$$

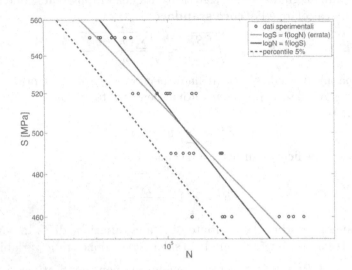

Figura 4.12. Esempio 4.8: effetto della scelta della variabile indipendente sull'esito della regressione lineare

parametri che rappresentano il comportamento limite medio; la curva corrispondente al percentile 5% si ricava semplicemente:

$$p_{0.05} = \mu - 1.645 \cdot \sigma_\epsilon$$

in cui μ rappresenta i valori della curva limite media.
Ciò che va segnalato è che avremmo anche potuto cercare (erroneamente) una relazione del tipo:

$$\log S = b_0 + b_1 \cdot \log N . \tag{4.50}$$

Applicando i minimi quadrati a tale relazione (in cui sono scambiate variabile indipendente e variabile dipendente) ne risulta una retta in generale diversa da quella della prima relazione (Fig. 4.12). La scelta di quale sia la variabile indipendente influenza i risultati e va fissata sulla base del tipo di esperimento (cosa si imposta, che cos'è l'uscita). In particolare per le prove di fatica la norma ASTM E 739 [3] prescrive che le formule (4.45) siano applicate con $X = \log S$ (oppure $\log \epsilon$ per prove di fatica oligociclica) e $Y = \log N_f$.

Esempio 4.9 Nella Tabella A.13 sono riportati i dati ricavati da prove di fatica a deformazione imposta, e precisamente: deformazione totale ϵ_t, deformazione elastica ϵ_e e plastica ϵ_p del ciclo di isteresi stabilizzato, sforzo σ_a e numero di cicli a rottura N_f; il materiale ha modulo elastico $E = 202000$ MPa. Si richiede di determinare i parametri che definiscono la curva di Coffin-Manson.

L'equazione $\epsilon_t - N_f$ di Coffin-Manson risulta dalla somma dei contributi elastico e plastico alla deformazione totale ϵ_t. Diagrammando i risultati delle prove di fatica in scala doppio logaritmica si nota che tali componenti, ovvero $\epsilon_e = \sigma_a/E$ e $\epsilon_p = \epsilon_t - \epsilon_e$, sono legate ai cicli a rottura da un legame lineare. Si può quindi scrivere:

$$\epsilon_e = \frac{\sigma_a}{E} = \frac{\sigma'_f}{E}(2N_f)^b$$
$$\epsilon_p = \epsilon'_f(2N_f)^c \tag{4.51}$$

che sommate danno:

$$\epsilon_t = \frac{\sigma_a}{E} + \epsilon_p = \frac{\sigma'_f}{E}(2N_f)^b + \epsilon'_f(2N_f)^c \,.$$

Per determinare le costanti di questa equazione è necessario dunque ricavare i quattro parametri b, c, σ'_f e ϵ'_f. Questo è possibile applicando il metodo della regressione lineare alle forme logaritmiche delle (4.51), utilizzando il logaritmo del numero di cicli a rottura come variabile dipendente e, rispettivamente, σ_a e ϵ_p come variabili indipendenti. Le (4.51) possono infatti essere riscritte come:

$$\log \sigma_a = b \log(2N_f) + \log \sigma'_f$$
$$\log \epsilon_p = c \log(2N_f) + \log \epsilon'_f$$

da cui

$$\log(2N_f) = A_1 \log \sigma_a + A_2$$
$$\log(2N_f) = B_1 \log \epsilon_p + B_2$$

dove:

$$A_1 = 1/b \qquad A_2 = -\log \sigma'_f / b$$
$$B_1 = 1/c \qquad B_2 = -\log \epsilon'_f / c \,.$$

Applicando le (4.45) si ricavano i parametri A_i e B_i e quindi i parametri che descrivono l'equazione di Coffin-Manson, raffigurata graficamente in Fig. 4.13:

$$b = -0.064 \qquad \sigma'_f = 872$$
$$c = -0.582 \qquad \epsilon'_f = 0.513 \,.$$

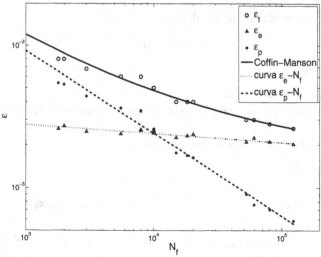

Figura 4.13. Esempio 4.9: curva di Coffin-Manson ricavata dai dati sperimentali di Tabella A.13

4.5.3 Generalizzazione della regressione lineare

Generalizando quanto visto per la regressione lineare si potrebbe cercare di
interpolare dei dati mediante il modello generico:

$$Y = \alpha_0 \cdot f_0(\mathbf{x}) + \alpha_1 \cdot f_1(\mathbf{x}) + \cdots + \alpha_q \cdot f_q(\mathbf{x}) + \epsilon \qquad (4.52)$$

dove $\alpha_0, \alpha_1, ..., \alpha_q$ sono dei coefficienti, $f_0, f_1, ..., f_q$ sono funzioni delle variabili
$x_1, x_2, ..., x_n$ e $\mathbf{x}$ è un vettore riga $\mathbf{x} = (x_1, x_2...x_n)$.

Disponendo di N osservazioni $y_1, y_2, ..., y_N$ registrate in corrispondenza
dei valori $\mathbf{x_1}, \mathbf{x_2}, ..., \mathbf{x_N}$, la ricerca dei parametri $\alpha_1, \alpha_2, ..., \alpha_q$ si effettua ancora con il metodo dei minimi quadrati.

In particolare, detti $\mathbf{y}$ e $\boldsymbol{\alpha}$ i vettori colonna che contengono rispettivamente
le osservazioni sperimentali ed i coefficienti del modello:

$$\mathbf{y} = (y_1, y_2, ..., y_N)^T, \qquad (4.53)$$

$$\boldsymbol{\alpha} = (\alpha_0, \alpha_1, ..., \alpha_q)^T \qquad (4.54)$$

si definisce il vettore colonna $\mathbf{f}$ che contiene le funzioni $f_0, f_1, ..., f_q$:

$$\mathbf{f} = (f_0(\mathbf{x}) \; f_1(\mathbf{x}) \; ...f_q(\mathbf{x}))^T \qquad (4.55)$$

e la matrice:

$$\mathbf{F} = \begin{pmatrix} f_0(\mathbf{x_1}), & f_1(\mathbf{x_1}), & ..., & f_q(\mathbf{x_1}) \\ \vdots & \vdots & & \vdots \\ f_0(\mathbf{x_N}), & f_1(\mathbf{x_N}), & ..., & f_q(\mathbf{x_N}) \end{pmatrix} \qquad (4.56)$$

dove $f_0(\mathbf{x_1})$ indica la funzione f_0 valutata in $\mathbf{x_1}$.

Si cercano i parametri $\boldsymbol{\alpha}$ del modello:

$$Y = \mathbf{f}^T \cdot \boldsymbol{\alpha} + \epsilon \qquad (4.57)$$

sotto le ipotesi:

- che il modello sia corretto;
- che ϵ sia una variabile campionaria descritta da una gaussiana con varianza
  σ_ϵ^2;
- che le osservazioni y_i siano indipendenti.

Minimizzando lo scarto:

$$S(\boldsymbol{\alpha}) = \sum_{i=1}^{N} [y_i - \alpha_0 f_0(\mathbf{x_i}) - \alpha_1 f_1(\mathbf{x_i})...\alpha_q f_q(\mathbf{x_i})]^2 \qquad (4.58)$$

rispetto ai parametri $\alpha_1, \alpha_2...\alpha_q$ si ottengono le seguenti equazioni scritte in
forma matriciale compatta:

$$\mathbf{F}^T \cdot \mathbf{F} \cdot \boldsymbol{\alpha} = \mathbf{F}^T \cdot \mathbf{y}. \qquad (4.59)$$

Risolvendo, le stime dei parametri risultano:

$$\widehat{\alpha} = (\mathbf{F}^T\mathbf{F})^{-1} \cdot \mathbf{F}^T \cdot \mathbf{y}. \tag{4.60}$$

La matrice di varianza è

$$V(\widehat{\alpha}) = (\mathbf{F}^T\mathbf{F})^{-1} \cdot \sigma_\epsilon^2 \tag{4.61}$$

in cui si utilizza la stima di σ_ϵ:

$$\widehat{\sigma}_\epsilon = \sqrt{\frac{S(\widehat{\alpha})}{N-q}}. \tag{4.62}$$

Il valore previsto dal modello in un generico punto $\mathbf{x_0}$ è:

$$\widehat{y_0} = \mathbf{f}^T(\mathbf{x}_0) \cdot \widehat{\alpha} \tag{4.63}$$

e risulta:

$$E(\widehat{y_0}) = y_0 = \mathbf{f}^T(\mathbf{x}_0) \cdot \alpha \tag{4.64}$$

$$V(\widehat{y_0}) = \mathbf{f}^T(\mathbf{x}_0) \cdot V(\widehat{\alpha}) \cdot \mathbf{f}(\mathbf{x}_0). \tag{4.65}$$

Relazione quadratica

L'esempio più semplice di applicazione del modello (4.52) è una realazione del tipo:

$$Y = a_0 + a_1 x + a_2 x^2 + \epsilon. \tag{4.66}$$

L'applicazione della procedura soprascritta può essere fatta con le posizioni:

$$f_0(x) = 1, \qquad f_1(x) = x, \qquad f_2(x) = x^2 \qquad \text{per ogni } x.$$

L'equazione (4.59) risulta:

$$\begin{bmatrix} N & \sum x_i & \sum x_i^2 \\ \sum x_i & \sum x_i^2 & \sum x_i^3 \\ \sum x_i^2 & \sum x_i^3 & \sum x_i^4 \end{bmatrix} \begin{bmatrix} a_0 \\ a_1 \\ a_2 \end{bmatrix} = \begin{bmatrix} \sum y_i \\ \sum y_i x_i \\ \sum y_i x_i^2 \end{bmatrix}.$$

Dato un set di dati, per formulare un giudizio se sia meglio una relazione lineare o quadratica tra X ed Y, si può ricorrere a test specifici [1] oppure verificare (tramite la cosidetta 'analisi dei residui') che gli ϵ_i si distribuiscano come una gaussiana con valor medio nullo e scarto costante (ovvero $\epsilon_i \in N(0, \sigma_\epsilon)$).

Esempio 4.10 Si hanno a disposizione i valori del carico di rottura R_m, riportati in Tabella A.14, ricavati da prove di trazione su una poliammide PA66 al variare della percentuale, in peso, di fibra in essa presente. Si richiede di ricavare i parametri della funzione che lega il valore di R_m alla percentuale di fibre.

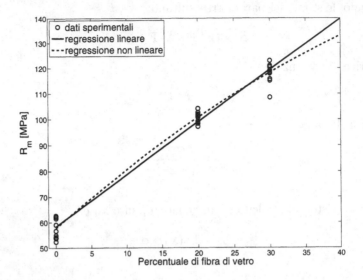

Figura 4.14. Esempio 4.10: andamento del carico di rottura in funzione della percetuale di fibra di vetro in una poliammide PA66

Si esegue inizialmente una regressione lineare semplice, ottenendo, seguendo la notazione della (4.42), i coefficienti:

$$a_0 = 58.33$$
$$a_1 = 2.04\,.$$

Utilizzando invece un'equazione di secondo grado come la (4.66) si ottengono i seguenti coefficienti:

$$a_0 = 57.7\,,$$
$$a_1 = 2.42\,,$$
$$a_2 = -0.01\,.$$

Riportando graficamente i risultati (Fig. 4.14) si può notare come in questo caso, almeno visivamente, il secondo metodo dia risultati migliori del primo. Questa sensazione è confermata dall'analisi dei residui.

Esempio 4.11 Considerando i risultati dell'esempio 4.10 ricavare la distribuzione del carico di rottura R_m, nel caso la percentuale di fibra di vetro presente nel composito, qui indicata con $P_\%$, sia descritta da una disribuzione gaussiana con valor medio $\mu_{P_\%}$ e deviazione standard $\sigma_{P_\%}$.

Si considera il legame quadratico tra R_m e la percentuale di fibra: $R_m = a_0 + a_1 \cdot P_\% + a_2 \cdot (P_\%)^2$. La distribuzione del carico di rottura R_m può essere a sua volta considerata una gaussiana e calcolata con gli strumenti dell'algebra delle variabili casuali, considerando però anche il contributo dello scarto della curva $R_m = f(P_\%)$.

Il valore medio della distribuzione di R_m si calcola tramite l'equazione di secondo grado ricavata tramite regressione nell'Esempio 4.10. Il contributo alla deviazione standard dato dalla varianza della variabile indipendente $P_\%$ si calcola tramite la (4.41):

$$\sigma_{Rm1} = \left(\frac{\partial R_m}{\partial P_\%}\Big|_{\mu_{P_\%}}\right)^2 \cdot \sigma_{P_\%}^2 = (a_1 + 2a_2\mu_{P_\%})^2 \cdot \sigma_{P_\%}^2 .$$

A questo va aggiunto il contributo dato dalla dispersione attorno alla curva calcolata (Fig. 4.15), ovvero σ_ϵ:

$$\sigma_{RM,tot} = \sqrt{\sigma_{Rm1}^2 + \sigma_\epsilon^2} .$$

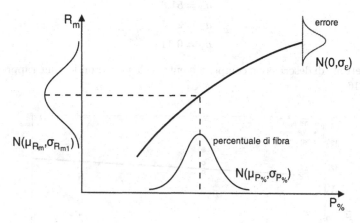

Figura 4.15. Esempio 4.11: contributi alla dispersione del carico di rottura in un composito

Regressione lineare a due variabili

È interessante cercare una relazione lineare "multipla" fra tre o più variabili, di cui una assunta come dipendente delle altre. Nel seguito ci riferiamo a tre variabili X, Y e Z, ed il modello matematico cui ci riferiamo è:

$$y = a_0 + a_1 x + a_2 z. \tag{4.67}$$

L'applicazione del modello (4.52) si effettua con le posizioni:

$$f_0(x, z) = 1 \qquad f_1(x, z) = x \qquad f_2(x, z) = z$$

per ogni (x, z). Il sistema risolvente risulta:

$$\begin{bmatrix} N & \sum x_i & \sum z_i \\ \sum x_i & \sum x_i^2 & \sum x_i z_i \\ \sum z_i & \sum x_i z_i & \sum z_i^2 \end{bmatrix} \begin{bmatrix} a_0 \\ a_1 \\ a_2 \end{bmatrix} = \begin{bmatrix} \sum y_i \\ \sum y_i x_i \\ \sum y_i z_i \end{bmatrix} .$$

Esempio 4.12 In Tabella A.15 sono riportati i risultati sperimentali di prove di trazione condotte su una poliammide PA66 a differenti velocità di deformazione e con differenti percentuali di fibra di vetro. Si richiede di determinare la funzione che lega il carico di rottura R_m alla percentuale $P_\%$ e alla velocità di deformazione v.

Si cerca un legame come quello della (4.67).

$$R_m = a_0 + a_1 \cdot P_\% + a_2 \cdot v.$$

Minimizzando la sommatoria degli scarti quadratici si ottengono i parametri:

$$a_0 = 51.8$$
$$a_1 = 2.15$$
$$a_2 = 0.11$$

che permettono di descrivere il comportamento della poliammide come rappresentato in Fig. 4.16

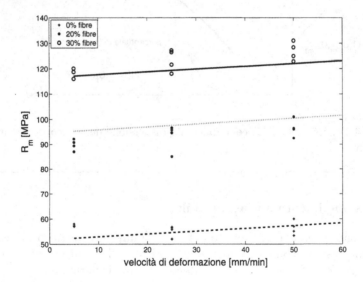

Figura 4.16. Esempio 4.12: carico di rottura di una poliammide al variare della velocità di deformazione e della percentuale di fibra di vetro presente

4.6 Metodo della Massima Verosimiglianza

Abbiamo visto nei capitoli precedenti, come sia naturale descrivere alcune grandezze di uso ingegneristico con diverse distribuzioni, tra cui per esempio la distribuzione lognormale o Weibull. È altrettanto naturale immaginare che tali grandezze possano dipendere da altre variabili (nel caso della durata: il livello di sforzo, le condizioni ambientali di esercizio, etc.): val quindi la pena esaminare come si possano facilmente costruire attraverso il metodo ML dei modelli statistici che esprimano tali dipendenze.

4.6.1 Modelli statistici

Il metodo ML (Sec. 2.5) è di semplice applicazione anche nel caso in cui i parametri caratteristici della distribuzione siano a loro volta funzioni di altre variabili. Il caso più semplice è quello della regressione in cui si assume la relazione $Y = a_0 + a_1 X$ fra la variabile indipendente X e quella dipendente Y. Nei paragrafi precedenti si è implicitamente supposto che Y avesse distribuzione normale, in modo tale che avendo a disposizione un set di osservazioni $x_1, x_2, ...x_n$ si possa supporre che le variabili $Y_1, Y_2, ..., Y_n$ siano indipendenti ciascuna con distribuzione:

$$Y_i \sim N(a_0 + a_1 x_i \ , \ \sigma). \tag{4.68}$$

Dall'algebra delle v.a. gaussiane è semplice rendersi conto che il modello (4.68), di parametri a_0, a_1 e σ, è equivalente a (4.42). Se si introduce il modello di regressione nel modo appena descritto, è semplice analizzare situazioni più generali di quelle di Sec. 4.5, come modelli eteroschedastici (ad esempio con σ variabile, si veda Esempio 4.13) e modelli con dati incompleti (ispezioni e *run-outs*).

Per ottenere delle stime sui modelli statistici i cui parametri caratteristici sono funzioni di altre variabili la log-verosimiglianza del campione viene espressa come sommatoria delle log-verosimiglianze degli individui del campione stesso (grazie all'ipotesi di indipendenza), in particolare per il modello di (4.68):

$$\ell(a_0, a_1, \sigma) = \sum_i \ell_i(x_i, y_i, a_0, a_1, \sigma) \tag{4.69}$$

in cui i valori ℓ_i dipendono quindi dal valore x_i della variabile indipendente per la i-esima prova. In particolare i termini ℓ_i per le diverse distribuzioni assumono le espressioni riportate in Tabella 4.2.

Tabella 4.2. Log-verosimiglianze dei dati per le comuni funzioni di densità di probabilità

Distribuzione	Valore osservato y_i	Prova sospesa a y_i
Normale $z_i = \frac{y_i - \mu_i}{\sigma_i}$	$-0.5 \ln(2\pi) - \ln(\sigma_i) - 0.5 z_i^2$	$\ln[1 - \Phi(z_i)]$
Weibull $w_i = [\ln(t_i) - \ln(\alpha_i)] \cdot \beta_i$	$\ln(\beta_i) - \exp(w_i) + w_i - \ln(t_i)$	$-\exp(w_i)$
SEVD $u_i = \frac{y_i - \lambda_i}{\delta_i}$	$-\ln(\delta_i) - \exp(u_i) + u_i$	$-\exp(u_i)$

Esempio 4.13 Si utilizzi il metodo della Massima Verosimiglianza per descrivere il comportamento del materiale analizzato nell'Esempio 4.8 (file `corti.txt`, Tabella A.12).

Si considera il logaritmo dello sforzo come variabile indipendente (in particolare $X = \log S - \overline{\log S}$, con $\overline{\log S}$ valor medio dei logaritmi degli sforzi sperimentali $\log S$) ed il logaritmo del numero di cicli come variabile dipendente ($Y = \log N$), riscrivendo la (4.68) come:

$$\begin{cases} \mu_i = \alpha_0 + \alpha_1(\log S_i - \overline{\log S}) \\ \sigma = cost \end{cases} \tag{4.70}$$

e si massimizza quindi la (4.69). In questo modo è possibile ottenere i parametri caratterizzanti la curva media e la deviazione standard dei dati rispetto ad essa (Fig. 4.17):

$$\alpha_0 = 11.6$$
$$\alpha_1 = -7.5$$
$$\sigma = 0.25 \, .$$

Avendo posto $X = \log S - \overline{\log S}$, il parametro α_0 rappresenta la vita media in corrispondenza di $\overline{\log S}$.

Una descrizione più precisa si può ottenere ricavando anche la varianza in funzione dello sforzo. Per poterlo fare è necessario riscrivere la seconda delle (4.70):

$$\sigma_i = \beta_0 + \beta_1 \cdot (\log S_i - \overline{\log S}) \, .$$

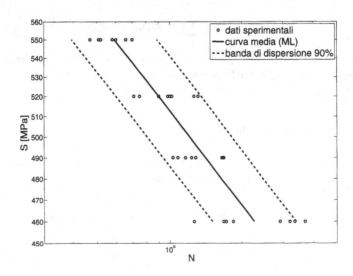

Figura 4.17. Esempio 4.13: analisi dei dati sperimentali con metodo della Massima Verosimiglianza

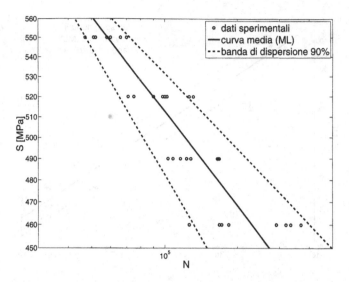

Figura 4.18. Esempio 4.13: analisi dei dati sperimentali con metodo della Massima Verosimiglianza, con scarto in funzione del livello di sforzo

Massimizzando la log-verosimiglianza si ottengono i 4 parametri che permettono di descrivere in modo più completo la distribuzione dei dati, come si può apprezzare in Fig.4.18:

$$\alpha_0 = 11.6$$
$$\alpha_1 = -7.67$$
$$\beta_0 = 0.23$$
$$\beta_1 = -1.18 \,.$$

Un metodo molto efficace per valutare se la deviazione standard di N dipenda effettivamente dal livello di sforzo S può essere il test Lr. Questo consiste nel valutare la differenza tra la massima log-verosimiglianza calcolata col modello semplificato a tre parametri (che risulta $\hat{\ell}_{3par} = 0.628$) e quella calcolata col modello a quattro parametri ($\hat{\ell}_{4par} = -3.315$); se il doppio di tale differenza, appartenente ad una distribuzione χ^2 con 1 grado di libertà (come descritto in Sec. 2.5.4), è tanto elevato da non rientrare in un certo intervallo di confidenza $100 \cdot p\%$, si hanno sufficienti elementi per affermare che il modello a 4 parametri è significativamente migliore di quello semplificato.
Considerando una significatività del 95% si ottiene:

$$\chi^2(0.95; 1) = 3.8415 \,.$$

Poiché risulta:

$$2 \cdot (\hat{\ell}_{3par} - \hat{\ell}_{4par}) > \chi^2(0.95; 1)$$

si può affermare che il parametro d risulta significativamente diverso da zero.

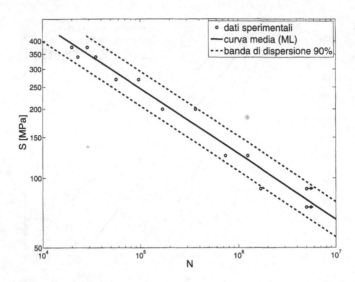

Figura 4.19. Esempio 4.14: lamiere saldate, analisi dei dati sperimentali a fatica con metodo della Massima Verosimiglianza

Esempio 4.14 In Tabella A.16 sono riportati i risultati di prove di fatica pulsante effettuate su lamiere saldate; alcune di questi dati corrispondono a prove interrotte. Si ricavino le curve corrispondenti a probabilità di cedimento $P_f = 5\%$ e $P_f = 95\%$.

Per descrivere la resistenza a fatica tramite curva limite $S - N$ si procede come già visto nell'Esempio 4.13, tenendo però conto della presenza di prove interrotte. Risulta comodo, per usare il metodo ML, attribuire un indice (0 e 1) per distinguere prove complete e interrotte: alle prime compete un contributo $\ell_i = \log(f(y_i))$, mentre per le altre $\ell_i = \log(1 - F(y_i))$ (come riportato in Tabella 4.2). I coefficienti della curva limite media (riportata in Fig. 4.19), utilizzando la simbologia utilizzata nella (4.68), risultano:

$$\alpha_0 = 12.4$$
$$\alpha_1 = -3.5$$
$$\sigma = 0.37 \, .$$

Per ricavare le curve corrispondenti a probabilità di cedimento $P_f = 5\%$ e $P_f = 95\%$ è sufficiente sommare ai valori medi le quantità $z_p \cdot \sigma$, dove $z_p = \pm 1.645$ (da Tabella B.2).

4.6.2 Relazioni tipo 'legge di potenza'

I modelli esposti negli esempi precedenti descrivono la vita a fatica con una distribuzione log-normale associata ad una relazione di tipo:

$$\log \tau = a_0 + a_1 \log V \tag{4.71}$$

dove τ, la vita, è la variabile dipendente e V è la variabile indipendente, negli esempi lo sforzo S. A partire dalla (4.71) si possono utilizzare modelli in cui si hanno distribuzioni di Weibull per: i) la vita di componenti elettrici (la variabile V è la tensione) [40]; ii) la vita dei cuscinetti a rulli e sfere (la variabile V è il carico applicato) [41].

Dato un campione indipendente v_1, v_2, ...v_n, supponiamo che:

- ad un prefissato livello di V la vita è descritta da una distribuzione Weibull;
- il parametro di forma β è costante (in particolare per i cuscinetti i valori tipici di β sono nel range $1.1 - 1.5$, fino a $\beta = 3$ per i moderni cuscinetti costruiti con materiali *super-clean* [41]).

Allora la (4.71) equivale a supporre per ogni $i = 1, ..., n$ che:

$$\tau_i \sim Weibull(\alpha(v_i), \ \beta) \tag{4.72}$$

con

$$\alpha(v_i) = \frac{\exp(a_0)}{v_i^{a_1}} . \tag{4.73}$$

4.6.3 Relazioni di tipo 'Arrehnius'

Le relazioni di tipo Arrehnius sono utilizzate per descrivere la vita di un componente in funzione della temperatura con una relazione del tipo:

$$\tau = b_0 \cdot \exp\left(\frac{b_1}{kT}\right) \tag{4.74}$$

dove τ è la vita del componente, T la temperatura, b_0, b_1 e k tre costanti. La (4.74) può essere riscritta come:

$$\log \tau = a_0 + a_1/T . \tag{4.75}$$

Se si assume che la variabile τ ha distribuzione log-normale allora $\log \tau$ ha distribuzione normale e la (4.75) individua una relazione lineare fra τ e $1/T$, analizzabile con le tecniche della regressione lineare; in pratica, dato un campione di temperature t_1, t_2, ...t_n si può ritenere:

$$\log \tau_i \sim N(a_0 + a_1 \frac{1}{t_i} , \ \sigma). \tag{4.76}$$

È possibile tuttavia utilizzare la (4.75) supponendo che τ sia distribuito come una Weibull [40]. In tale modello, fissate le temperaure t_1, t_2, ...t_n, si assume che:

$$\tau_i \sim Weibull(\alpha(t_i), \ \beta) \tag{4.77}$$

in cui β è costante e

$$\log \alpha(t_i) = a_0 + \frac{a_1}{t_i} . \tag{4.78}$$

Un terzo modello, che è un caso particolare di Weibull-Arrehnius, considera τ con distribuzione esponenziale negativa. In questo caso date le temperaure t_1, t_2, ...t_n:

$$\tau_i \sim Exp(\lambda(t_i)) \tag{4.79}$$

dove

$$\log \lambda(t_i) = -a_0 - \frac{a_1}{t_i} \tag{4.80}$$

che può essere riscritta come

$$\lambda(t_i) = C \cdot \exp(-a_1/T) \tag{4.81}$$

dove $C = \exp(-a_0)$. Il caso esponenziale viene utilizzato in [42] per esprimere il tasso di guasto di componenti elettrici ed elettronici.

5

Calcolo dell'affidabilità di un componente

5.1 Introduzione

In questo capitolo esamineremo come si determina l'affidabilità di un componente sottoposto ai più comuni modi di guasto (cedimento statico, fatica, danneggiamento).

Esamineremo dapprima, attraverso i concetti del Cap. 4, l'affidabilità di un componente soggetto a carichi statici

Confronteremo quindi le verifiche affidabilistiche con la progettazione tradizionale, alla luce del problema della ripetizione dei carichi, definendo il concetto di *progetto intrinsecamente affidabile*. Successivamente vedremo come i concetti di progettazione affidabilistica siano recepiti dalla normativa europea per le costruzioni.

Da ultimo analizzeremo l'affidabilità del componente soggetto a carichi affaticanti.

5.2 Verifiche sforzo-resistenza statica

5.2.1 Variabili gaussiane

Se le distribuzioni di sforzo L e resistenza S sono descritte da distribuzioni gaussiane, generalizzando quanto visto nell'esempio 4.6, è possibile calcolare la probabilità di cedimento con la seguente procedura: definita la variabile $D = S - L$ con parametri $\mu_D = \mu_S - \mu_L$ e $\sigma_D = \sqrt{\sigma_S^2 + \sigma_L^2}$, la probabilità di cedimento $Prob(L > S)$ è uguale a $Prob(D < 0)$, *quindi*

$$P_f = \Phi(-\frac{\mu_D}{\sigma_D}) = \Phi(-SM) \tag{5.1}$$

dove con SM si indica il *Safety Margin* definito nel modo seguente:

$$SM = \frac{\mu_S - \mu_L}{\sqrt{\sigma_S^2 + \sigma_L^2}} = \frac{\mu_D}{\sigma_D}. \tag{5.2}$$

Beretta S: Affidabilità delle costruzioni meccaniche.
© Springer-Verlag Italia, Milano 2009

Viene inoltre definito il parametro LR (*Loading Roughness*), che è la misura del contributo di L alla dispersione di D.

$$LR = \frac{\sigma_L}{\sqrt{\sigma_S^2 + \sigma_L^2}} \, . \tag{5.3}$$

Per i due casi limite ($LR = 0$ ed $LR = 1$ rappresentati in Fig. 5.1) la probabilità di cedimento è facilmente calcolabile anche senza questa procedura.

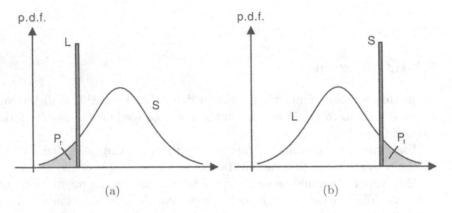

Figura 5.1. Casi limite nel calcolo della probabilità di cedimento

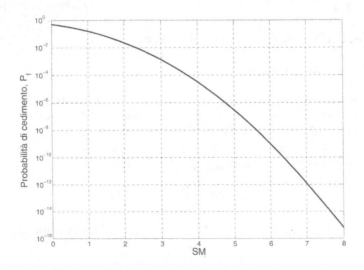

Figura 5.2. Probabilità di cedimento in funzione del *Safety Margin*

Esempio 5.1 Si consideri una verifica di resistenza sulla base delle seguenti grandezze caratteristiche delle due popolazioni:

$$\mu_L = 100 \text{ MPa} \quad \sigma_L = 50 \text{ MPa},$$
$$\mu_S = 270 \text{ MPa} \quad \sigma_S = 30 \text{ MPa}.$$

Il coefficiente di sicurezza reale dovrebbe essere calcolato come S_{min}/L_{max} (a titolo indicativo si può qui assumere come coefficiente di sicurezza il rapporto tra il percentile 5% della distribuzione della resistenza e il percentile 98% dello sforzo): in questo caso risulterebbe $\eta = 1.088$. Calcolando $SM = 2.915$ ne risulta una probabilità di cedimento pari a $1.778 \cdot 10^{-3}$. Se invece le due popolazioni sono caratterizzate dai seguenti parametri:

$$\mu_L = 600 \text{ MPa} \quad \sigma_L = 50 \text{ MPa},$$
$$\mu_S = 814 \text{ MPa} \quad \sigma_S = 30 \text{ MPa}$$

si può immediatamente notare come, a pari coefficiente di sicurezza $\eta = 1.088$, competa una probabilità di cedimento $P_f = 1.18 \cdot 10^{-4}$ ($SM = 3.675$).

Si può quindi osservare come il coefficiente di sicurezza sia un termine fuorviante giacchè, a pari SM, il coefficiente di sicurezza cambia al variare della posizione delle due curve L ed S lungo l'asse dei valori argomentali. La probabilità di cedimento è funzione solo di SM (Fig. 5.2).

L'utilità della formulazione basata sulle distribuzioni gaussiane deriva dal fatto che molte grandezze, come ad esempio quelle riportate in Tabella 5.1, sono approssimabili con distribuzioni gaussiane[1] [43] (il limite di fatica viene anche descritto con una lognormale [44]) ed anche le tolleranze dimensionali sono approssimabili con l'intervallo $(-3\sigma, +3\sigma)$ di una distribuzione gaussiana (Esempi 4.4 e 4.5).

Tabella 5.1. Valori caratteristici del CV (1.17) per diverse caratteristiche meccaniche [43]

Grandezza	CV
Carico di rottura	0.05
Carico di snervamento	0.07
Limite di fatica	0.08
Durezza Brinnel	0.05
Tenacità a frattura	0.07

---

[1] L'indicazione per la tenacità vale solo per temperature di esercizio *upper shelf*, si veda il Cap. 7

5.2.2 Variabili non gaussiane

Per la valutazione dell'affidabilità di un singolo componente soggetto ad un generico sforzo L e dotato di una generica resistenza S, è utile ricorrere alle seguenti formulazioni [2]. In corrispondenza di un generico sforzo l (Fig. 5.3) l'affidabilità del componente può essere espressa, in termini di probabilità che la resistenza superi lo sforzo l, come:

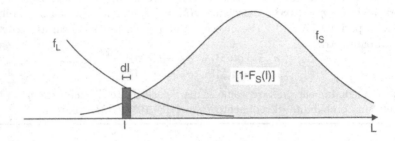

Figura 5.3. Calcolo dell'affidabilità

$$dR = f_L(l)dl \cdot \int_l^\infty f_S(s)ds = f_L(l)dl \cdot [1 - F_S(l)] \qquad (5.4)$$

sommando i contributi infinitesimi per lo sforzo l variabile nell'intero campo di esistenza, l'affidabilità risulta:

$$R = \int_0^\infty f_L(l) \cdot [1 - F_S(l)]dl \qquad (5.5)$$

Un'espressione alternativa dell'affidabilità può essere ottenuta calcolando, in corrispondenza del verificarsi di una generica resistenza s (5.4), la probabilità che si abbia uno sforzo minore di s.

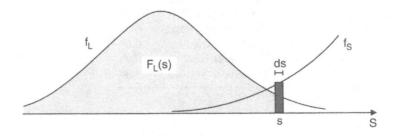

Figura 5.4. Calcolo dell'affidabilità

Ovvero:

$$dR = f_S(s)ds \cdot \int_0^s f_L(l)dl = f_S(s)ds \cdot F_L(s). \qquad (5.6)$$

Sommando i contributi infinitesimi sull'intero campo di esistenza si ottiene:

$$R = \int_0^\infty f_S(s) \cdot F_L(s)ds. \qquad (5.7)$$

Per la probabilità di cedimento P_f si usano le (4.17) e (4.19) L'espressione (5.5) può essere risolta nel seguente modo (metodo della Trasformata Integrale):

$$X = F_L(l) \quad \rightarrow f_L(l)dl = dX$$
$$Y = [1 - F_S(l)] \rightarrow R = \int Y dX. \qquad (5.8)$$

Si discretizza una delle due variabili (Fig. 5.5) e si calcolano X ed Y, dopodichè si usa una qualsiasi formula di quadratura.

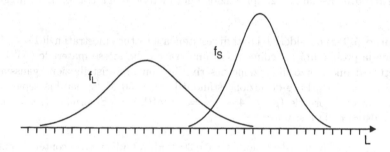

Figura 5.5. Discretizzazione per il calcolo di R con la (5.8)

Esempio 5.2 Si consideri una verifica di resistenza statica sulla base delle seguenti grandezze:

$$\mu_L = 300 \text{ MPa} \quad \sigma_L = 50 \text{ MPa}$$
$$\mu_S = 600 \text{ MPa} \quad \sigma_S = 30 \text{ MPa}.$$

Discretizzando la variabile l da -200 a 900 MPa (occorre discretizzare un campo che teoricamente dovrebbe essere $-\infty < l < \infty$), si ricavano le variabili X ed Y, che diagrammate mostrano la forma caratteristica di Fig.5.6. Applicando il metodo della trasformata integrale (5.8) si ricava la probabilità di cedimento $P_f = 1 - R = 1.3 \cdot 10^{-7}$ (per il calcolo dell'integrale si possono utilizzare diverse formule di quadratura tra cui quella dei trapezi).
È interessante notare che, poiché $0 < X < 1$ e $0 < Y < 1$, l'integrale $\int Y dX$ risulta delimitato dalle rette $X = 1$ ed $Y = 1$, che a loro volta delimitano con gli assi cartesiani un quadrato di area unitaria. Ne segue quindi che $P_f = 1 - R$ corrisponde alla differenza tra il quadrato unitario e l'area $\int Y dX$ (Fig.5.6).

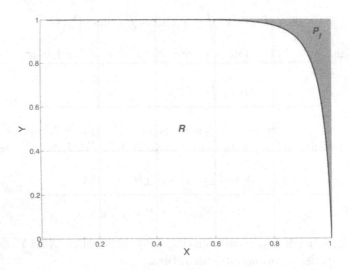

Figura 5.6. Esempio 5.2: applicazione del metodo della Trasformata Integrale

Esempio 5.3 Si considerino i dati di resistenza a rottura mostrati nell'Esempio 1.8: si ricavi la probabilità di cedimento di una trave dello stesso materiale (AISI 1020) soggetto ad uno sforzo di trazione descrivibile con una distribuzione gaussiana di media $\mu_L = 350$ MPa e deviazione standard $\sigma_L = 50$ MPa, nei due separati casi di ditribuzione normale ($\mu_S = 439$, $\sigma_S = 18$ MPa) e log-normale ($\mu_S = 6.0837$, $\sigma_S = 0.0408$) della resistenza.

Discretizzando il campo degli sforzi tra 0 e 2000 MPa (sufficiente a contenere entrambe le distribuzioni) ed utilizzando il metodo della trasformata integrale si calcolano le due probabilià di cedimento, che risultano solo leggermente differenti: nel caso di distribuzione normale delle resistenze si ottiene infatti $P_f = 0.0047$, mentre nel caso di distribuzione lognormale si ottiene $P_f = 0.0046$. Tale risultato era prevedibile notando, in Fig. 1.12, che la densità di probabilità della normale risulta leggermente maggiore nella 'coda' bassa della distribuzione, ovvero quella che si va a sovrapporre alla distribuzione degli sforzi.

Esempio 5.4 Si chiede di determinare la probabilità di cedimento di un cartello pubblicitario avente le dimensioni riportate in Fig. 5.7 e investito da un vento che può essere ben approssimato da una LEVD di parametri $\lambda_V = 24.1$ m/s e $\delta_V = 3.5$ m/s. La resistenza a flessione (momento di prima plasticizzazione) della trave che lo sostiene è espressa dalla relazione:

$$M_{fR} = W_f \cdot S_y$$

in cui il modulo di resistenza W_f è distribuito come una normale di parametri $\mu_W = 155320$ mm^3 e $\sigma_W = 6200$ mm^3, mentre la resistenza a snervamento S_y è una normale con parametri $\mu_S = 240$ MPa e $\sigma_S = 12$ MPa.

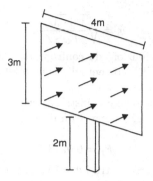

Figura 5.7. Esempio 5.4: cartello investito dal vento

Il momento generato dal vento sulla trave è espresso dalla seguente relazione:

$$M_f = \frac{V^2}{1.6} \cdot h_G \cdot A$$

in cui h_G è l'altezza del punto di applicazione della forza (3.5 m), mentre A è l'area del cartello (12 m^2). Il problema presenta tre variabili statistiche, due gaussiane ed una LEVD. Si presentano ora due metodi di risoluzione, mentre un terzo metodo verrà esaminato più avanti (Esempio 5.10).
Il primo metodo utilizza gli strumenti dell'algebra delle variabili (vedasi Sec. 4.3.1) per combinare le due gaussiane, in modo da ottenere la distribuzione gaussiana del momento resistente $M_{fR} = W_f \cdot S_y$ con parametri:

$$\mu_{M_{fR}} = \mu_W \cdot \mu_S / 1000 \text{ [Nm]}$$
$$\sigma_{M_{fR}} = \sqrt{\sigma_W^2 \mu_S^2 + \sigma_S^2 \mu_W^2 + \sigma_W^2 \sigma_S^2} / 1000 .$$

La distribuzione del momento flettente viene approssimata, tramite approssimazione del I ordine (vedasi (4.39) e (4.41)), da una gaussiana con parametri:

$$\mu_{M_f} = 3.5 \cdot 12 \cdot \mu_V^2 / 1.6 \text{ [Nm]}$$
$$\sigma_{M_f} = \sigma_V \cdot 3.5 \cdot 12 \cdot 2 \cdot \mu_V / 1.6$$

dove

$$\mu_V = \lambda_V + 0.5772 \cdot \delta_V$$
$$\sigma_V = \delta_V \cdot \pi / \sqrt{(6)} .$$

Da notare che questo procedimento è lo stesso utilizzato nell'Esempio 4.7 per il calcolo della pressione cinetica, con la semplice aggiunta delle costanti moltiplicative dell'area del cartello e del braccio. È possibile a questo punto, avendo due gaussiane rappresentanti lo sforzo e la resistenza, calcolare la probabilità di cedimento tramite il *Safety Margin*, ottenendo:

$$P_f = 0.0017 .$$

Il secondo metodo per la risoluzione del problema è quello della Trasformata Integrale: si procede discretizzando il campo del momento $(M_{f,i})$ e calcolando la F_{M_f} tramite la relazione:

$$F_{M_f}(M_f, i) = F_V(v_i),$$

dove:

$$v_i = \sqrt{\frac{1.6 \cdot M_{f,i}}{h_G \cdot A}}.$$

A questo punto le due distribuzioni da confrontare tramite Trasformata Integrale risultano essere la gaussiana del momento di prima plasticizzazione, calcolata prima, e la distribuzione del momento flettente applicato. A differenza del primo metodo questo consente quindi di mantenere la distribuzione esatta della velocità del vento, senza approssimarla con una gaussiana. Con questo metodo si ottiene un valore di probabilità di cedimento:

$$P_f = 0.0218.$$

L'evidente differenza che intercorre tra i due risultati è da imputarsi proprio all'approssimazione di una LEVD con una gaussiana, la cui 'coda' alta resta più bassa rispetto alla distribuzione originaria, come è possibile vedere in Fig. 5.8.

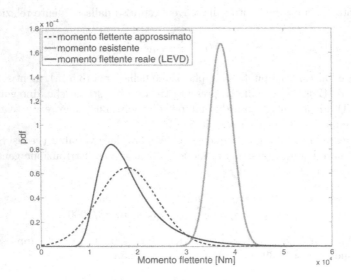

Figura 5.8. Esempio 5.4: rappresentazione grafica della differenza tra i due metodi risolutivi

5.2.3 Affidabilità con carichi ripetuti

Il calcolo dell'affidabilità appena mostrato si riferisce ad una combinazione casuale di sforzo e resistenza: per una struttura, quale una gru, ciò significa immaginare che essa sia soggetta ad un solo carico (Fig. 5.9(a)). Ripetendo il carico diverse volte (Fig. 5.9(b)), intuitivamente la probabilità di cedimento aumenta, ovvero la gru cede in corrispondenza del massimo peso che deve sollevare.

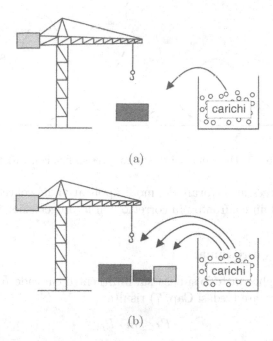

(a)

(b)

Figura 5.9. a) Combinazione casuale della resistenza e di un singolo sforzo; b) combinazione casuale della resistenza e di molteplici sforzi

Supponendo che il carico venga ripetuto m volte (indipendenti) si può scrivere, come visto per la (3.6):

$$Prob(l_i \leq s, \ i = 1, 2, ..., m) = [Prob(L \leq s)]^m = F_L(s)^m.$$

La (5.7) diventa quindi:

$$R = \int_0^\infty [F_L(s)]^m \cdot f_S(s)ds. \tag{5.9}$$

Poiché $[F_L]^m$ rappresenta la cumulata dello sforzo massimo, la (5.9) esprime quindi che il cedimento è governato dallo sforzo massimo L_{max} che si presenta su m ripetizioni (Fig. 5.10). Le limitazioni nell'uso della (5.9) saranno discusse nel Cap. 7.

5.2.4 Confronto tra progettazione affidabilistica e tradizionale

Gli esempi precedenti hanno mostrato che si ha una discrepanza tra valutazione esatta dell'affidabilità e l'indicazione fornita dal coefficiente di sicurezza η usato tradizionalmente. La principale ragione di tale differenza è che nella progettazione tradizionale non ci si cura della *ripetizione dei carichi* mentre questa ha un effetto molto importante sull'affidabilità.

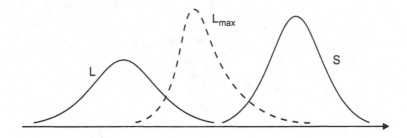

Figura 5.10. Distribuzioni di sforzo e resistenza con carichi ripetuti

È quindi necessario trovare dei modi applicativi dei concetti affidabilistici che portino ad un confronto più corretto con la progettazione tradizionale.

Valutazione approssimata

Un primo semplice metodo si basa sui limiti entro cui cade R valutata con la (5.9). In particolare (vedasi Cap. 7) risulta:

$$P_f \leq m \cdot P_{f1} \qquad (5.10)$$

dove P_{f1} è la probabilità di cedimento per una singola applicazione del carico, calcolata con (5.1), (5.5) o (5.7). Se consideriamo una ripetizione molto elevata dei carichi ($m = 10^5 - 10^6$) e una probabilità di cedimento adeguata (vedasi la Sec. 5.2.6: 10^{-5} per guasti/componenti importanti, 10^{-2} per guasti/componenti di secondaria importanza) si ricava che:

$$P_{f1} \leq 10^{-11} - 10^{-10} \text{ componenti/guasti di primaria importanza}$$
$$P_{f1} \leq 10^{-8} - 10^{-7} \text{ componenti/guasti di secondaria importanza}.$$

È necessario quindi, perché al progetto corrisponda un'elevata affidabilità anche con ripetizioni del carico, che la probabilità di cedimento per la singola applicazione, calcolata tramite le (5.1), (5.5) o (5.7), sia inferiore ai valori appena indicati.

Esempio 5.5 Dato un materiale con resistenza descritta dalla gaussiana $N(270, 30)$ MPa, progettare un tirante soggetto ad un numero indefinito di applicazioni di un carico $F \sim N(10000, 1000)$ N.

Progettando in modo che $P_{f1} \leq 10^{-11}$, deve risultare un SM pari a -6.7. Procedendo per tentativi, considerando lo sforzo $L = F/A$, si ottiene che L deve essere distribuito come la normale $N(60, 6)$ MPa. Ne risulta quindi un'area di 165 mm². In corrispondenza di quest'area il coefficiente di sicurezza (rapporto tra percentile 5% della distribuzione delle resistenze e 98% della distribuzione carichi) risulterebbe $\eta = 3$.

Progetto intrinsecamente affidabile

Una migliore valutazione è quella proposta da Carter [45] , basata sul concetto di *progetto intrinsecamente affidabile*, in cui si evidenzia che l'effetto è legato solo alla distribuzione dei carichi.

Considerando la ripetizione dei carichi il legame tra probabilità di cedimento e SM cambia, in particolare dall'affidabilità R si può calcolare una probabilità di cedimento $\tilde{P}_f$ tale che:

$$R = (1 - \tilde{P}_f)^m \,.\tag{5.11}$$

Il diagramma di $\tilde{P}_f$, che può essere considerato il tasso di guasto del componente, è rappresentato in Fig.5.11. Si può vedere in tale grafico come $\tilde{P}_f$ dipenda da LR: in particolare si nota come al di sotto di $10^{-12} - 10^{-14}$ si ha un crollo di $\tilde{P}_f$. A questa zona si attribuisce la definizione di progetto intrinsecamente affidabile: ovvero il termine $\tilde{P}_f$ è così basso che l'affidabilità del componente rimane sempre molto alta anche a fronte di un numero elevatissimo di ripetizioni di carico. È questa la zona in cui è corretto fare il confronto con la progettazione tradizionale.

Tale zona del diagramma di Fig.5.11 è indicata nella Fig.5.12. La curva che separa le due zone può essere approssimata tramite la spezzata:

$$\begin{array}{ll} SM = 3.8 \cdot LR + 3.1 & \text{per } 0 < LR < 0.5 \\ SM = 1.66 \cdot LR + 4.16 & \text{per } 0.5 < LR < 0.8 \\ SM = 5.5 & \text{per } LR > 0.8 \,. \end{array}\tag{5.12}$$

Sforzo massimo e resistenza minima

Un altro approccio potrebbe essere adottare una progettazione affidabilistica semplificata che assicuri di ottenere un progetto intrinsecamente affidabile confrontando una opportuna resistenza minima con un opportuno sforzo massimo (vedasi Fig. 5.13(a)).

Immaginando che tali valori si ottengano in termini di una distanza pari a $3 \cdot K \cdot \sigma$ (dove K è un opportuno coefficiente) ci basta imporre che :

$$\mu_S - 3 \cdot K \cdot \sigma_S > \mu_L + 3 \cdot K \cdot \sigma_L$$

$$\mu_S - \mu_L > 3 \cdot K \cdot (\sigma_S + \sigma_L)\tag{5.13}$$

da cui si può quindi ottenere:

$$SM = 3K \cdot (LR + \sqrt{1 - LR^2}) \,.\tag{5.14}$$

Confrontando tale relazione con la curva di Fig.5.12 si può vedere come si avvicini a tale curva per K vicino a 1.2 fino ad $LR = 0.7$.

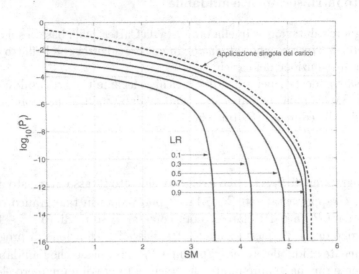

Figura 5.11. Andamento di log $\tilde{P}_f$ in funzione di SM e LR

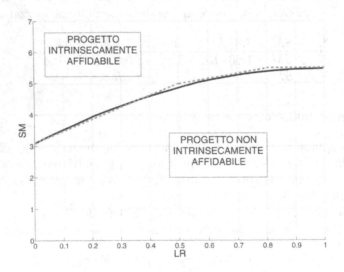

Figura 5.12. Progetto intrinsecamente affidabile: SM in funzione di LR (vedi (5.12)) [45]

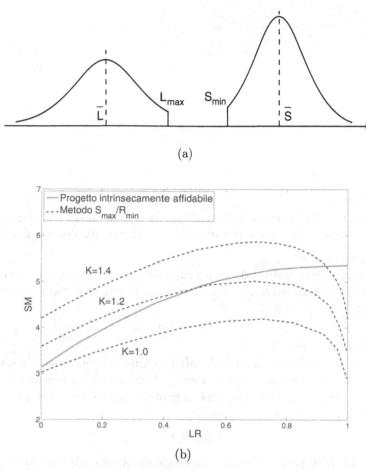

Figura 5.13. Analisi semplificata per un progetto intrinsecamente affidabile: a) possibile approccio; b) SM in funzione di LR e K [45]

5.2.5 Verifiche di resistenza statica secondo la normativa italiana

La normativa italiana [24] definisce i carichi che forniscono i valori modali di distribuzioni massime su un periodo di 50 anni (valori caratteristici a 50 anni, che corrispondono ai percentili 98% riferiti ai massimi annuali, dato che per la (3.44) risulta: $F_X(x(T = 50)) = 1 - 1/50 = 0.98$), relativamente a vento, neve e pesi propri. Ne segue che le norme implicitamente considerano già la ripetizione dei carichi utilizzando il valore modale della distribuzione dei carichi massimi (riferiti ad una vita attesa di 50 anni di vita di una struttura). I valori caratteristici della resistenza corrispondono al percentile 5%.

Nel metodo di calcolo detto 'delle tensioni ammissibili' il progettista verifica la sicurezza tramite la relazione:

$$L_{max} \le S_{amm} = \frac{S_{min}}{\eta} \tag{5.15}$$

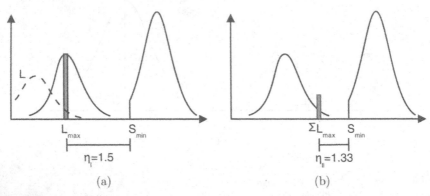

Figura 5.14. a) Condizione di carico I: si usa il valore massimo caratteristico di una sola azione; b) condizione di carico II: si sommano tutti i carichi L_{max}

Condizione di carico I

Nella condizione di carico I si verifica che lo sforzo calcolato sulla base dei valori modali delle forze massime (Fig. 5.14(a)) abbia un coefficiente di siscurezza minimo:

$$\eta_I = 1.5 \tag{5.16}$$

Condizione di carico II

Nella condizione di carico II (Fig. 5.14(b)) si sommano nel modo più sfavorevole gli sforzi dovuti alle azioni permanenti ed alle azioni accidentali considerate insieme (vento, sisma, neve). Poiché la probabilità che gli eventi accidentali si verifichino insieme è bassa si assume :

$$\eta_{II} = 1.33 \tag{5.17}$$

Il D.M. 16/1/96 propone inoltre il metodo di calcolo agli stati limite, anticipando l'approccio dell'Eurocodice.

5.2.6 Verifiche di resistenza statica secondo l'Eurocodice

Il quadro normativo europeo per le costruzioni risulta articolato nei seguenti documenti:

EN 1990 Eurocode 0 Basis of Structural Design
EN 1991 Eurocode 1 Actions on Structures
EN 1992 Eurocode 2 Concrete Structures
EN 1993 Eurocode 3 Steel Structures
EN 1994 Eurocode 4 Composite Structures
EN 1995 Eurocode 5 Timber Structures
EN 1996 Eurocode 6 Masonry Structures
EN 1997 Eurocode 7 Geotechnical Design
EN 1998 Eurocode 8 Earthquake Resistance
EN 1999 Eurocode 9 Aluminium Structures.

La EN1990 [46] illustra le verifiche strutturali, basate sul metodo degli *stati limite*, distringuendo: 'stato limite ultimo -ULS- ' e 'stato limite di servizio -SLS- '. Per ULS vale l'equazione fondamentale[2]:

$$R_d = \frac{R_k}{\gamma_M} \geq E_d = \sum_{j \geq 1} \gamma_{G,j} G_{k,j} + \gamma_P P + \gamma_{Q,1} Q_{k,1} + \sum_{i \geq 1} \gamma_{Q,i} \Psi_{0,i} Q_{k,i} \quad (5.18)$$

dove:

R_d valore di progetto della resistenza
R_k valore caratteristico resistenza
E_d valore di progetto per le azioni (pedice d)
G_k valore caratteristico di azioni permanenti;
P valore caratteristico precompressione;
Q_k valore caratteristico azioni non permanenti;
γ_G, γ_P e γ_Q fattori moltiplicativi;
γ_M coefficiente dipendente dal tipo di cedimento;
Ψ_0 fattore di combinazione dei carichi per stimare gli effetti combinati.

I valori caratteristici per il metodo degli stati limite, vedasi Fig. 5.15, sono il percentile 5% per le resistenze, il percentile 50% per i carichi permanenti ed il percentile 98% (corrispondente ad un periodo di ritorno $T = 50$ anni) per carichi variabili di cui sia nota la distibuzione dei massimi annuali.

Per i due diversi stati limite:

$$P_f = \Phi(-SM) = \Phi(-\beta), \quad (5.19)$$

$$\begin{aligned} \text{ULS } \beta = 3.8 \; P_f = 7.2 \cdot 10^{-5} \\ \text{SLS } \beta = 1.5 \; P_f = 6.8 \cdot 10^{-2} . \end{aligned} \quad (5.20)$$

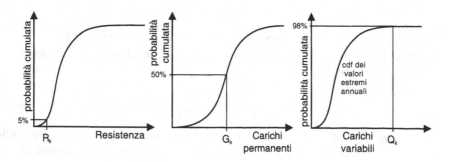

Figura 5.15. Definizione delle azioni

---

[2] In questa sezione si manterrà la notazione dell'Eurocodice, indicando con R la resistenza

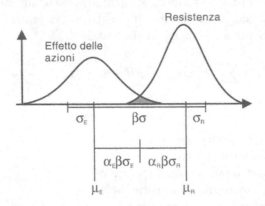

Figura 5.16. Metodo di calcolo 'stati limite'

Per eseguire in modo semplice la verifica affidabilistica, senza passare attraverso il SM, si definiscono degli opportuni valori di progetto [47]:

$$E_d = \mu_E - \frac{\sigma_E}{\sqrt{\sigma_E^2 + \sigma_R^2}} \cdot \beta \cdot \sigma_E = \mu_E - \alpha_E \cdot \beta \cdot \sigma_E$$
$$R_d = \mu_R - \frac{\sigma_R}{\sqrt{\sigma_E^2 + \sigma_R^2}} \cdot \beta \cdot \sigma_R = \mu_R - \alpha_R \cdot \beta \cdot \sigma_R \tag{5.21}$$

La verifica affidabilistica risulta quindi:

$$R_d \geq E_d \,. \tag{5.22}$$

Possiamo quindi esprimere dei coefficienti generici γ_E e γ_R, rispettivamente relativi a carichi e resistenze, per passare dai valori caratteristici a quelli di progetto :

$$\gamma_E = \frac{1 - \alpha_E \cdot \beta \cdot CV_E}{1 - k \cdot CV_E}$$

$$\gamma_R = \frac{1 - k \cdot CV_R}{1 - \alpha_R \cdot \beta \cdot CV_R} \tag{5.23}$$

si assume (metodo *semi − probabilistico*): $\alpha_E = -0.7$ e $\alpha_R = 0.8$.

Se applichiamo la formula di γ_R applicandola al caso di snervamento ($CV_R = 0.05$) otteniamo:

$$\gamma_R = \frac{1 - 1.645 \cdot 0.05}{1 - 0.8 \cdot 3.8 \cdot 0.05} = 1.08 \,; \tag{5.24}$$

le norme propongono infatti $\gamma_M = 1.1$ per cedimento a snervamento. Se applichiamo la formula di γ_E applicandola al caso di carichi eolici, assimilando la Gumbel ad una distribuzione gaussiana (vale per la parte centrale), sappiamo che $\delta/\lambda = 0.11 - 0.15$ (vedasi Sec. 3.7). Si ottiene:

$$\gamma_E = \frac{1 + 0.7 \cdot 3.8 \cdot 0.14}{1} = 1.39 \,; \tag{5.25}$$

le norme propongono infatti $\gamma_Q = 1.5$.

5.3 Verifiche a fatica

5.3.1 Verifica a fatica illimitata

Il limite di fatica corrisponde alla condizione di 'non propagazione' per microcricche emananti dai difetti o disomogeneità [19]: per provocare il cedimento non è sufficiente superare una sola volta questa condizione, quindi la valutazione dell'affidabilità non va fatta tenendo conto della ripetizione dei carichi. Ulteriori discussioni sull'analisi della resistenza a fatica in termini di propagazione fratture sono illustrati nel Cap. 7.

La verifica di resistenza va quindi fatta confrontando la distribuzione L con la distribuzione S descritta dal limite di fatica (Fig. 5.17) che è possibile descrivere con le usuali formule [48]:

$$S_{a,lim} = \frac{S_{fa} \cdot b_2 \cdot b_3}{K_f} \qquad (5.26)$$

dove S_{fa} è il limite di fatica alternata del materiale, b_2, b_3 e K_f sono rispettivamente il coefficiente dimensionale, coefficiente di finitura superficiale ed il coefficiente d'intaglio a fatica.

In questa relazione, dal punto di vista affidabilistico, si descrivono i coefficienti con distribuzioni log-normali. Il coefficiente di variazione per il parametro b_3 è riportato nella Tabella 5.2; il fattore di concentrazione a fatica K_f invece, nel caso degli acciai, presenta un CV pari a 0.1 [44]. Indicando quindi con X_{b3} una v.a. con distribuzione log-normale di media 1 e coefficiente di variazione CV_{b3} (Tabella 5.2), e con X_{Kf} una v.a. log-normale di media 1 e $CV = 0.1$, si può scrivere:

$$b_3 = b_3 \cdot X_{b3}$$
$$K_f = K_f \cdot X_{Kf}. \qquad (5.27)$$

Tabella 5.2. Coefficienti di variazione del fattore di finitura superficiale b_3 [44]

Finitura superficiale	CV
Rettificato	0.120
Lavorato macchine utensili o laminato a freddo	0.058
Laminato a caldo	0.110
Forgiato	0.145

Alternativamente il limite di fatica, insieme con le curve di durata, può essere ricavato sperimentalmente (si veda ad esempio la Fig. 5.17). In particolare l'analisi statistica dei dati per trovare il limite di fatica è discussa in [50] e [51].

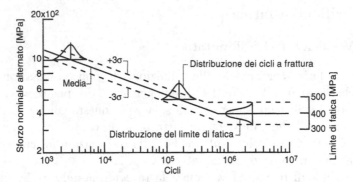

Figura 5.17. Distribuzione del limite di fatica e dei cicli a rottura per un acciaio AISI 4340 (tratto da [49])

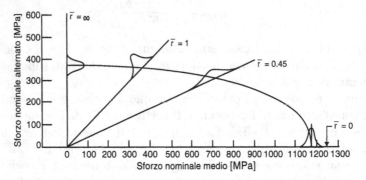

Figura 5.18. Dipendenza del limite di fatica da S_m per un acciaio AISI 4340 (tratto da [49])

Per quanto riguarda la dipendenza del limite di fatica dal rapporto di ciclo, se si dispone di $S_{a,lim}$ a fatica alternata, si può utilizzare la relazione lineare di Goodman ottenendo un limite di fatica $S_{a,lim,r}$ dipendente dal rapporto di ciclo r. In alternativa Kececioglu [49] ha proposto e verificato sperimentalmente una relazione del tipo (Fig. 5.17):

$$S_{a,lim,r} = S_{a,lim} \cdot \left(1 + \frac{1}{\bar{r}^2}\right)^{1/2} \tag{5.28}$$

dove il termine:

$$\bar{r} = \frac{\bar{L}_a}{\bar{L}_m} \tag{5.29}$$

viene calcolato sulla base dei valori medi dello sforzo alternato L_a e dello sforzo medio L_m applicati al componente.

5.3.2 Verifica a danneggiamento

Nota la curva $S - N$ del pezzo, la verifica a danneggiamento si effettua sulla base del calcolo dell'indice del Miner D_f:

$$D_f = \sum \frac{n_i}{N_i} \qquad (5.30)$$

in cui n_i è il numero di cicli in cui viene applicato il carico l_i ed N_i è il numero di cicli a cui resiste il pezzo allo sforzo l_i (Fig.5.19(a)). In particolare per calcolare N_i si sfrutta la relazione:

$$N = \frac{C}{S^m}. \qquad (5.31)$$

Dal punto di vista probabilistico, l'analisi dei dati di fatica permette di ricavare una distribuzione normale la cui media sta su una retta (vedasi Sec. 4.6.1):

$$\mu_{\log N} = a_0 + a_1 \cdot \log S, \qquad (5.32)$$

il cui scarto σ (dispersione su $\log N$) è costante. La descrizione della (5.31) coincide con questa analisi se si assume che $\log C$ appartenga ad una distribuzione gaussiana (Fig.5.19(a)) con valor medio dato dalla (5.32) e scarto costante:

$$\sigma_{\log C} = \sigma. \qquad (5.33)$$

Se si dispone di uno spettro di $\bar{N}$ cicli di sollecitazione descritto dalla distribuzione $f_L(l)$ e considerando il carico unitario l_i, il numero di cicli applicati risulta (Fig.5.19(b)):

$$n_i = \bar{N} \cdot f_L(l_i)dl. \qquad (5.34)$$

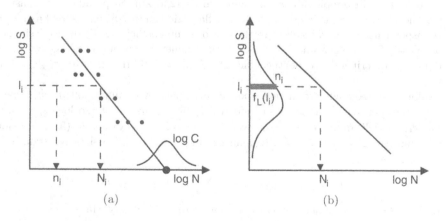

Figura 5.19. Verifica a danneggiamento: a) diagramma $S - N$ descritto con la (5.31); b) schema per il calcolo del danneggiamento

In corrispondenza di un carico l_i il numero di cicli a cui resiste il pezzo si ricava dalla (5.31): $N_i = C/l_i^m$. È quindi semplice ricavare il danneggiamento al livello di sforzo i−esimo come:

$$dD_{f,i} = \frac{\bar{N} \cdot f_L(l_i)dl}{C/l_i^m} = \frac{\bar{N}}{C} \cdot l_i^m \cdot f_L(l_i)dl. \qquad (5.35)$$

Integrando sul campo di esistenza di L si ricava:

$$D_f = \frac{\bar{N}}{C} \int l^m \cdot f_L(l)dl \qquad (5.36)$$

da cui:

$$\log D_f = \log \bar{N} - \log C + \log I. \qquad (5.37)$$

L'integrale I (momento di ordine m−esimo della distribuzione f_L) può essere ricavato discretizzando il campo degli sforzi L e operando le seguenti trasformazioni:

$$X = F_L(l) \rightarrow \qquad f_L(l)dl = dX$$
$$\qquad\qquad\qquad\qquad\qquad\qquad\qquad\qquad (5.38)$$
$$Y = l^m \quad \rightarrow I = \int l^m \cdot f_L(l)dl = \int Y dX.$$

È possibile notare come $\log D_f$ sia dato dalla somma di due termini costanti più una distribuzione gaussiana ($\log C$): ne segue che anche $\log D_f$ è descritto da una distribuzione gaussiana (con $\sigma_{\log D_f} = \sigma_{\log N}$). Il calcolo dell'affidabilità si fa calcolando la probabilità che D_f sia maggiore di 1 ($\log D_f > 0$), oppure di un valore ricavato sperimentalmente, che viene indicato come *relative Miner rule* [27].

Esempio 5.6 Si abbiano gli sforzi nominali e il numero di cicli effettuati a ciascun livello di sforzo riportati in Tabella A.2; questi valori sono stati rilevati sull'assile ferroviario dell'Esempio 1.4, su un percorso di 1250 km. Si prendano in considerazione 20 ripetizioni di questi carichi nella sezione più sollecitata dell'assile, in corrispondenza di un raccordo caratterizzato da un coefficiente di sovrasollecitazione $K_t = 1.5$. Si esegua una verifica di danneggiamento sapendo che la curva limite di fatica è descritta dai seguenti coefficienti: $S_{a,lim} = 166$ MPa, m $= 5$ e $\sigma_{\log N} = 0.1$.

I valori di sforzo e numero di cicli riportati in Tabella A.2 vanno moltiplicati rispettivamente per K_t e per 20, ottenendo così l_i (in termini di sforzo locale) e n_i. Il numero di cicli limite N_i per ogni livello di sforzo l_i si ricava con la (5.31), avendo determinato: $C = 2 \cdot 10^6 \cdot S_a^m$. Il danneggiamento logaritmico si ricava tramite la (5.30) e risulta:

$$\log D_f = -\log C + \log \left(\sum n_i \cdot l_i^m \right) = -0.507.$$

La probabilità di cedimento si calcola come visto per il Safety Margin:

$$P_f = \Phi \left(-\frac{0 - \log D_f}{\sigma_{\log D_f}} \right) = 1.92 \cdot 10^{-7}.$$

Il metodo sopra descritto è una versione dicretizzata della (5.37), qualora non si disponesse della distribuzione degli sforzi. Conoscendo la distribuzione delle ampiezze di sforzo, che in questo caso risulta essere una log-normale con $\mu = 4.61$ e $\sigma = 0.21$, è sufficiente applicare la (5.38) e poi la (5.37), ottenendo $\log D_f = -0.524$; la probabilità di cedimento si calcola come appena visto, e risulta $P_f = 7.7 \cdot 10^{-8}$.

Per verifiche di questo tipo l'Eurocodice 3 prevede un approccio semi-probabilistico in cui per i diversi particolari di una struttura in acciaio vengono forniti dei diagrammi $S - N$ (composti da 3 segmenti) corrispondenti a probabilità di cedimento del 5% (Fig. 5.20) cui viene applicato un coefficiente di sicurezza γ_{MF} riportato in Tabella 5.3. Va annotato come per le norme la verifica viene fatta sul ΔS e non sulla componente alternata come nell'esempio precedente.

Tabella 5.3. Coefficiente di sicurezza γ_{MF} [9]

Conseguenze del cedimento:		basse	alte
Metodo di	- Damage Tolerance	1.00	1.15
verifica	- Safe Life	1.15	1.35

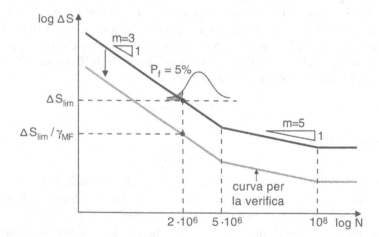

Figura 5.20. Curva limite di fatica, percentile 5% e correzione tramite coefficiente γ_{MF} (tratta da [9])

5.4 Simulazioni Monte Carlo

Le tecniche di simulazione permettono, tramite l'utilizzo di calcolatori, di stimare semplicemente l'affidabilità di un componente anche nei casi più complessi, per esempio nel caso essa dipenda da molte variabili, non gaussiane e legate da relazioni complesse. Queste simulazioni si basano sulla sostituzione delle variabili con l'estrazione casuale di una serie di valori che seguano la distribuzione originaria della variabile stessa.

Una delle tecniche più utilizzate è la simulazione Monte Carlo, che permette, anche senza approfondite conoscenze statistiche, di stimare la distribuzione statistica di una variabile (quale la resistenza di un componente o la vita di un sistema) dipendente da altre n_v variabili statistiche, anche se combinate tramite equazioni complicate. Questa tecnica si basa sui seguenti passaggi principali: a) definizione del problema in funzione di tutte le variabili statistiche, b) determinazione delle caratteristiche delle relative distribuzioni statistiche, c) generazione dei valori di queste variabili, d) valutazione deterministica del problema per ciascun set delle variabili, e) valutazione probabilistica del risultato, f) determinazione dell'accuratezza e dell'efficienza della simulazione.

5.4.1 Generazione di numeri casuali per variabili continue

Uno dei passaggi fondamentali delle simulazioni Monte Carlo è la generazione casuale di N numeri casuali appartenenti alle distribuzioni statistiche delle variabili. Questo risultato può essere ottenuto tramite la generazione casuale uniforme di numeri u_i compresi tra 0 ed 1, operazione eseguibile con un qualsiasi calcolatore; questi numeri rappresenteranno i valori della funzione cumulata (Fig. 5.21). Per ottenere una serie di numeri casuali appartenenti ad una distribuzione è quindi sufficiente applicare la funzione di cumulata inversa ai valori u_i. Si è infatti assunto che:

$$F_X(x_i) = u_i \tag{5.39}$$

e di conseguenza:

$$x_i = F_X^{-1}(u_i). \tag{5.40}$$

Questo procedimento (generazione di N numeri casuali tra 0 ed 1 e calcolo della rispettiva cumulata inversa) va ripetuto per ognuna delle varibili statistiche di interesse, ciascuna con i parametri caratteristici della relativa distribuzione. A questo punto si hanno a disposizione N set di n_v valori (con n_v numero di variabili in gioco): combinando deterministicamente i valori di ciascun set si ottengono gli N valori della variabile dipendente, analizzando i quali si possono determinare tutte le informazioni statistiche necessarie, come il tipo di distribuzione statistica e i parametri caratteristici.

Nel caso di una verifica di resistenza si calcolano dapprima due set indipendenti di valori delle variabili S ed L (magari ottenuti a partire da altre

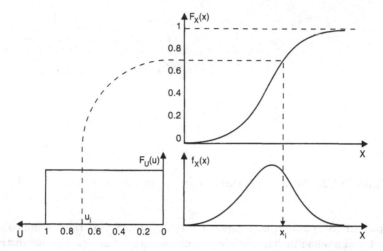

Figura 5.21. Rappresentazione grafica del metodo della cumulata inversa

variabili statistiche). Detto N_f il numero di combinazioni delle variabili per cui $L > S$, la probabilità di cedimento risulta:

$$P_f = \frac{N_f}{N}. \tag{5.41}$$

Esempio 5.7 Si abbia una trave soggetta a trazione: la resistenza della trave è data da S, gaussiana con media $\mu_S = 1300$ MPa e deviazione standard $\sigma_S = 100$ MPa, mentre il carico applicato è distribuito come una gaussiana con parametri $\mu_L = 650$ MPa e $\sigma_L = 200$ MPa. Si calcoli la probabilità di cedimento col metodo Monte Carlo.

Si generano due vettori di $N = 10000$ numeri casuali uniformi distribuiti tra 0 ed 1; per ogni elemento del primo vettore si calcola l'inverso della probabilità cumulata normale delle resistenze, mentre per ogni elemento del secondo si calcola l'inverso della probabilità cumulata normale dei carichi.
Per ognuna delle N coppie resistenza - sforzo così create si calcola la differenza $D_i = S_i - L_i$, con $i = 1, 2 ... N$, e si conteggia in quanti casi D risulta negativo, ovvero in quanti casi (N_f) il carico applicato supera la resistenza della trave. La probabilità di cedimento si calcola quindi tramite la (5.41) e risulta circa 0.002.
Va notato che ogni volta che si ripete il procedimento la probabilità di cedimento varia, essendo un metodo basato su estrazioni casuali. Aumentando il valore di N la variazione tra diverse ripetizioni diminuisce sensibilmente.
In questo semplice caso la distribuzione della variabile D risulta essere una gaussiana (Fig. 5.22), essendo ricavata come differenza tra gaussiane; un modo alternativo per calcolare la probabilità di cedimento può quindi essere quello di stimare la distribuzione D tramite l'algebra delle variabili casuali (Sec. 4.3), e calcolare la probabilità di cedimento come il valore della funzione di probabilità cumulata in corrispondenza del valore $D = 0$. Si ottiene effettivamente una probabilità di cedimento pari a 0.0018.

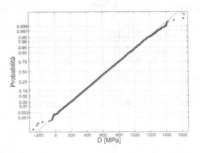

Figura 5.22. Esempio 5.7: carta di probabilità della variabile $D = S - L$

Esempio 5.8 Si consideri un componente realizzato col materiale ceramico dell'Esempio 4.1; si assuma inoltre che il valore di tenacità a frattura K_{IC} sia distribuito come una gaussiana con media $\mu_{KIC} = 700 \ MPa\sqrt{mm}$ e $CV = 0.05$. Stimare la probabilità di cedimento del componente sottoposto ad uno sforzo distribuito come una gaussiana con media $\mu_L = 500 \ MPa$ e deviazione standard $\sigma_L = 30 MPa$.

Si estraggono 3 vettori di N numeri casuali (compresi tra 0 ed 1), che si assumono essere le funzioni di densità cumulata delle tre variabili statistiche (dimensione dei difetti a, K_{IC} e sforzo). Da queste, tramite l'inverso delle stesse funzioni di densità (esponenziale per a, gaussiane per K_{IC} e L), si ricavano tre vettori contenenti dei valori di a, K_{IC} e L distribuiti secondo le relative distribuzioni. Si valuta quindi la resistenza per ciascuna delle N triplette di valori, e si conteggia il numero N_f di triplette per le quali la resistenza non è verificata; tramite la (5.41) si calcola quindi la probabilità di cedimento, pari a 0.081.

5.4.2 Generazione di variabili correlate

La distribuzione congiunta di un certo numero di variabili normali $(X_1, X_2...X_n)$ è definita per mezzo delle medie μ_i, varianze σ_i^2 e covarianze σ_{ij} delle stesse variabili. Si considerino noti il vettore contenente i valori medi e la matrice di covarianza:

$$\mathbf{V}_X = \begin{bmatrix} \sigma_1^2 & \sigma_{12} & \cdots & \sigma_{1n} \\ \sigma_{12} & \sigma_2^2 & \cdots & \sigma_{2n} \\ \vdots & \vdots & \vdots & \vdots \\ \sigma_{n1} & \sigma_{n2} & \cdots & \sigma_n^2 \end{bmatrix} .$$

Considerando le variabili standardizzate X_i':

$$X_i' = \frac{X_i - \mu_i}{\sigma_i} \quad i = 1, 2, ..., n$$

se ne può calcolare la matrice di covarianza che risulta (matrice di correlazione di X_i):

$$\mathbf{C}' = \mathbf{V}_{X'} = \begin{bmatrix} 1 & \rho_{12} & \cdots & \rho_{1n} \\ \rho_{12} & 1 & \cdots & \rho_{2n} \\ \vdots & \vdots & \vdots & \vdots \\ \rho_{n1} & \rho_{n2} & \cdots & 1 \end{bmatrix}$$

dove ρ_{ij} è il coefficiente di correlazione tra le variabili X_i e X_j (ovvero $\rho_{ij} = \text{Cov}(X_i', X_j')$). È possibile trasformare le variabili X_i' in termini di variabili indipendenti Y_i tramite la relazione:

$$\mathbf{X}' = \mathbf{TY} \,. \tag{5.42}$$

La matrice $\mathbf{T}$ [5] è una matrice di trasformazione ortogonale composta dagli autovettori $\boldsymbol{\theta}^{(i)}$ della matrice di correlazione $\mathbf{C}'$, e risulta essere:

$$\mathbf{T} = \begin{bmatrix} \theta_1^{(1)} & \theta_1^{(2)} & \cdots & \theta_1^{(n)} \\ \theta_2^{(1)} & \theta_2^{(2)} & \cdots & \theta_2^{(n)} \\ \vdots & \vdots & \vdots & \vdots \\ \theta_n^{(1)} & \theta_n^{(2)} & \cdots & \theta_n^{(n)} \end{bmatrix} \,.$$

Se si considera una relazione del tipo:

$$\mathbf{y} = \mathbf{ax}$$

la matrice di varianza di y si calcola con la formula:

$$\mathbf{V}_y = \mathbf{a}\mathbf{V}_X\mathbf{a}^T \,. \tag{5.43}$$

Applicando la (5.43) al caso in esame ne risulta:

$$\mathbf{V}_Y = \mathbf{T}^{-1}\mathbf{C}'(\mathbf{T}^{-1})^T \,.$$

Poiché la $\mathbf{T}$ è composta dagli autovettori si ottiene:

$$\mathbf{V}_Y = \begin{bmatrix} \lambda_1 & 0 & \cdots & 0 \\ 0 & \lambda_2 & \cdots & 0 \\ \vdots & \vdots & \vdots & \vdots \\ 0 & 0 & \cdots & \lambda_n \end{bmatrix}$$

dove i termini λ_i sono gli autovalori della matrice $\mathbf{C}'$. È quindi semplice simulare le $\mathbf{X}'$ con la (5.42) a partire da un set di variabili ridotte indipendenti Y_i (le Y_i sono indipendenti essendo la matrice $\mathbf{V}_Y$ diagonale): le varianze delle Y_i sono gli autovalori λ_i.

Esempio 5.9 Considerando i dati utilizzati nell'esempio 1.13, si generino due vettori casuali $\mathbf{F}_V$ e $\mathbf{F}_L$ di 100 elementi, forze verticali e forze laterali, con le medesime distribuzioni.

Per generare casualmente le due popolazioni richieste è necessario inizialmente ricavare la matrice di correlazione delle due distribuzioni originarie:

$$\mathbf{C}' = \mathbf{V}_{X'} = \begin{bmatrix} 1 & 1.926 \\ 1.926 & 1 \end{bmatrix} .$$

Si ricavano quindi gli autovalori di questa matrice, che risultano $\lambda_V = 0.8074$ e $\lambda_L = 1.1926$, e la matrice di trasformazione $\mathbf{T}$ composta dagli autovettori di $\mathbf{C}'$:

$$\mathbf{T} = \begin{bmatrix} -0.7071 & 0.7071 \\ 0.7071 & 0.7071 \end{bmatrix} .$$

Si generano poi due serie di 100 numeri casualmente distribuiti tra 0 ed 1, e da questi, tramite la funzione cumulata inversa (gaussiane con valor medio 0 e deviazioni standard pari, rispettivamente, a $\sqrt{\lambda_V}$ e $\sqrt{\lambda_L}$), si ottengono due popolazioni, Y_V e Y_L, distribuite normalmente con valor medio 0 e varianza pari ai due autovalori. Applicando quindi la (5.42) si ottengono le variabili standardizzate X'_V e X'_L, tra loro correlate, che moltiplicate per le rispettive deviazioni standard e sommate alle rispettive medie forniscono i due vettori $\mathbf{F}_V$ e $\mathbf{F}_L$. Come si vede in Fig. 5.23, le due variabili così generate hanno la medesima distribuzione congiunta, rappresentata come linee di livello, dei valori originari.

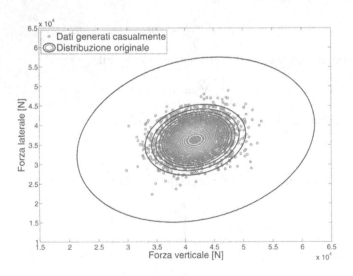

Figura 5.23. Esempio 5.9: correlazione dei valori di forze verticali e forze laterali generati casualmente, confrontati con la distribuzione originale

5.4.3 Accuratezza delle simulazioni

La capacità di stimare corettamente la probabilità di cedimento tramite la (5.41) dipende dal numero di simulazioni N, e in particolare la stima coincide col valore reale della probabilità di cedimento per N tendente ad infinito. Nel caso di probabilità di cedimento basse e/o piccolo numero di simulazioni N, si possono invece commettere errori non trascurabili.

Considerando la banda di confidenza al 95% della probabilità di cedimento stimata si può dimostrare che [5]:

$$Prob\left(-2\sqrt{\frac{(1-P_f^T)P_f^T}{N}} < \frac{N_f}{N} - P_f^T < 2\sqrt{\frac{(1-P_f^T)P_f^T}{N}}\right) = 0.95 \quad (5.44)$$

in cui P_f^T è la probabilità di cedimento reale. L'errore percentuale può quindi essere definito come:

$$\epsilon\% = \frac{\frac{N_f}{N} - P_f^T}{P_f^T} \cdot 100\% \quad (5.45)$$

Combinando la (5.44) e la (5.45) si ottiene:

$$\epsilon\% = \sqrt{\frac{1-P_f^T}{N \cdot P_f^T}} \cdot 200\% \quad (5.46)$$

Se, ad esempio, la probabilità di cedimento P_f^T vale 0.01 e si utilizza N=5000, in base alla (5.46) si avrà un errore del 28%; si può inoltre affermare che esiste una probabilità del 95% che la probabilità di cedimento sia compresa nell'intervallo 0.01 ± 0.002. Se invece è richiesto un errore del 5% e P_f^T vale 0.01, è necessario un numero di simulazioni N=158400. Come si può vedere il numero di simulazioni per ottenere una certa accuratezza dipende dalla probabilità di cedimento reale, ignota a priori. In molti problemi strutturali la probabilità di cedimento può essere minore di 10^{-5}: questo significa che, in media, solo una simulazione su 100000 darebbe come risultato il cedimento. Per ottenere una stima accurata bisognerebbe quindi utilizzare almeno $N = 10^6$, (in modo da contare in media 10 cedimenti): avendo n_v variabili sarebbero necessari quindi $n_v \cdot 10^6$ numeri casuali per ottenere una stima affidabile.

Esempio 5.10 Un modo più semplice per risolvere il problema posto nell'Esempio 5.4 consiste nell'utilizzo del metodo Monte Carlo: è necessario estrarre casualmente un vettore di N valori casuali compresi tra 0 ed 1 per ogni variabile coinvolta (v, W_f e S_y). Per ognuno di questi valori si calcola quindi la cumulata inversa (LEVD per il vento e gaussiane per le altre due variabili): si ottengono così tre vettori di valori casuali distribuiti ciascuno come la rispettiva variabile. A questo punto è sufficiente calcolare deterministicamente la resistenza della trave per un numero N di volte, inserendo in ognuna di queste N relazioni gli elementi i−esimi dei tre vettori:

$$\frac{v_i^2}{1.6} \cdot 3.5 \cdot 12 < W_{f,i} \cdot S_{y,i}$$

con $i = 1, 2, ..., N$. Conteggiando il numero di cedimenti N_f, la probabilità di cedimento è data da N_f/N. Dalla (5.46), utilizzando come P_f^T quella calcolata con la
Trasformata Integrale (Esempio 5.4), segue che per ottenere un errore percentuale
del 3% è necessario un numero di campioni $N > 199000$. Utilizzando un numero di
campioni $N = 5000$ e ripetendo la simulazione 40 volte si ottiene un valore medio
della probabilità di cedimento pari a $P_f = 0.0222$, con una deviazione standard pari
a $\sigma_{P_f} = 0.0023$, e quindi l'intervallo di confidenza al 95% risulta essere:

$$0.0222 - 0.0045 < P_f < 0.0222 + 0.0045$$

ovvero un errore percentuale del 20%, confrontabile col valore calcolato con la (5.46)
($\epsilon\% = 19\%$).

5.4.4 Metodi per ridurre la varianza

Campionamento stratificato

Il metodo del campionamento stratificato consiste nella suddivisione del campo di esistenza delle variabili in N regioni a cui competa la stessa probabilità,
e nell'estrazione di un campione per ognuna di queste regioni. Si assume che le
variabili siano tra loro indipendenti, in modo da poter discretizzare separatamente i singoli campi di esistenza delle diverse variabili. Nel caso il numero di
variabili n_v sia elevato si incorre tuttavia negli stessi problemi computazionali
già accennati: è necessario infatti estrarre N^{n_v} campioni, ovvero un campione
per ognuna delle celle create dall'intersezione delle regioni a probabilità costante (Fig. 5.24). Per ovviare a questo problema è possibile ricorrere a campionamenti quali il metodo dei Quadrati Latini. La probabilità di cedimento

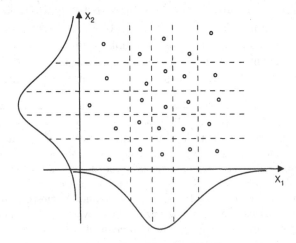

Figura 5.24. Rappresentazione grafica del metodo della campionamento stratificato
($N = 5$)

nel caso di campionamento stratificato si calcola come:

$$P_f = \frac{N_f}{N^{n_v}} \, .$$

Quadrati Latini (Latin Hypercube Sampling)

Questo metodo si basa anch'esso sulla suddivisione dei campi delle variabili in N regioni di uguale probabilità, ma le estrazioni casuali sono limitate ad un numero pari ad N: si estrae infatti, per ogni variabile, un singolo campione per ogni regione (Fig. 5.25). Si generano in seguito N combinazioni casuali di questi campioni, in modo che ogni campione sia utilizzato una sola volta, e che tutti i campioni vengano utilizzati; per ognuna di queste combinazioni si esegue poi il calcolo deterministico come già visto per il metodo Monte Carlo. La probabilità di cedimento risulta:

$$P_f = \frac{N_f}{N} \, .$$

Questo metodo apporta inoltre un miglioramento nell'accuratezza rispetto al metodo tradizionale, in termini di riduzione della dispersione delle stime di P_f.

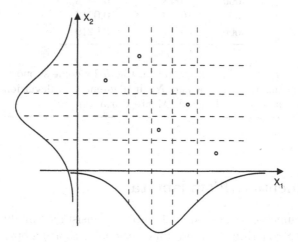

Figura 5.25. Rappresentazione grafica del metodo dei Quadrati Latini ($N = 5$)

Esempio 5.11 Con riferimento all'Esempio 5.10 si vuole mostrare l'andamento della varianza della probabilità di cedimento all'aumentare del numero di campioni N. Per farlo si ripete la simulazione diverse volte per ogni valore di N e si ricava la deviazione standard delle probabilità di cedimento risultanti: questo procedimento viene eseguito prima con una semplice simulazione Monte Carlo, poi col metodo dei

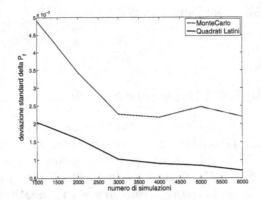

Figura 5.26. Esempio 5.11: andamento della deviazione standard di P_f al variare del numero di campionamenti N

Tabella 5.4. Andamento del valor medio della P_f al crescere di N

N	$\bar{P}_f$	
	MonteCarlo	Quadrati Latini
1000	0.0225	0.0213
2000	0.0223	0.0218
3000	0.0217	0.0216
4000	0.0218	0.0218
5000	0.0218	0.0217
6000	0.0217	0.0219

Quadrati Latini. I risultati sono mostrati in Fig. 5.26: come si può vedere il metodo dei Quadrati Latini permette, a pari N, di mantenere la deviazione standard dei risultati più bassa rispetto al metodo Monte Carlo semplice.

5.5 Incremento dell'affidabilità

Un modo comune per aumentare l'affidabilità consiste nel modificare le distribuzioni L ed S per ridurre la loro 'intersezione'. La prima opzione da questo punto di vista è il limitatore di carico in cui la distribuzione di sforzo viene limitata al valore L_{max}: questo fa ridurre la zona di sovrapposizione delle distribuzioni L ed S (Fig. 5.27). Dal punto di vista analitico, la distribuzione dello sforzo si modifica in una distribuzione avente funzione di probabilità cumulata F':

$$F'(l) = \frac{F(l)}{F(\bar{l})} \quad \text{per} \ \ 0 < l < \bar{l}$$
$$F'(l) = 1 \quad \text{per} \ \ l > \bar{l} \tag{5.47}$$

La affidabilità si calcola quindi applicando le espressioni per il calcolo di R.

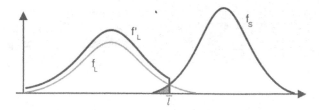

Figura 5.27. Riduzione della sovrapposizione tra le popolazioni L e S per effetto del limitatore di carico

---

Esempio 5.12 Un esempio comune di utilizzo del limitatore di carico è nelle cabine degli ascensori in cui è presente un sensore che misura il peso delle persone: se questo è eccessivo (superiore al limite di carico indicato come la capacità massima esposta nella cabina stessa) l'ascensore non parte. Consideriamo ad esempio una cabina che debba trasportare 10 persone il cui peso è descritto da una gaussiana N(77.2 kg, 9.7 kg), la quale è connessa ad una fune che abbia una resistenza descritta da una gaussiana N(15 kN, 1.5 kN). Calcolare la probabilità di cedimento nel caso di un limitatore di carico tarato a 7.85 kN.

Il carico gravante sulla cabina risulta descritto da una gaussiana N(7.57 kN, 0.95 kN) (così calcolato in modo semplificato come pari a 10 volte il peso di un individuo): in corrispondenza di questa (applicando la (5.47) per calcolare $F'(l)$ ed applicando la trasformata integrale) la probabilità di cedimento risulta $1.7 \cdot 10^{-7}$. Nel caso di assenza del limitatore la probabilità di cedimento sarebbe stata $1.48 \cdot 10^{-5}$.

Un'osservazione importante è che il limitatore di carico opera al meglio nel ridurre la 'intersezione' di L ed S quando la variabile L sia la più dispersa delle due. Inoltre va annotato che non tutti i dispositivi limitatori di carico funzionano allo stesso modo. Se condideriamo ad esempio dei sistemi in pressione si hanno due tipi di dispositivi:

- valvole di sicurezza che interrompono il circuito (non esistono valori di pressione $> p_{max}$);
- Valvole di 'massima' che fanno sì che la pressione a valle non possa superare p_{max} 'riportando' a p_{max} le eccedenze.

Nel caso di valvole di massima l'affidabilità si calcola con il metodo della probabilità condizionata (vedasi 6.2.4):

$$R = R_{lim} \cdot [1 - F(p_{max})] + R_{p_{max}} \cdot F(p_{max}) \qquad (5.48)$$

dove R_{lim} è l'affidabilità calcolata in presenza del limitatore ed $R_{p_{max}}$ è l'affidabilità calcolata con una pressione deterministica p_{max}.

L'ulteriore possibilità di aumentare l'affidabilità è che la distribuzione delle resistenze venga limitata inferiormente eliminando le resistenze inferiori ad

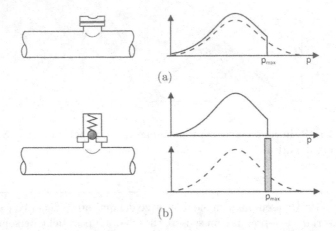

(a)

(b)

Figura 5.28. Diversi tipi di limitatori per sistemi in pressione: a) valvole di sicurezza b) valvole di massima

un certo limite $\bar{s}$ ('prove di accettazione'). In tal caso la distribuzione delle resistenze (Fig. 5.5) si modifica in:

$$F'(s) = \frac{F(s) - F(\bar{s})}{1 - F(\bar{s})} \quad \text{per} \quad s \geq \bar{s}. \tag{5.49}$$

Nella realtà le prove di accettazione possono venire utilizzate quando la loro esecuzione non preguidica la successiva resistenza dei pezzi (è quindi impossibile utilizzarle con fenomeni di danneggiameto progressivo quali fatica ed usura). È molto comune incontrarle in termini di prove di 'burn-in' per ridurre la cosiddetta 'mortalità infantile' (vedasi Cap. 6). Le prove di accettazione sui componenti elettronici vengono dette prove di 'burn-in' perché sono prove accelerate di vita in cui si riscaldano i componenti per ridurne la durata. Lo scopo è eliminare i componenti nella coda bassa della distribuzione di vita.

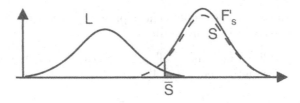

Figura 5.29. Prove di accettazione

Esempio 5.13 Un esempio di applicazione meccanica delle prove di accettazione si ha nelle cosiddette 'prove di scoppio' adottate per la verifica strutturale di bombole stoccaggio gas. Il problema in questo caso è governato dalla possibile presenza nella bombola di difetti superficiali: come mostrato meglio nel Cap. 7, il cedimento statico è governato dalla propagazione instabile dei difetti con una relazione del tipo:

$$p_{cr} = c \cdot \frac{K_{IC}}{\sqrt{\pi a}} \, .$$

Le prove di verifica strutturale vengono eseguite (vedasi ad esempio EN1968 [52]) sottoponendo le bombole ad una pressione $\bar{p}$ maggiore di quella di esercizio. Le bombole che contengono difetti maggiori di $\bar{a} = (c \cdot K_{IC}/\bar{p}_{cr})^2/\pi$ cedono, lasciando in esercizio solo bombole con difetti minori di $\bar{a}$ e, di conseguenza, resistenza maggiore di $\bar{p}_{cr}$: si ottiene quindi una distribuzione tronca (Fig. 5.30). Lo stesso effetto può essere ottenuto con controlli non distruttivi, atti a rilevare eventuali difetti: la già citata EN1968 propone infatti il controllo ad ultrasuoni come alternativa alla prova idraulica appena esposta.

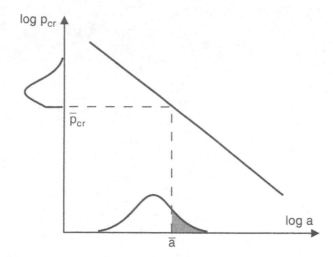

Figura 5.30. Esempio 5.13: prove di scoppio per eliminare la coda bassa della resistenza [52]

6

Affidabilità nel tempo dei sistemi

6.1 Tasso di guasto

Si considerino N componenti identici testati contemporaneamente e nelle medesime condizioni operative. Definendo con $N_s(t)$ il numero di componenti sopravvissuti al tempo t, e con $N_f(t)$ il numero di componenti rotti al tempo t, l'affidabilità del componente al tempo t può essere definita come:

$$R(t) = \frac{N_s(t)}{N} = \frac{N - N_f(t)}{N} = 1 - \frac{N_f(t)}{N}. \tag{6.1}$$

Essendo N fisso, la (6.1) può essere derivata nel modo seguente:

$$\frac{dR(t)}{dt} = -\frac{1}{N} \cdot \frac{dN_f(t)}{dt}. \tag{6.2}$$

Il **tasso di guasto**, o *instantaneous failure rate*, è definito come:

$$h(t) = \frac{1}{N_s(t)} \cdot \frac{dN_f(t)}{dt} \tag{6.3}$$

che, dividendo entrambi i membri per $N_s(t)$, può essere scritta come:

$$h(t) = -\frac{N}{N_s} \cdot \frac{dR(t)}{dt} = -\frac{1}{R(t)} \cdot \frac{dR(t)}{dt}. \tag{6.4}$$

Integrando la (6.4), tenendo presente che $R(0) = 1$ si ottiene:

$$\int_0^t h(x)dx = -\int_0^t \frac{dR(x)}{R(x)} = -\ln R(t). \tag{6.5}$$

L'affidabilità del componente al tempo t può quindi essere espressa dalla seguente equazione:

$$R(t) = \exp\left[-\int_0^t h(x)dx\right]. \tag{6.6}$$

Beretta S: Affidabilità delle costruzioni meccaniche.
© Springer-Verlag Italia, Milano 2009

Se consideriamo un periodo di tempo in cui i cedimenti possono essere considerati casuali e non attribuibili al deterioramento del componente, il tasso di guasto può essere considerato costante:

$$h(t) = \lambda. \tag{6.7}$$

Dalla (6.4) si ottiene:

$$f(t) = h(t)\,[1 - F(t)] = h(t)\exp\left[-\int_0^t h(\tau)d\tau\right] = \lambda e^{\lambda t} \tag{6.8}$$

quindi una funzione di densità di probabilità esponenziale ; si può inoltre scrivere l'affidabilità come:

$$R(t) = \exp\left[-\int_0^t h(\tau)d\tau\right] = e^{-\lambda t}. \tag{6.9}$$

6.1.1 MTTF

Si definisce **MTTF** (*Mean Time To Failure*) la vita media del componente, esprimibile anche come:

$$MTTF = \int_0^\infty t f_T(t)dt = -\int_0^\infty t\frac{dR(t)}{dt}dt = -tR(t)|_0^\infty + \int_0^\infty R(t)dt \tag{6.10}$$

e dato che:

$$-tR(t)|_0^\infty = 0$$

il $MTTF$ risulta pari all'integrale dell'affidabilità nel tempo:

$$MTTF = \int_0^\infty R(t)dt. \tag{6.11}$$

6.1.2 Legame con affidabilità condizionata

Ricordando la definizione di 'affidabilità condizionata' :

$$R(\Delta, t) = \frac{R(\Delta + t)}{R(\Delta)}. \tag{6.12}$$

Dalla (6.6) risulta:

$$R(\Delta, t) = \frac{\exp\left[-\int_0^{\Delta+t} h(\tau)d\tau\right]}{\exp\left[-\int_0^\Delta h(\tau)d\tau\right]} = \exp\left[-\int_\Delta^{\Delta+t} h(\tau)d\tau\right]. \tag{6.13}$$

Se consideriamo il caso di tasso di guasto costante e pari a λ, ne risulta:

$$R(\Delta, t) = \exp\left[-\lambda \cdot t\right] \tag{6.14}$$

ovvero con $h(t)$ =costante la probabilità di portare a termine una missione dipende solo dalla durata della missione.

6.1.3 Stima del tasso di guasto da dati empirici

Se sono noti i tempi di cedimento di un componente o di un sistema , è possibile ricavarne numericamente l'affidabilità ed il tasso di guasto. Per farlo è necessario suddividere il periodo di tempo interessato in intervalli di lunghezza Δt, e stimare l'affidabilità in funzione del tempo:

$$R(t) = \frac{N_s(t)}{N} \qquad (6.15)$$

dove il valore iniziale di t è 0. Conoscendo il numero di cedimenti registrati nell'intervallo $(t, t + \Delta t)$, il tasso di guasto si calcola come:

$$h(t) = \frac{N_s(t) - N_s(t + \Delta t)}{N_s(t)\Delta t} \qquad (6.16)$$

Esempio 6.1 Calcolo del tasso di guasto per una popolazione di 10000 componenti, di cui sono noti i tempi di cedimento (Tabella 6.1).

Tabella 6.1. Esempio di calcolo del tasso di guasto

Tempo di osservazione t [ore]	Numero di componenti operativi N	Affidabilità $R(t) = \frac{N_s(t)}{N}$	Differenziale dell'affidabilità $-\frac{dR(t)}{dt} = -\frac{\Delta R}{\Delta t}$	Tasso di guasto $h(t) = -\frac{dR(t)}{dt}\frac{1}{R(t)}$
0	10000	1.0000	–	–
50	8880	0.8880	0.002240	0.002240
100	8300	0.8300	0.001160	0.001306
150	7918	0.7918	0.000764	0.000920
200	7585	0.7585	0.000666	0.000841
250	7274	0.7274	0.000622	0.000820
300	6968	0.6968	0.000612	0.000841
350	6668	0.6668	0.000600	0.000861
400	6375	0.6375	0.000586	0.000879
450	6088	0.6088	0.000574	0.000900
500	5808	0.5808	0.000560	0.000920
550	5535	0.5535	0.000546	0.000940
600	5269	0.5269	0.000532	0.000961
650	5011	0.5011	0.000516	0.000979
700	4760	0.4760	0.000502	0.001002
750	4517	0.4517	0.000486	0.001021
800	4237	0.4237	0.000560	0.001240
850	3864	0.3864	0.000746	0.001761
900	3396	0.3396	0.000936	0.002422
950	2819	0.2819	0.001154	0.003398
1000	2219	0.2219	0.001200	0.004257

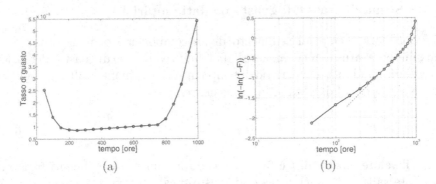

(a)   (b)

Figura 6.1. Esempio 6.1: a) andamento del tasso di guasto in funzione del tempo;
b) distribuzione della vita del componente su carta di probabilità di Weibull

Nelle Fig. 6.1(a) e 6.1(b) si distinguono chiaramente tre zone principali: nella prima
il tasso di guasto decresce, nella seconda si mantiene all'incirca costante, mentre
nella terza esso cresce. Anche rappresentando la relazione tra F e t su una carta di
probabilità di Weibull si nota la zona a tasso di guasto quasi costante.

L'andamento della curva riportata in Fig. 6.1(a) è caratteristico di tutti i
componenti e prende il nome di 'curva a vasca da bagno' (o curva *bathtub*),
vedasi Fig. 6.2) per la forma caratteristica dovuta alla presenza di tre zone :

* quella a tasso di guasto decrescente (detta della mortalità infantile);
* la zona a tasso di guasto costante (cedimenti casuali);
* la zona di tasso di guasto crescente tipica di fenomeni di invecchiamento
  (fatica) ed usura.

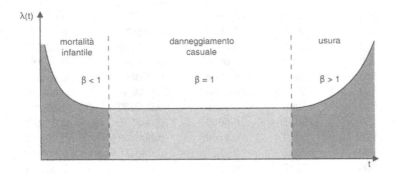

Figura 6.2. Andamento del tasso di guasto

Tale andamento può essere rappresentato attraverso una distribuzione della vita T ottenuta con una *mistura* di tre diverse distribuzioni Weibull:

$$F = \frac{N_1}{N} \cdot \left[1 - \exp\left(-\frac{t}{\alpha}\right)^{\beta_1}\right] + \frac{N_2}{N} \cdot (1 - \exp(-\lambda \cdot t)) + \frac{N_3}{N} \cdot \left[1 - \exp\left(-\frac{t}{\alpha}\right)^{\beta_3}\right]$$
(6.17)

in cui i termini $\frac{N_1}{N}$, $\frac{N_2}{N}$ e $\frac{N_3}{N}$ rappresentano le frazioni di componenti che cedono rispettivamente nelle tre distinte zone (β sarà < 1 e > 1 rispettivamente per descrivere le zone a tasso di guasto decrescente e crescente) .

Le prove dette *burn-in* hanno lo scopo di sottoporre ad un certo tempo di prova t_a i componenti prima che vengano messi in servizio (la terminologia *burn-in* deriva dalla pratica per i componenti elettronici di accelerare le prove mediante un aumento di temperatura).

La ragione di tali test di accettazione è eliminare i componenti soggetti a mortalità infantile, ottenendo dopo le prove un'affidabilità maggiore di quella originale.

Esempio 6.2 Si consideri il componente descritto nell'esempio 6.1. Supponiamo che il componente debba svolgere una missione di 300 ore: si può vedere come applicando un *burn-in* $0 < t_a < 400\,h$ l'affidabilità condizionata $R(t_a, 300)$ aumenti, fino ad un massimo corrispondente a $t_a = 150\,h$, per poi calare.

Tale andamento di $R(t_a, 300)$ è legato al diagramma del tasso di guasto (Fig. 6.3(b)): si può infatti apprezzare, dopo aver eliminato i componenti con vita inferiore a $150\,h$, il marcato cambiamento del grafico del tasso di guasto rispetto al grafico di Fig. 6.1(a).

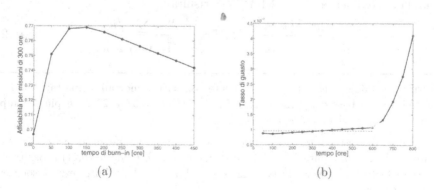

(a)   (b)

Figura 6.3. Esempio 6.2: effetto del *burn-in*: a) affidabilità per missioni di 300 ore al variare del tempo delle prove di accettazione ($R(t_a, 300)$); b) tasso di guasto dei componenti dopo un *burn-in* con $t_a = 150\,h$

Il termine che conta nella (6.6) è $\int_0^t h(\tau)d\tau$: esso viene approssimato, nell'esaminare l'affidabilità dei sistemi nel tempo, con un tasso di guasto costante. Ad esempio, osservando la Fig. 6.3(b), si può notare come il tasso di guasto nella prima zona (fino a 600 ore) possa essere approssimato con un tasso di guasto medio $\bar{\lambda} = 9.58 \cdot 10^{-4}$. Tale semplificazione funziona, anche in presenza di fenomeni di danneggiamento progressivo, quando ci si limiti a descrivere la coda destra della distribuzione di vita dei componenti.

Molto spesso $\bar{\lambda}$ viene ricavato da prove sperimentali o, soprattutto, stimato da dati storici poco numerosi relativi ai guasti di un componente . In particolare, nell'ipotesi di adottare un tasso di guasto costante, l'affidabilità può essere scritta come:

$$R = \exp\left[-\lambda \cdot t\right] \approx \left[1 - \lambda \cdot t\right] \tag{6.18}$$

da cui:

$$P_f \approx \lambda \cdot t . \tag{6.19}$$

Ovvero se al tempo t si hanno N_f rotture, si può stimare un tasso di guasto medio:

$$\bar{\lambda} = \frac{N_f}{N} \cdot \frac{1}{t} . \tag{6.20}$$

In alternativa la stima ML del parametro λ per una distribuzione esponenziale (considerando prove complete ed interrotte) risulta:

$$\hat{\lambda} = \frac{N_f}{\sum t_i} \tag{6.21}$$

dove t_i indicano le durate delle diverse prove complete o interrotte (ancora funzionanti) al momento in cui si fa la valutazione dei dati.

L'incertezza associata a questo tipo di calcolo si ricava facilmente immaginando di avere a che fare con una distribuzione esponenziale negativa: la banda di confidenza al $\gamma\%$ del $MTTF$ risulta :

$$\frac{2n \cdot \sum t_i/n}{\chi^2_{(1-\gamma)/2,2n}} \leq MTTF \leq \frac{2n \cdot \sum t_i/n}{\chi^2_{1-(1-\gamma)/2,2n}} . \tag{6.22}$$

Esempio 6.3 Si consideri un componente con dati di mortalità riportati sotto e si calcoli λ sulla base dei seguenti dati: 511.5, 1150.8, 1967.4, 2716.8 h più 6 componenti che sopravvivono oltre 3000 h.

Calcolando il tasso di guasto in funzione del tempo per mezzo della (6.20) e ricavandone la media risulta $\lambda = 1.33 \cdot 10^{-4}$, mentre utilizzando la (6.21) il risultato è: $\lambda = 1.64 \cdot 10^{-4}$. Utilizzando la (6.22) è possibile calcolare l'incertezza associata a questo calcolo:

$$\chi^2_{0.025,20} = 9.59$$

$$\chi^2_{0.975,20} = 34.17$$

$$0.58 \cdot MTTF \leq MTTF \leq 2.085 \cdot MTTF .$$

6.1.4 Descrizione del tasso di guasto dei componenti

Componenti con distribuzione di Weibull

Risulta particolarmente comodo esprimere il tasso di guasto medio con la distribuzione di Weibull. Infatti :

$$h(t) = \frac{\beta}{\alpha} \left(\frac{t}{\alpha}\right)^{\beta-1} \tag{6.23}$$

che integrata fornisce:

$$\int_0^t h(x)dx = \frac{t^\beta}{\alpha^\beta} \tag{6.24}$$

da cui il tasso di guasto medio:

$$\bar{\lambda} = \frac{t^{\beta-1}}{\alpha^\beta}. \tag{6.25}$$

Esempio 6.4 La vita dei cuscinetti a sfere è descritta da una distribuzione di Weibull . Solitamente si calcola:

$$L_{10} = \left(\frac{C}{P}\right)^p \cdot 10^6$$

dove L_{10} rappresenta la durata in cicli corrispondente ad una probabilità di cedimento del 10%, e C è una costante che dipende dal tipo di cuscinetto. Esprimiamo questa durata in termini di tempo (ore): $L_{10,h} = L_{10}/giri \; ora$. La vita dei cuscinetti è descritta da una Weibull e risulta:

$$\alpha = L_{10,h} \left[\ln\left(\frac{1}{0.9}\right)^{-\frac{1}{\beta}}\right]$$

$$\bar{\lambda} = \frac{t^{\beta-1}}{\alpha^\beta}.$$

Considerando un cuscinetto con $L_{10,h} = 14000 \; h$ e vita descritta da una Weibull con $\beta = 2$, il tasso di guasto medio per un periodo di funzionamento 5000 ore risulta:

$$\alpha = L_{10,h} \left[\ln\left(\frac{1}{0.9}\right)^{-\frac{1}{\beta}}\right] = 43130 \; h$$

$$\bar{\lambda} = \frac{t^{\beta-1}}{\alpha^\beta} = 2.68 \cdot 10^{-6} h^{-1}.$$

Esempio 6.5 Nel caso di un motore elettrico i due principali modi di guasto sono la rottura cuscinetto e la rottura dell'avvolgimento. Questi due modi di guasto sono da considerare come se fossero in serie (vedasi Sec. 6.2.1): il calcolo del tasso di guasto medio si effettua quindi sommando i due tassi di guasto (cuscinetto e avvolgimento). Definendo LC il tempo di funzionamento, α_B la vita caratteristica dei cuscinetti e

α_W quella dell'avvolgimento, il tasso di guasto del motore elettrico secondo MIL-HDBK-217F2 [42] risulta:

$$\lambda_p = \left(\frac{c_1 \cdot LC}{A \cdot \alpha_B^2} + \frac{c_2 \cdot LC}{B \cdot \alpha_W^2} \right) \cdot 10^6 \ [guasti/10^6 h].$$

Si può riconoscere come tale espressione contenga due termini simili alla (6.25).

Generalmente i tassi di guasto dei componenti vengono espressi come [42, 53]:

$$\lambda_p = \lambda_b \cdot \prod_{i=1}^{n} \pi_i \qquad (6.26)$$

dove con λ_b si indica il tasso di guasto base e con π_i i coefficienti di correzione dovuti all'effetto di un numero n il numero di fattori. Ad esempio in MIL-HDBK-217F2 [42] il tasso di guasto di un resistore viene espresso come :

$$\lambda_{resistore} = \lambda_{base}(\pi_T \cdot \pi_P \cdot \pi_S \cdot \pi_Q \cdot \pi_E) \qquad (6.27)$$

in cui:

- π_T fattore di temperatura, espresso da una relazione tipo Arrehnius (vedasi Sec. 4.6.3);
- π_P fattore di potenza;
- π_S fattore di accelerazione dovuto alla potenza dissipata;
- π_Q fattore di qualità;
- π_E fattore legato all'ambiente di funzionamento.

In generale il legame tra il tasso di guasto ed un certo fattore 'ambientale' p è dato da [54]:

$$MTTF(p) = E(t,p) = \int_0^{\infty} t \cdot f(t,p)dt \qquad (6.28)$$

$$\lambda(p) = \frac{1}{MTTF(p)} . \qquad (6.29)$$

Se si considera il componente funzionante al valore di riferimento p_0 e poi si considera un'altro valore p_1 del fattore ambientale, si ottiene :

$$\lambda(p_1) = \frac{1}{MTTF(p_0)} \frac{MTTF(p_0)}{MTTF(p_1)} = \lambda(p_0)\frac{MTTF(p_0)}{MTTF(p_1)} = \lambda(p_0) \cdot \pi_p \qquad (6.30)$$

definendo:

$$\pi_p = \frac{MTTF(p_0)}{MTTF(p_1)} = \frac{E(t,p_0)}{E(t,p_1)} \qquad (6.31)$$

il fattore di correzione dovuto al fattore p.

Esempio 6.6 Data una molla elicoidale (Fig. 6.4) soggetta ad un carico P, si ha:

$$f = 8 \cdot \frac{P}{G} \cdot \frac{D_s^3}{D_w^4} \cdot n_s$$

dove D_s è il diametro delle spire, n_s il numero di spire, D_w il diametro del filo ed f la freccia. Esplicitando il carico P si ottiene:

$$P = \frac{G}{8} \cdot \frac{D_w^4}{D_s^3} \cdot \frac{f}{n_s}.$$

Lo sforzo τ nella molla risulta essere:

$$\tau = \frac{16 \cdot M_t}{\pi \cdot D_w^3} = \frac{16 \cdot P \cdot D_s/2}{\pi \cdot D_w^3}.$$

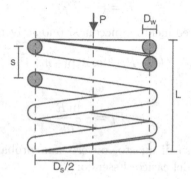

Figura 6.4. Esempio 6.6: dimensioni caratteristiche di una molla

Considerando una molla 0 di riferimento ed una molla 1 di diversa configurazione (a parità di carico P applicato):

$$\frac{\tau_1}{\tau_0} = \frac{G_1}{G_0} \cdot \frac{D_{w1}}{D_{w0}} \cdot \frac{f_1}{f_0} \cdot \frac{n_{s0}}{n_{s1}} \cdot \frac{D_{s0}^2}{D_{s1}^2}.$$

Considerando il diagramma di fatica a termine del materiale: $N_f = c \cdot \Delta\tau^{-m}$, è possibile scrivere:

$$\pi_1 = \frac{E(N_{f0})}{E(N_{f1})}.$$

Ricordando quanto visto a proposito delle funzioni di più variabili (Par.4.4) ed ipotizzando $m = 3$, possiamo scrivere:

$$\pi = \frac{E\left(c\Delta\tau_0^{-3}\right)}{E\left(c\Delta\tau_1^{-3}\right)} = \frac{E\left(S_1^3\right)}{E\left(S_0^3\right)} \approx \left[\frac{\mu_{\tau1}}{\mu_{\tau0}}\right]^3.$$

Sulla base di tale relazione il coefficinte di correzione per esprimere il cambiamento del tasso di guasto tra la molla 0 e la molla 1 risulta:

$$\pi = \left(\frac{\mu_{D_{w1}}}{\mu_{D_{w0}}}\right)^3 \cdot \left(\frac{\mu_{f1}}{\mu_{f0}}\right)^3 \cdot \left(\frac{\mu_{n_{s0}}}{\mu_{n_{s1}}}\right)^3 \cdot \left(\frac{\mu_{D_{s0}}}{\mu_{D_{s1}}}\right)^6.$$

Tasso di guasto per componenti meccanici strutturali

Nel caso di componenti meccanici che funzionano per un certo tempo t si può stimare l'affidabilità del componente tramite l'analisi affidabilistica della resistenza (statica, a fatica, danneggiamento) e da questa ricavare il tasso di guasto medio $\bar{\lambda}$ con:

$$R = \exp(-\bar{\lambda} \cdot t)$$

da cui:

$$\bar{\lambda} = -\frac{\ln R}{t}. \tag{6.32}$$

Nel caso di un componente soggetto ad m ripetizioni del carico (si veda Sec. 5.2.3):

$$R = (1 - \widetilde{P}_f)^m.$$

Se la probabilità di cedimento è piccola si può scrivere:

$$(1 - \widetilde{P}_f)^m \approx \exp(-m \cdot \widetilde{P}_f)$$

e quindi

$$\widetilde{P}_f = -\frac{\ln R}{m}. \tag{6.33}$$

Quindi $\widetilde{P}_f$ è un tasso di guasto, ovvero una probabilità di cedimento per singola applicazione del carico. Essendo:

$$P_{f,1} \geq \widetilde{P}_f$$

segue che $P_{f,1}$, ovvero la probabilità di cedimento per singola applicazione del carico, è una stima conservativa del tasso di guasto (espresso in $operazioni^{-1}$).

Esempio 6.7 Si consideri un componente di resistenza S soggetto ad una sollecitazione L; si assumano entrambe queste grandezze distribuite secondo due gaussiane:

$$L \in N(250, 30) \text{ MPa},$$
$$S \in N(450, 20) \text{ MPa}.$$

Immaginando di sottoporre il componente a 10^4 ripetizioni di carico, l'affidabilità risulta:

$$R = 0.99987$$

e ricalcolando da questa la probabilità di cedimento per singola applicazione del carico risulta:

$$\widetilde{P}_f = -\frac{\ln R}{m} = 1.34 \cdot 10^{-8} \ cicli^{-1}.$$

È interessante notare che la probabilità di cedimento per singola applicazione del carico risulta pari a $P_{f,1} = 1.45 \cdot 10^{-8}$.

Esempio 6.8 La vita a fatica di un componente è descritta da una curva $S - N$ di parametri:

$$\log C = 53.2$$
$$m = 3.1$$
$$\sigma_{\log C} = 0.1 \, .$$

In un periodo di 50 ore questo componente è soggetto a 158000 cicli di carico distribuiti come una gaussiana $N(60000, 3750)$. Si richiede di stabilire l'affidabilità del componente in un periodo di 50000 ore, e di ricavare il tasso di guasto.

L'affidabilità si ricava con i metodi di calcolo per il danneggiamento e da essa si ricava il tasso di guasto tramite la (6.32):

$$R_{5 \cdot 10^4} = 0.978$$
$$\bar{\lambda} = 4.45 \cdot 10^{-7} \, h^{-1}$$

Tasso di guasto: altre fonti

Altre fonti per ricavare tassi di guasto per componenti meccanici ed elettronici:

- per i componenti meccanici la guida del Naval Warfare Center [53] contiene modelli del tasso di guasto per diversi componenti meccanici;
- banche dati:
  Mechrel (www.mechrel.com), SRC (http://src.alionscience.com/);
- normative: le più recenti sono quelle relative alla *safety* (EN13849) [55] (Tabella 6.2) contengono dei dati relativi ad $MTTF$ di diversi componenti dei sistemi di controllo.

In particolare in [55], nell'ipotesi di modellare con tasso di guasto costante la parte iniziale della vita, si propone di ricavare il tasso di guasto (dalla (6.19)) come[1] :

$$MTTF = \frac{B_{10}}{0.1 \cdot n_{op}} \tag{6.34}$$

dove n_{op} è il numero di operazioni annuali:

$$n_{op} = \frac{d_{op} \cdot h_{op} \cdot 3600[s/h]}{t_{cycle}} \tag{6.35}$$

dove con d_{op} e h_{op} si indicano rispettivamente i giorni e le ore giornaliere di funzionamento, mentre con t_{cycle} si indica il tempo, in secondi, richiesto da una operazione.

Tabella 6.2. MTTF: normativa EN13849 [55]

	Altri standard rilevanti	Valori tipici: $MTTF_d$ (anni) B_{10d} (cicli)
Componenti meccanici	–	$MTTF_d = 150$
Componenti idraulici	EN 982	$MTTF_d = 150$
Componenti pneumatici	EN 983	$B_{10d} = 20\ 000\ 000$
Relè e contattori con piccoli carichi (meccanici)	EN 50205 IEC 61810 IEC 60947	$B_{10d} = 20\ 000\ 000$
Relè e contattori con carichi massimi	EN 50205 IEC 61810 IEC 60947	$B_{10d} = 400\ 000$
Sensori di prossimità con piccoli carichi (meccanici)	IEC 60947 EN 1088	$B_{10d} = 20\ 000\ 000$
Sensori di prossimità con carichi massimi	IEC 60947 EN 1088	$B_{10d} = 400\ 000$
Contattori con piccoli carichi (meccanici)	IEC 60947	$B_{10d} = 20\ 000\ 000$
Contattori con carico nominale	IEC 60947	$B_{10d} = 2\ 000\ 000$
Sensori di posizione indipendenza dal carico [a]	IEC 60947 EN 1088	$B_{10d} = 20\ 000\ 000$
Sensori di posizione (con attuatori separati, blocco delle protezioni) indipendenza dal carico [a]	IEC 60947 EN 1088	$B_{10d} = 2\ 000\ 000$
Dispositivi di bloccaggio di emergenza indipendenza dal carico [a]	IEC 60947 ISO 13850	$B_{10d} = 100\ 000$
Dispositivi di bloccaggio di emergenza con massima richiesta operativa [a]	IEC 60947 ISO 13850	$B_{10d} = 6\ 050$
Pulsanti (es. azionamento sensori) indipendenza dal carico [a]	IEC 60947	$B_{10d} = 100\ 000$

NOTA 1: B_{10d} è stimato come il doppio di B_{10} (50% cedimenti pericolosi)
NOTA 2: piccoli carichi significa, ad esempio, il 20% del valore valutato
(per maggiori informazioni: EN 13849-2)
[a] se è possibile esclusione del guasto tramite intervento diretto

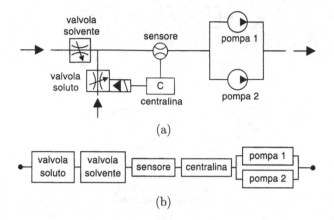

(a)

(b)

Figura 6.5. Impianto di regolazione e distribuzione: a) sistema; b) descrizione a 'blocchi'

6.2 Affidabilità dei sistemi con schemi a blocchi

Nel caso di sistemi semplici , quali quello riportato in Fig.6.5(a), è possibile schematizzare il sistema mediante dei blocchi che rappresentano i diversi componenti (Fig. 6.5(b)). All'interno di questo schema si riconoscono due diverse tipologie di configurazione del sistema: configurazione in serie ed in parallelo.

6.2.1 Sistemi Serie

Un sistema serie è un sistema che cede quando si rompe anche uno solo dei componenti (Fig. 6.6(a)). L'affidabilità del sistema è quindi espressa dal prodotto delle affidabilità dei singoli componenti:

$$R_S = \prod_{i=1}^{n} R_i .$$ (6.36)

Di conseguenza la funzione di probabilità cumulata è data da:

$$F_S = 1 - \prod_{i=1}^{n} [1 - F_i(t)]$$ (6.37)

Se la vita dei componenti è descritta da distribuzioni esponenziali:

$$R_i = e^{-\lambda_i \cdot t} \rightarrow R_S = \prod_{i=1}^{n} \exp(-\lambda t) = e^{-\sum_{i=1}^{n} \lambda_i t}$$ (6.38)

---

[1] con $B10$ si intende convenzionalmente (su testi e schede tecniche di componenti) il percentile 10% della distribuzione di Weibull

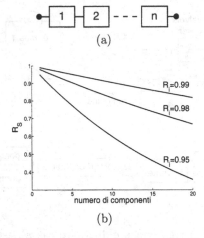

(b)

Figura 6.6. Sistema serie: a) configurazione; b) affidabilità di un sistema serie al variare del numero di componenti e della loro affidabilità

quindi la vita del sistema serie è ancora descritta da un'esponenziale negativa, il cui tasso di guasto è la somma dei tassi di guasto dei singoli componenti:

$$\lambda_S = \sum_{i=1}^{n} \lambda_i \,. \tag{6.39}$$

Quindi nel caso di sistemi serie con componenti caratterizzati da vite distribuite come esponenziali:

$$MTTF = \int_0^\infty R_S(t)dt = \int_0^\infty \left(\prod_{i=1}^{n} R_i(t) \right) dt = \int_0^\infty e^{-\left(\sum_{i=1}^{n} \lambda_i\right)t}dt = \frac{1}{\sum_{i=1}^{n} \lambda_i} \,. \tag{6.40}$$

Esempio 6.9 Si consideri l'albero in Fig. 6.7 di diametro $D = 150 \ mm$ e rotante a $400 \ giri/min$; i cuscinetti, orientabili a rulli, identici, hanno un coefficiente di carico dinamico $C = 1270 \ kN$ e vita distribuita secondo una Weibull con $\beta = 2$. Si calcoli il tasso di guasto del sistema costituito dai due cuscinetti A e B, nel caso il carico applicato sia pari a $250 \ kN$ ed il funzionamento previsto sia di $30000 \ h$.

La durata dei cuscinetti, calcolata come già visto nell'esempio 6.4, risulta essere:

$$L_{10,h,A} = 199130$$
$$L_{10,h,A} = 51542$$

ed i relativi parametri α sono:

$$\alpha_A = 613480 \ h$$
$$\alpha_B = 158800 \ h.$$

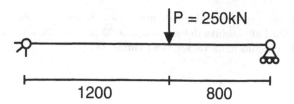

Figura 6.7. Esempio 6.9: affidabilità di un albero rotante su cuscinetti

Le affidabilità dei due cuscinetti risultano:

$$R_A = 0.9976$$
$$R_B = 0.9649$$

i tassi di guasto risultano:

$$\overline{\lambda_A} = 7.971 \cdot 10^{-8} \ h^{-1}$$
$$\overline{\lambda_B} = 1.189 \cdot 10^{-6} \ h^{-1}.$$

Il sistema costituito dai due cuscinetti può essere considerato come un sistema serie, dato che il suo cedimento si raggiunge col cedimento di anche solo uno dei due cuscinetti. Il tasso di guasto si ottiene quindi come somma dei due tassi di guasto:

$$\lambda_{sist} = \overline{\lambda_A} + \overline{\lambda_B} = 1.269 \cdot 10^{-6} \ h^{-1}.$$

L'affidabilità del sistema ed i tassi di guasti sono stati qui calcolati solo con riferimento ai due cuscinetti: il contributo dell'albero entrerebbe come un terzo elemento della serie.

Esempio 6.10 Si calcoli il tasso di guasto di un sistema che deve operare per 5000 ore, costituito da 3 componenti in serie, la cui vita è descritta da:

- componente A: esponenziale negativa con $MTTF = 12000 \ h$;
- componente B: Weibull con $\alpha = 10000$ e $\beta = 3$;
- componente C: esponenziale negativa (su 10 componenti montati in esercizio 7 hanno superato 8000 h e i rimanenti hanno ceduto a 3000, 4000 e 5500 h).

Per quanto riguarda il componente C il tasso di guasto approssimato a 8000 h si può calcolare tramite la (6.21):

$$\lambda_C = \frac{N_f}{\sum t_f} = 3/(8000 \cdot 7 + 3000 + 4000 + 5500) \ h^{-1}$$

ed essendo la vita dei componenti C distribuita come un'esponenziale negativa, questo tasso di guasto si mantiene costante. Il tasso di guasto medio del componente B si può ottenere in modo approssimato tramite la (6.25):

$$\bar{\lambda}_B = \frac{t^{\beta-1}}{\alpha^\beta} \ h^{-1}.$$

Il tasso di guasto medio del sistema si calcola come descritto dalla (6.39), considerando i componenti descritti tutti da esponenziali negative:

$$\bar{\lambda}_{sist, \ approx} = 1/MTTF_A + \bar{\lambda}_B + \lambda_C = 1.52 \cdot 10^{-4} \ h^{-1}$$

con λ_B calcolato a $t = 5000$ ore.

La valutazione esatta del tasso di guasto medio del sistema può essere fatta anche calcolando dapprima l'affidabilità del sistema a 5000 ore e successivamente calcolando il tasso di guasto medio dalla (6.32). Ne risulta:

$$\bar{\lambda} = -\frac{\ln \bar{R}}{t} = 1.52 \cdot 10^{-4}\ h^{-1}\,.$$

I due risultati coincidono giacchè $\bar{\lambda}_B$ è stato calcolato con un approccio simile, trattando il componente B come se fosse descritto da una distribuzione esponenziale negativa.

Esempio 6.11 Si consideri il sistema dell'Esempio 6.10: si calcoli il $MTTF$ del sistema.

Il calcolo esatto del $MTTF$ si ottiene dall'integrale dell'affidabilità del sistema:

$$MTTF_{sist} = \int_0^\infty R_{sist}\ ds = 5.12 \cdot 10^3\ h$$

dove R_{sist} è il prodotto dell'affidabilità dei componenti.

Il $MTTF$ del sistema potrebbe erroneamente essere approssimato tramite la (6.40), ovvero considerando che le vite di tutti i componenti siano distribuite come delle esponenziali negative. Se i componenti avessero tasso di guasto costante, infatti, varrebbe la (6.39), e si potrebbe scrivere:

$$\frac{1}{MTTF_{sist}} = \sum \frac{1}{MTTF_i}$$

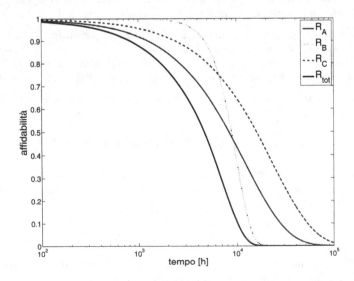

Figura 6.8. Esempio 6.11: andamento dell'affidabilità dei componenti

da cui si potrebbe erroneamente scrivere:

$$MTTF_{sist,\ approx} = \frac{1}{\sum \frac{1}{MTTF_i}} = \frac{1}{\lambda_A + \frac{1}{MTTF_B} + \lambda_C} = 4.18 \cdot 10^3 \ h$$

dove:

$$MTTF_B = \int_0^\infty R_B = 8.9 \cdot 10^3 \ h\,.$$

Come si può notare non è possibile approssimare in modo soddisfacente il $MTTF_{sist}$, in quanto l'affidabilità del componente B, se valutata lungo tutta la vita $(0, \infty)$, è differente da quella di un componente distribuito come un'esponenziale negativa: in particolare $\lambda \neq 1/MTTF$.

6.2.2 Sistemi Parallelo

Un sistema parallelo è un sistema che cede solo quando tutti i suoi componenti si rompono (Fig. 6.9(a)). L'affidabilità R_P del sistema parallelo, nell'ipotesi che tutti gli elementi siano indipendenti, risulta:

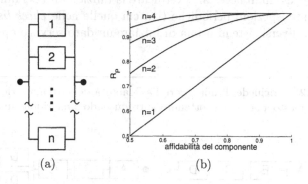

(a)   (b)

Figura 6.9. Sistema parallelo: a) configurazione; b) affidabilità di un sistema parallelo al variare del numero di componenti e della loro affidabilità

$$(1 - R_P) = \prod_{i=1}^n (1 - R_i) \tag{6.41}$$

$$R_P = 1 - \prod_{i=1}^n (1 - R_i) = 1 - \prod_{i=1}^n (F_i)\,. \tag{6.42}$$

La probabilità cumulata della vita del sistema è quindi data dal prodotto delle cumulate dei singoli componenti:

$$F_P(t) = \prod_{i=1}^n F_i(t)\,. \tag{6.43}$$

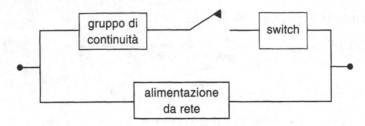

Figura 6.10. Sistema di alimentazione d'emergenza con parallelo in *stand-by*

Il sistema in parallelo deve la sua elevata affidabilità alla ridondanza del sistema, ma questo si traduce in un notevole aumento del costo iniziale di un sistema. Spesso si ovvia a tale costo ricorrendo a componenti in *stand-by*. La soluzione con ridondanza in *stand-by* è tipica dei sistemi di emergenza (come ad esempio quelli di alimentazione elettrica, Fig. 6.10). L'introduzione del ramo in *stand-by* comporta però i seguenti effetti:

- l'affidabilità del ramo *stand-by* è affetta dalla presenza dello *switch*;
- non si può verificare il funzionamento dell'unità di soccorso se non nell'emergenza[2]: è quindi necessario verificare la funzionalità del ramo in *stand-by* mediante ispezioni periodiche (tra cui quelle nelle *check lists* cui sono sottoposti diversi sistemi prima di iniziare un dato servizio operativo).

Esempio 6.12 Si richiede di migliorare l'affidabilità del sistema serie riportato in Fig. 6.11(a): questo può essere ottenuto introducendo una ridondanza su questo componente.

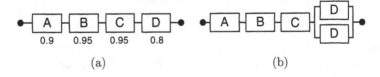

(a)   (b)

Figura 6.11. Esempio 6.12: a) sistema base; b) ridondanza sul componente meno affidabile

L'affidabilità del sistema iniziale è data, in base alla (6.36), da:

$$R_{sist} = R_A \cdot R_B \cdot R_C \cdot R_D = 0.63 \, .$$

---

[2] L'ulteriore vantaggio del sistema in parallelo, dal punto di vista della sicurezza, è che si rileva facilmente il guasto di uno dei componenti e la conseguente perdita della ridondanza: nel caso di sistemi particolarmente importanti (aerei, centrali per la produzione di energia) è possibile sospendere l'attività per evitare l'esercizio in condizioni di minore affidabilità.

Introducendo una ridondanza, ovvero un componente identico in parallelo, sul componente D, la sua affidabilità diventa (6.41):

$$R_{D,par} = 1 - (1 - R_D)^2 = 1 - (1 - 0.8)^2 = 0.96$$

che sostituita nell'equazione precedente fornisce la nuova affidabilità del sistema:

$$R_{sist} = R_A \cdot R_B \cdot R_C \cdot R_{D,par} = 0.75 \,.$$

Esempio 6.13 L'incremento di affidabilità, in certi casi, può essere raggiunto attraverso un cambio di configurazione. Si consideri ad esempio il sistema di Fig. 6.12(a), composto da 10 schede in serie costituite ciascuna da un alimentatore di affidabilità 0.874 e da una parte di comunicazione di affidabilità 0.95: l'affidabilità totale del sistema risulta in questo caso molto bassa ($R_{sist} = 0.15$). Considerando un cambio di configurazione in cui 2 alimentatori in parallelo alimentino le 10 schede vere e proprie (Fig. 6.12(b)) si ottiene un'affidabilità $R = 0.59$.

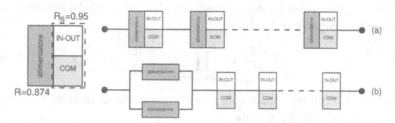

Figura 6.12. Esempio 6.13: miglioramento dell'affidabilità tramite modifica dell'architettura

---

Il $MTTF$ per un sistema parallelo è facilmente ricavabile:

$$MTTF = \int_0^\infty R_P(t)dt = \int_0^\infty \left(1 - \prod_{i=1}^n (1 - R_i(t))\right) dt \,, \qquad (6.44)$$

in particolare per distribuzioni esponenziali:

$$MTTF = \int_0^\infty \left[1 - \prod_{i=1}^n \left(1 - e^{-\lambda_i t}\right)\right] dt \,. \qquad (6.45)$$

Nel semplice caso di due soli componenti in parallelo, ovvero $n = 2$:

$$MTTF = \int_0^\infty \left[1 - \left(1 - e^{-\lambda_1 t}\right)\left(1 - e^{-\lambda_2 t}\right)\right] dt = \frac{1}{\lambda_1} + \frac{1}{\lambda_2} + \frac{1}{\lambda_1 + \lambda_2} \,. \qquad (6.46)$$

6.2.3 Incremento dell'affidabilità per sistemi serie e parallelo

Sistemi Serie

Assumiamo di incrementare l'affidabilità del sistema, portandola a (R_S+dR_S), attraverso un incremento di affidabilità del componente i-*esimo*:

$$R_S + dR_S = R_1 R_2 ... R_{i-1} (R_i + dR_i) R_{i+1} ... R_n = \prod_{j=1}^{n} R_j + \left(\prod_{j=1, j\neq i}^{n} R_j \right) dR_i$$

$$(6.47)$$

dato che:

$$R_S = \prod_{j=1}^{n} R_j \qquad (6.48)$$

risulta:

$$dR_i = \frac{dR_S}{\prod_{j=1, j\neq i}^{n} R_j} . \qquad (6.49)$$

Esprimendo, tramite la (6.48), l'incremento di affidabilità del sistema rispetto a quello del componente k-esimo:

$$\frac{\partial R_S}{\partial R_k} = \prod_{j=1, j\neq k}^{n} R_j = \frac{R_S}{R_k} \qquad (6.50)$$

è possibile determinare quale componente permette di massimizzare l'incremento di affidabilità del sistema:

$$\frac{R_S}{R_i} = \max_{k=1,2,...n} \left(\frac{R_S}{R_k} \right) . \qquad (6.51)$$

L'incremento di affidabilità può comportare aumenti indesiderati in termini di costo, peso o volume. Consideriamo ad esempio c_i il costo unitario dell'affidabilità del componente i-esimo: il problema è determinare l'aumento di affidabilità dR_i che incrementi l'affidabilità del sistema di dR_S e che minimizzi il costo $c_i dR_i$.

Supponiamo di poter incrementare l'affidabilità fino a $R_S + dR_S$ agendo sia sul componente i, con un aumento $R_i + dR_i$, che sul componente j con un aumento $R_j + dR_j$. In assenza di vincoli di costo la (6.49) fornisce:

$$dR_S = dR_i \left(\prod_{k=1, k\neq i}^{n} R_k \right) = dR_j \left(\prod_{k=1, k\neq j}^{n} R_k \right)$$

da cui:

$$dR_i \frac{R_S}{R_i} = dR_j \frac{R_S}{R_j}$$

e quindi

$$dR_i = \frac{R_i}{R_j} dR_j . \qquad (6.52)$$

Il costo necessario per ottenere un incremento di affidabilità dR_S può quindi essere ricavato come:

$$c_i dR_i = \frac{c_i R_i}{c_j R_j} c_j dR_j \tag{6.53}$$

ovvero il costo dell'incremento di affidabilità dell'i-esimo componente sarà minore rispetto a quello per il j-esimo solo se $c_i R_i < c_j R_j$. Per incrementare l'affidabilità del sistema al minimo costo il componente da modificare sarà dunque:

$$c_i R_i = \min_{k=1,2,\dots n} c_k dR_k . \tag{6.54}$$

Sistemi Parallelo

Esprimendo, come per il sistema serie, l'incremento di affidabilità del sistema parallelo attraverso l'incremento di affidabilità dell'elemento i-esimo:

$$R_P + dR_P =$$
$$= 1 - (1 - R_1)(1 - R_2)\dots(1 - R_{i-1})(1 - R_i - dR_i)(1 - R_{i+1})\dots(1 - R_n)$$
$$= 1 - \prod_{k=1}^{n}(1 - R_k) + dR_i \left[\prod_{k=1,k\neq i}^{n}(1 - R_k) \right]$$
$$\tag{6.55}$$

da cui:

$$dR_i = \frac{dR_P}{\prod_{k=1,k\neq i}^{n}(1 - R_k)} . \tag{6.56}$$

L'incremento di affidabilità del sistema rispetto a quello del componente k-esimo:

$$\frac{\partial R_P}{\partial R_k} = \prod_{j=1,j\neq k}^{n}(1 - R_j) = \frac{1 - R_P}{1 - R_k} \tag{6.57}$$

l'elemento i sul quale conviene intervenire per incrementare l'affidabilità è quindi quello che verifica la relazione:

$$\frac{1 - R_P}{1 - R_i} = \max_{k=1,2,\dots n} \frac{1 - R_P}{1 - R_k} . \tag{6.58}$$

Come nel caso del sistema serie si cercherà ora la variazione dR_i in grado di aumentare l'affidabilità del sistema di dR_P minimizzando il costo $c_i dR_i$. Si consideri che l'effetto desiderato sia ottenibile indifferentemente modificando il componente i o j. La (6.56) può essere riscritta:

$$dR_P = dR_i \left[\prod_{k=1,k\neq i}^{n}(1 - R_k) \right] = dR_j \left[\prod_{k=1,k\neq j}^{n}(1 - R_k) \right]$$

quindi:

$$\frac{dR_i}{(1-R_i)} \prod_{k=1}^{n} (1-R_k) = \frac{dR_j}{(1-R_j)} \prod_{k=1}^{n} (1-R_k)$$

che fornisce l'equazione seguente:

$$dR_i = \left(\frac{1-R_i}{1-R_j} \right) dR_j \,. \tag{6.59}$$

Il costo necessario per raggiungere un'affidabilità $R_P + dR_P$ si esprime quindi:

$$c_i dR_i = \frac{c_i(1-R_i)}{c_j(1-R_j)} c_j dR_j \,. \tag{6.60}$$

Il componente da scegliere per un incremento dell'affidabilità del sistema al minimo costo è quindi quello che soddisfa la seguente equazione:

$$c_i(1-R_i) = \min_{j=1,2,\ldots n} c_j(1-R_j) \,. \tag{6.61}$$

6.2.4 Semplificazione di schemi complessi

Per determinare l'affidabilità di un sistema complesso è necessario ridurlo, se possibile, ad un insieme di sistemi serie e parallelo (Esempio 6.14). Per sistemi in cui questa operazione risulta troppo complicata, è possibile ricorrere al *metodo della probabilità condizionata* o al metodo dei *Minimal Cut-Set*.

Esempio 6.14 Si consideri il sistema rappresentato in Fig. 6.13. Per calcolare l'affidabilità complessiva del sistema è necessario semplificarlo, considerando i due 'blocchi' di componenti in parallelo come due componenti singoli in serie con gli altri: l'affidabilità di questi due componenti fittizi si calcola come visto nel paragrafo 6.2.2.

$$R_{P3} = 1 - \prod_{i=1}^{n_3} (1-R_3) = 0.98$$

$$R_{P5} = 1 - \prod_{i=1}^{n_5} (1-R_5) = 0.97$$

$$R_{sistema} = R_1 \cdot R_2 \cdot R_{P3} \cdot R_4 \cdot R_{P5} \cdot R_6 \cdot R_7 = 0.98 \cdot 0.95 \cdot 0.98 \cdot 0.95 \cdot 0.97 \cdot 0.9 \cdot 0.99 = 0.75 \,.$$

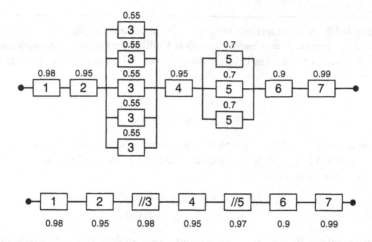

Figura 6.13. Esempio 6.14: schematizzazione di un sistema complesso e riduzione dei gruppi *in parallelo* ad un elemento equivalente

Metodo della probabilità condizionata

Il metodo della probabilità condizionata prevede l'identificazione del componente che impedisce la scomposizione del sistema in sistemi serie e parallelo, e quindi il calcolo dell'affidabilità nel caso che questo componente sia funzionante o meno (Fig. 6.14):

$$R_{sist} = \{R_{sist}, \text{ C non funz }\} \cdot Pr\{\text{ C non funz }\}$$
$$+ \{R_{sist}, \text{ C funz }\} \cdot Pr\{\text{ C funz }\} . \qquad (6.62)$$

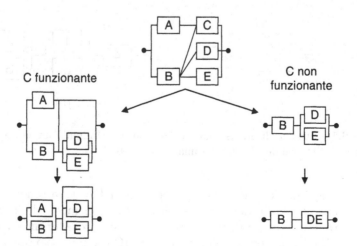

Figura 6.14. Metodo della probabilità condizionata (esempio tratto da [2])

Esempio 6.15 Si consideri un recipiente in pressione di diametro $D = 300\ mm$ e spessore di parete $s = 4\ mm$. Si calcoli l'affidabilità con l'introduzione di una 'valvola di massima' che limiti la pressione a 6.5 MPa. Si conosce la distribuzione delle pressioni, e quella della resistenza del materiale.

$$p \in N(6, 1.8)\ \text{MPa}$$
$$S \in N(320, 20)\ \text{MPa}.$$

Ricordando che il limitatore riporta alla pressione massima tutte le pressioni ad essa superiori, (vedasi Fig. 5.28(b) è possibile ricavare l'affidabilità in caso di assenza del limitatore e con limitatore:

$$R_{senza\ limitatore} = 0.9113$$
$$R_{con\ limitatore} = 0.9991.$$

Anche i sistemi con limitatore si prestano ad essere analizzati con il metodo della probabilità condizionata; si supponga, per esempio, che il limitatore abbia un'affidabilità pari a 0.95: applicando la (6.62) l'affidabilità del recipiente risulta:

$$R_{sist} = \{R_{sist}, \text{ LIM non funz }\} \cdot Prob\{\text{ LIM non funz }\}$$
$$+ \{R_{sist}, \text{ LIM funz }\} \cdot Prob\{\text{ LIM funz }\} = 0.99473.$$

Metodo Cut-Set

Un altro modo di esprimere l'affidabilità di schemi complessi riducendoli a sequenze serie-parallelo è il metodo dei *minimal cut sets*. Si definisce *Minimal Cut-Set* (**MCS**) un insieme del minimo numero di 'tagli' (rotture o guasti) che verificandosi insieme portano al guasto del sistema.

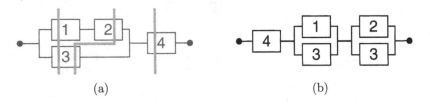

(a)   (b)

Figura 6.15. Analisi di un sistema col Metodo dei Minimal Cut-set: a) MCS del sistema; b) riduzione del sistema ad una serie di MCS

I Minimal Cut Sets del sistema riportato in Fig. 6.15 sono: i) *el.* 4; ii) *el.* 1, 3; *el.* 2, 3. Ai fini della successiva analisi gli elementi del minimal cut set sono tra di loro in parallelo. Il fatto che questo procedimento permetta di riprodurre il sistema con semplici serie (dei MCS) e parallelo (degli elementi all'interno dei MCS) consente di semplificare l'analisi di alcuni sistemi.

Esempio 6.16 Si ricavi l'affidabilità del sistema illustrato in Fig. 6.16 col metodo della probabilità condizionata e con quello dei Minimal Cut-Set.

$$R_A = 0.98$$
$$R_B = 0.9$$
$$R_C = 0.95$$
$$R_D = 0.92$$
$$R_E = 0.92 \,.$$

Probabilità Condizionata: dalla Fig. 6.14 e dalla (6.62) segue che:

$$R_{sist} = (R_B \cdot R_{DE})(1 - R_C) + R_{AB} \cdot R_C$$

e dato che:

$$R_{AB} = 1 - (1 - R_A)(1 - R_B) = 0.998$$
$$R_{DE} = 1 - (1 - R_D)(1 - R_E) = 0.993$$

risulta:

$$R_{sist} = 0.9928 \,.$$

Minimal Cut-Set: il sistema è schematizzabile come un sistema serie dei Minimal Cut-Set contenente ciascuno i componenti del Cut-Set stesso in parallelo; i cut-set sono quelli in Fig. 6.16, per cui l'affidabilità del sistema risulta:

$$R_{sist} = R_{AB} \cdot R_{BC} \cdot R_{CDE} = 0.9927 \,.$$

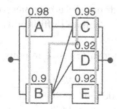

Figura 6.16. Esempio 6.16: sistema risolto coi Minimal Cut-Set

6.3 Progettare l'affidabilità di un sistema

6.3.1 Metodo ARINC

Il metodo ARINC [56] è un metodo per la stima dell'affidabilità dei componenti di un semplice sistema in serie, nell'ipotesi che tutti i componenti siano soggetti allo stesso tempo operativo.

Detto $\bar{\lambda}_{sist}$ il tasso di guasto medio del sistema, il tasso di guasto di progetto $\lambda_{d,i}$ degli N componenti dovrà risultare:

$$\sum_{i=1}^{N} \lambda_{d,i} \leq \bar{\lambda}_{sist} \,. \tag{6.63}$$

È possibile assegnare un peso ω_i al tasso di guasto del componente i−esimo:

$$\omega_i = \frac{\lambda_i}{\sum_{i=1}^{N} \lambda_i} \tag{6.64}$$

da cui si può quindi stimare:

$$\lambda_{d,i} = \omega_i \cdot \bar{\lambda}_{sist} \,. \tag{6.65}$$

I termini ω_i vengono stimati quindi a partire da un set iniziale di valori λ_i oppure prefissati (con la condizione $\sum \omega_i = 1$).

Esempio 6.17 Si consideri un sistema composto da 3 sottosistemi con tassi di guasto stimati pari a:

$$\lambda_1 = 0.005 \; h$$
$$\lambda_2 = 0.003 \; h$$
$$\lambda_3 = 0.001 \; h$$

espressi in cedimenti/ora. Il sistema deve compiere una missione di 20 ore, ed è richiesta un'affidabilità di 0.95. Si richiede l'affidabilità richiesta per ogni sottosistema.

Il peso di ogni sottosistema si trova tramite le equazioni seguenti:

$$\omega_1 = \frac{0.005}{0.005 + 0.003 + 0.001} = 0.555$$
$$\omega_2 = \frac{0.003}{0.005 + 0.003 + 0.001} = 0.333$$
$$\omega_3 = \frac{0.001}{0.005 + 0.003 + 0.001} = 0.111 \,.$$

Dato che:

$$R_{sist}(20) = \exp\left[-\bar{\lambda}_{sist} \cdot 20\right] = 0.95$$

risulta:

$$\bar{\lambda}_{sist} = 0.00256 \; h \,.$$

Quindi i tassi di guasto dei sottosistemi si ricavano come:

$$\lambda_{d,1} = \omega_1 \cdot \bar{\lambda}_{sist} = 0.555 \cdot 0.00256 = 0.00142 \; h$$
$$\lambda_{d,2} = \omega_2 \cdot \bar{\lambda}_{sist} = 0.333 \cdot 0.00256 = 0.000852 \; h$$
$$\lambda_{d,3} = \omega_3 \cdot \bar{\lambda}_{sist} = 0.111 \cdot 0.00256 = 0.000284 \; h \,.$$

Esempio 6.18 L'impianto idraulico rappresentato in Fig. 6.5(a) deve compiere una missione di 10000 ore con un'affidabilità di 0.95. Si consideri l'impianto come composto dai sottosistemi: valvola soluto, centalina, sensore e pompe. Si ricavino i tassi di guasto di ciascun sottosistema, ammettendo che i sottosistemi abbiano i seguenti pesi:

$$\omega_{valv.solvente} = 0.1$$

$$\omega_{valv.soluto} = 0.1$$

$$\omega_{centralina} = 0.3$$

$$\omega_{sensore} = 0.2$$

$$\omega_{pompe} = 0.1 .$$

Imponendo:

$$R_{sist}(10000) = \exp\left[-\bar{\lambda}_{sist} \cdot 10000\right] = 0.95$$

risulta:

$$\bar{\lambda}_{sist} = 5.1293 \cdot 10^{-6} \ h .$$

Quindi il tasso di guasto dei sottosistemi risulta:

$$\lambda_{valv.solvente} = \omega_{valv.solvente} \cdot \bar{\lambda}_{sist} = 5.13 \cdot 10^{-7} \ h$$

$$\lambda_{valv.soluto} = \omega_{valv.soluto} \cdot \bar{\lambda}_{sist} = 5.13 \cdot 10^{-7} \ h$$

$$\lambda_{centralina} = \omega_{valv.solvente} \cdot \bar{\lambda}_{sist} = 1.53 \cdot 10^{-6} \ h$$

$$\lambda_{sensore} = \omega_{sensore} \cdot \bar{\lambda}_{sist} = 1.02 \cdot 10^{-6} \ h$$

$$\lambda_{pompe} = \omega_{pompe} \cdot \bar{\lambda}_{sist} = 5.13 \cdot 10^{-7} \ h .$$

Il tasso di guasto della singola pompa può quindi essere ricavato tramite la (6.46).

6.3.2 Metodo AGREE

Il metodo AGREE (Advisory Group on Reliability Electronic Equipment, [2]) per l'affidabilità dei sistemi è applicabile ai sistemi che possono essere scomposti in una serei di k sottosistemi indipendenti. L'affidabilità del sistema è data da:

$$R_{sist}(t) = \prod_{i=1}^{k} R_i(t) . \tag{6.66}$$

Se il sottosistema i ha una vita media m_i (con tasso di guasto costante $\lambda_i = 1/m_i$) ed opera per un tempo $t_i < m_i$, la sua affidabilità al tempo t_i è data da:

$$R_i = e^{-t_i/m_i} . \tag{6.67}$$

Indicando con w_i la probabilità di cedimento del sistema per effetto del cedimento del sottosistema i, allora la probabilità di sopravvivenza del sistema è pari a $1 - w_i\left[1 - R_i(t_i)\right]$. L'affidabilità del sistema può quindi essere espressa come:

$$R_{sist} = \prod_{i=1}^{k} \left\{1 - w_i\left[1 - R_i(t_i)\right]\right\} = \prod_{i=1}^{k} \left\{1 - w_i\left[1 - e^{-t_i/m_i}\right]\right\} . \tag{6.68}$$

Dato che il tempo operativo di un sottosistema t_i è molto minore della sua vita media m_i, vale l'approssimazione:

$$1 - e^{-t_i/m_i} \approx 1 - \left[1 - \frac{t_i}{m_i}\right] = \frac{t_i}{m_i}$$

e quindi la (6.68) può essere riscritta:

$$R_{sist} \approx \prod_{i=1}^{k}\left\{1 - \frac{w_i t_i}{m_i}\right\} \approx \prod_{i=1}^{k} e^{-w_i t_i/m_i} \approx \exp\left[-\sum_{i=1}^{k}\frac{w_i t_i}{m_i}\right]. \tag{6.69}$$

Assumendo che il sottosistema i consista di n_i elementi di cui ognuno abbia una vita media T_i (o tasso di guasto $1/T_i$), il tasso di guasto del sottosistema λ_i risulta:

$$\lambda_i = \frac{1}{m_i} = \frac{n_i}{T_i}$$

quindi

$$T_i = m_i n_i. \tag{6.70}$$

Si può notare che:

$$\frac{w_i t_i}{m_i} = \frac{w_i t_i n_i}{T_i} = n_i\left(\frac{w_i t_i}{T_i}\right) = \frac{w_i t_i}{T_i} + \frac{w_i t_i}{T_i} + \ldots = \sum_{j=1}^{n_i}\frac{w_i t_i}{T_i}$$

ed essendo $N = \sum_{i=1}^{k} n_i$ il numero dei componenti totali del sistema, l'affidabilità può essere riscritta nel modo seguente:

$$R_{sist} \approx \exp\left[-\sum_{i=1}^{k}\frac{w_i t_i}{m_i}\right] \approx \exp\left[-\sum_{i=1}^{k}\sum_{j=1}^{n_i}\frac{w_i t_i}{T_i}\right]. \tag{6.71}$$

Se ogni componente contribuisce ugualmente all'affidabilità del sistema si ha:

$$\frac{w_i t_i}{T_i} = c = \text{costante}$$

e quindi, per la (6.71), l'affidabilità diventa:

$$R_{sist} \approx e^{-cN} = \left[e^{-c}\right]^N = \left[e^{-\frac{w_i t_i}{T_i}}\right]^N,$$

ovvero:

$$\ln R_{sist} = N\left(-\frac{w_i t_i}{T_i}\right) = -\frac{w_i t_i N}{n_i m_i}.$$

Risulta quindi:

$$m_i = -\frac{N w_i t_i}{n_i \ln R_{sist}} \tag{6.72}$$

e, una volta calcolata la vita media m_i dell'i-esimo sottosistema, è semplice ricavare la vita media che devono avere i componenti di questo.

Esempio 6.19 Si consideri il sistema costituito dai 5 sottosistemi descritti in Tabella 6.3. Si determini, utilizzando il metodo AGREE, la vita media dei componenti dei vari sottosistemi (m_i) in modo da ottenere un'affidabilità del sistema pari a 0.99.

Tabella 6.3. Esempio 6.19: dati relativi ai sottosistemi

Sottosistema (i)	Numero componenti (n_i)	Missione [h] (t_i)	Probabilità di cedimento del sistema per cedimento del sottosistema i (w_i)
1	5	10	0.20
2	2	25	0.10
3	8	5	0.20
4	6	20	0.15
5	4	15	0.25

Considerando che il numero totale di componenti è $N = 25$, è possibile applicare la (6.72):

$$m_1 = -\frac{N w_1 t_1}{n_1 \ln R_{sist}} = -\frac{25 \cdot 0.20 \cdot 10}{5 \cdot \ln 0.99} = 995 \ h$$

e così per tutti gli altri sottosistemi.

6.4 Manutenzione preventiva

Lo scopo della manutenzione è riportare un sistema (componente) che si sta deteriorando al suo stato operativo normale. Si distinguono due tipi di manutenzione: **preventiva** e **correttiva**.

L'analisi approfondita delle problematiche relative alla manutenzione è al di fuori degli scopi di questo volume. Si considera nel seguito la manutenzione preventiva [2] in quanto è un elemento importante di cui tener conto per progettare un sistema. Per un'analisi più generale delle problematiche relative alla manutenzione e disponibilità di un sistema meccanico o elettronico si veda [57].

6.4.1 Manutenzione ideale

Consideriamo un componente ed assumiamo di eseguire la manutenzione preventiva ai tempi $t_0, 2t_0, 3t_0$. Si assume inoltre che si ripristini il sistema 'come nuovo'.

$$R_m(t) = R(t) \quad \text{per} \ 0 \le t \le t_0 \tag{6.73}$$

$$R_m(t) = R(t_0)R(t - t_0) \quad \text{per} \ t_0 \le t \le 2t_0 \tag{6.74}$$

$$R_m(t) = R(t_0)R(t - t_0)|_{t=2t_0} R(t - 2t_0) = R^2(t_0)R(t - 2t_0) \quad \text{per} \ 2t_0 \le t \le 3t_0 . \tag{6.75}$$

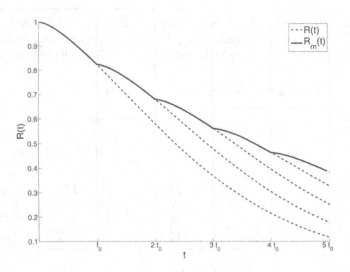

Figura 6.17. Andamento dell'affidabilità con manutenzione preventiva

In generale quindi (Fig. 6.17):

$$R_m(t) = R^i(t_0)R(t - it_0) \quad \text{per } it_0 \le t \le (i+1)t_0 . \tag{6.76}$$

Si definisce *Mean Time To Failure* $MTTF_m$ la vita media del sistema con manutenzione.

$$MTTF_m = \int_0^\infty R_m(t)dt = \int_0^{t_0} R_m(t)dt + \int_{t_0}^{2t_0} R_m(t)dt + \dots$$
$$+ \int_{it_0}^{(i+1)t_0} R_m(t)dt + \dots = \sum_{i=0}^{\infty} \int_{it_0}^{(i+1)t_0} R_m(t)dt \tag{6.77}$$

$$MTTF_m = \sum_{i=0}^{\infty} R^i(t_0) \int_{it_0}^{(i+1)t_0} R(t - it_0)dt \tag{6.78}$$

che definendo:

$$\tau = t - it_0$$

può essere riscritta come:

$$MTTF_m = \sum_{i=0}^{\infty} R^i(t_0) \int_{\tau=0}^{t_0} R(\tau)d\tau . \tag{6.79}$$

Inoltre poiché:

$$\sum_{i=0}^{\infty} R^i(t_0) = \frac{1}{1 - R(t_0)} \tag{6.80}$$

la formulazione definitiva risulta essere:

$$MTTF_m = \frac{1}{1 - R(t_0)} \int_{\tau=0}^{t_0} R(\tau)d\tau. \tag{6.81}$$

È interessante confrontare l'affidabilità di un componente con e senza manutenzione nel caso delle due distribuzioni maggiormente utilizzate per descrivere l'affidabilità nel tempo dei componenti.

Distribuzione esponenziale

Nel caso di un componente avente affidabilità descritta dalla (6.9), l'affidabilità del componente con manutenzione preventiva risulta:

$$R_m(t) = \left(e^{-\lambda t_0}\right)^i e^{-\lambda(t - it_0)} = e^{-\lambda t_0 i} e^{-\lambda t} e^{\lambda t_0 i} = e^{-\lambda t}. \tag{6.82}$$

Ovvero l'affidabilità R_m risulta uguale all'affidabilità dei componenti senza manutenzione. Ne segue che nel caso di una distribuzione esponenziale non si trae quindi alcun beneficio da sostituire periodicamente i componenti.

Distribuzione Weibull

Nel caso di un componente la cui affidabilità sia descritta da :

$$R(t) = \exp\left[\left(\frac{-t}{\alpha}\right)^{\beta}\right].$$

L'affidabilità del componente soggetto a manutenzione preventiva risulta:

$$R_m(t) = \left\{\exp\left[\left(\frac{-t_0}{\alpha}\right)^{\beta}\right]\right\}^i \left\{\exp\left[-\left(\frac{t - it_0}{\alpha}\right)^{\beta}\right]\right\}. \tag{6.83}$$

Il beneficio di una manutenzione preventiva si può valutare considerando al generico tempo $t = it_0$ il rapporto tra le due affidabilità. In particolare risulta:

$$\frac{R_m(it_0)}{R(it_0)} = \frac{\left\{\exp\left[-\left(\frac{t_0}{\alpha}\right)^{\beta}\right]\right\}^i}{\exp\left[-\left(\frac{it_0}{\alpha}\right)^{\beta}\right]} = \exp\left[-i\left(\frac{t_0}{\alpha}\right)^{\beta} + i^{\beta}\left(\frac{t_0}{\alpha}\right)^{\beta}\right]. \tag{6.84}$$

La manutenzione preventiva apporta quindi vantaggi in termini di affidabilità solo nel caso in cui $-i + i^{\beta} > 1$. Sviluppando la disuguaglianza perché $i^{\beta-1} > 1$ deve essere $\beta > 1$. Ovvero la manutenzione preventiva conviene solo quando il tasso di guasto è crescente.

Esempio 6.20 Per il sistema rappresentato in Fig. 6.18(a) si richiede di calcolare:

- $MTTF$ del sistema;
- probabilità, dopo 1500 ore di vita, di portare a termine una missione di 500 ore;
- affidabilità nel tempo ed $MTTF$ nel caso il componente 1 venga sostituito ogni 1000 ore.

Le vite dei componenti sono caratterizzate da distribuzioni Weibull descritte dai seguenti parametri:

- componente 1: $\alpha = 2000$ h e $\beta = 3.5$;
- componenti 2 e 3: $\alpha = 4500$ h e $\beta = 1.1$.

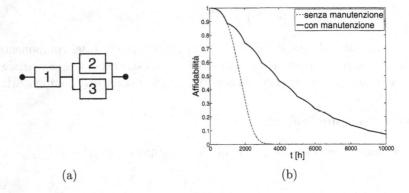

(a)   (b)

Figura 6.18. Esempio 6.20: a)schema del sistema; b) affidabilità del sistema con e senza sostituzione del componente 1 ogni 1000 ore

Il $MTTF$ si calcola semplicemente integrando l'affidabilità del sistema da 0 a ∞ (in questo caso è sufficiente integrare fino a 20000 ore). L'affidabilità del sistema si ottiene nel seguente modo:

$$R_{sist} = R_1 \cdot R_{2-3}$$

con:

$$R_{2-3} = 1 - (1 - R_2)(1 - R_3).$$

Il $MTTF$ risulta essere circa 1720 ore. La probabilità di portare a termine una missione di 500 ore dopo una vita di 1500 ore è l'affidabilità condizionata $R(1500, 500)$, che si calcola tramite la (1.24) e risulta pari a 0.331.

L'affidabilità del componente 1 in caso di sostituzione si ricava dalla (6.76), che, nel caso di distribuzione Weibull, corrisponde alla (6.83). Il risultato, confrontato con l'affidabilità dello stesso sistema senza manutenzione, è mostrato in Fig. 6.18(b). Il $MTTF$, in caso di sostituzione del componente 1 ogni 1000 ore, è pari a circa 4560 ore.

6.4.2 Manutenzione imperfetta

Se si considera la probabilità che la manutenzione preventiva del sistema o del componente non venga eseguita correttamente, è necessario introdurre, nelle formulazione appena esposte, una probabilità di errore p (ovvero una frazione p di casi in cui la manutenzione provoca il cedimento dei pezzi). La (6.76) si modifica in:

$$R_m(t) = (1 - p)^i R^i(t_0) R(t - it_0) \quad \text{per} \quad it_0 \le t \le (i + 1)t_0. \tag{6.85}$$

Il beneficio al tempo $t = it_0$ in caso di manutenzione imperfetta risulta essere:

$$\frac{R_m(it_0)}{R(it_0)} = \frac{(1 - p)^i R^i(t_0) R(0)}{R(it_0)} = \frac{(1 - p)^i R^i(t_0)}{R(it_0)}. \tag{6.86}$$

In caso di distribuzione esponenziale si avrebbe quindi:

$$\frac{R_m(it_0)}{R(it_0)} = (1 - p)^i \frac{e^{-i\lambda t_0}}{e^{-i\lambda t_0}} = (1 - p)^i \tag{6.87}$$

ovvero la manutenzione peggiora l'affidabilità del componente.

Nel caso di distribuzione Weibull:

$$\frac{R_m(it_0)}{R(it_0)} = \frac{(1 - p)^i \left\{ \exp\left[-\left(\frac{t_0}{\alpha}\right)^\beta \right] \right\}^i}{\exp\left[-\left(\frac{it_0}{\alpha}\right)^\beta \right]}. \tag{6.88}$$

Per piccoli valori di p si può usare l'approssimazione:

$$(1 - p)^i \approx e^{-ip}$$

da cui la (6.88) può essere approssimata come:

$$\frac{R_m(it_0)}{R(it_0)} \approx \exp\left[-ip - i\left(\frac{t_0}{\alpha}\right)^\beta + i^\beta \left(\frac{t_0}{\alpha}\right)^\beta \right]. \tag{6.89}$$

Si era già osservato come per la Weibull la manutenzione ideale convenisse per $\beta > 1$. La (6.89) mostra che la manutenzione imperfetta conviene solo se:

$$p < (i^{\beta-1} - 1) \cdot \left(\frac{t_0}{\alpha}\right)^\beta.$$

6.5 Analisi di sistemi complessi

Nel seguito si considerano tre tecniche di analisi (FMEA/FMECA, FTA, Event Tree) che permettono di analizzare l'affidabilità di un sistema complesso in cui la sicurezza può essere compromessa non solo per la rottura di uno o più componenti, ma a causa di fattori diversi quali errori umani e combinazioni sfortunate di guasti.

Queste tecniche permettono di capire come possano svilupparsi degli incidenti, come stimare la loro probabilità di accadimento e ridurne l'occorrenza. L'applicazione *a posteriori* di questi metodi ha spesso mostrato come sarebbe stato possibile, attraverso un'analisi sistematica del sistema, evitare incidenti clamorosi ed ha portato ad importanti indicazioni normative per la progettazione.

6.5.1 Failure Mode Effect Analysis (FMEA)

La tecnica FMEA (*Failure Mode Effect Analysis*) si propone di evidenziare i diversi modi di guasto di un sistema attraverso i modi di guasto dei componenti, che vengono classificati in base a tre indici (espressi da 1 a 10 in ordine crescente di intensità): *Severità* - per classificare la gravità del guasto; *Occorrenza* - per la probabilità di accadimento del modo di guasto; *Rilevabilità* - per indicare se il guasto possa essere rilevato prima che possa accadere. Si calcola il *Risk Priority Number* (*RPN*) dato dal prodotto dei tre indici in modo da poter associare ad ogni guasto un numero che rappresenta un ordine di priorità per cercare dei rimedi ai modi di guasto. L'applicazione del metodo viene illustrata nell'esempio seguente.

Nome e numero parte	Funzione della parte	Potenziale modo di guasto	Severità	Occorrenza	Rilevabilità	R.P.N.	Azioni correttive

Figura 6.19. Modulo base per le analisi FMEA

Esempio 6.21 Si imposti lo FMEA del semplice sistema di illuminazione di Fig. 6.20.

La procedura FMEA si effettua con i seguenti passi: i) si elencano i componenti; ii) le funzioni dei componenti; iii) per ogni componente si elencano (su diverse righe) i modi di guasto associando ad essi gli indici $S - O - R$; iv) si calcola il *Risk Priority Number*. L'applicazione al sistema di illuminazione è mostrato in Fig. 6.21.

Anche nel caso del semplice sistema, il calcolo del *RPN* da un ordine di importanza ai modi di guasto puntando l'attenzione sulla lampada (va inserito un parallelo) e l'alimentazione elettrica (da sdoppiare o mettere in parallelo ad un sistema di emergenza).

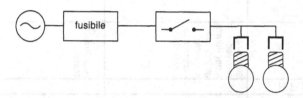

Figura 6.20. Esempio 6.21: schema di un semplice impianto di illuminazione

Nome e numero parte	Funzione della parte	Potenziale modo di guasto	Severità	Occorrenza	Rilevabilità	R.P.N.	Azioni correttive
linea	porta corrente	manca corrente	10	80	10	8000	2 linee o ausiliario
fusibile	protezione	fusione	10	2	10	200	
interruttore	azionamento	rottura interrutt.	10	2	10	200	
		cattivo serraggio	10	10	5	500	prescrivere procedura di montaggio (esperti qualificati)
lampada	luce	usura	10	10	10	1000	2 lampade in parallelo
porta lampada	dare corrente alla lampada	cattivo serraggio	10	10	5	500	prescrivere procedura di montaggio (esperti qualificati)

Figura 6.21. Esempio 6.21: tabella FMEA compilata

Questo semplice esempio mostra come un problema dello FMEA sia la soggettività nell'attribuire gli indici ai diversi guasti. Una soluzione venne nel 1988 quando la Ford propose uno schema di FMEA che divenne in seguito una norma SAE [58] . Il formato della tabella base è riportata in Fig. 6.22 e quelle per gli indici sono riportate nelle Tabelle 6.4, 6.5 e 6.4.

Nome e numero parte – Funzione	Potenziale modo di guasto	Potenziale effetto del guasto	Severità	Criticità	Potenziale causa del guasto	Occorrenza	Valutazione tecnica del progetto	Rilevabilità	R.P.N.	Azioni correttive	Responsabile	Risultato dei provvedimenti — Provvedimenti presi	Severità	Occorrenza	Rilevabilità	R.P.N.
Se la parte ha più funzioni elencarle separatamente	descrivere il modo di guasto in termini ingegneristici o come "assenza di funzionalità"	per ogni modo di guasto elencare le conseguenze su: - funzionalità o prestazioni di altre parti - sistema - veicolo - utilizzatori - leggi			causa di primo livello per ogni modo di guasto. In caso di alta severità, elencare le cause principali		elencare metodi, test e tecniche di rilevazione delle cause e/o del modo di guasto. Alcune tecniche possono determinare l'occorrenza della causa. Queste vanno considerate nella valutazione dell'occorrenza			elencare provvedimenti per ridurre gli indici di severità, occorrenza e rilevabilità		breve descrizione dei provvedimenti presi				
		per ogni modo di guasto valutare l'effetto più serio utilizzando l'apposita tabella. Se è pregiudicata la sicurezza o il rispetto di leggi valutare con 9 o 10 ↑			stimare il numero di cedimenti dovuti ad una certa causa nella vita prevista del componente ed utilizzare l'apposita tabella ↑ ← evidenziare modi di guasto particolarmente critici		per ogni tecnica stimare la probabilità di rilevare la causa o il guasto ↑			Risk Priority Number ↓		a seguito dei provvedimenti rivalutare gli indici ↑				

Figura 6.22. Modulo per FMEA di progetto [58]

Tabella 6.4. Criteri di valutazione dell'indice di Severità

Effetto	Criteri: severità dell'effetto	Indice
Pericoloso, senza segnale di pericolo	Il potenziale modo di guasto pregiudica la sicurezza d'esercizio e/o comporta inosservanze di norme o leggi, senza segnale di pericolo	10
Pericoloso, con segnale di pericolo	Il potenziale modo di guasto pregiudica la sicurezza d'esercizio e/o comporta inosservanze di norme o leggi, con segnale di pericolo	9
Molto alto	Sistema/componente non operativo (perdita funzione primaria).	8
Alto	Sistema/componente operativo, ma con basse prestazioni. Utente molto insoddisfatto.	7
Moderato	Sistema/componente operativo, comfort pregiudicato. Utente insoddisfatto.	6
Basso	Sistema/componente operativo, basso livello di comfort. Utente poco soddisfatto.	5
Molto basso	Finitura, taglia, cigolio, rumore del componente non conforme. Difetto notato dal 75% degli utenti	4
Lieve	Finitura, taglia, cigolio, rumore del componente non conforme. Difetto notato dal 50% degli utenti	3
Molto lieve	Finitura, taglia, cigolio, rumore del componente non conforme. Difetto notato da meno del 25% degli utenti	2
Nessuno	Nessun effetto percettibile.	1

Tabella 6.5. Criteri di valutazione dell'indice di Occorrenza

Probabilità di cedimento	Tasso stimato di guasto lungo la vita prevista	Indice
Molto alta: cedimenti continui	$\geq$ 100 cedimenti su 1000 sistemi/componenti	10
Alta: cedimenti frequenti	50 cedimenti su 1000 sistemi/componenti	9
	20 cedimenti su 1000 sistemi/componenti	8
	10 cedimenti su 1000 sistemi/componenti	7
Moderata: cedimenti occasionali	5 cedimenti su 1000 sistemi/componenti	6
	2 cedimenti su 1000 sistemi/componenti	5
	1 cedimenti su 1000 sistemi/componenti	4
Bassa: pochi cedimenti	0.5 cedimenti su 1000 sistemi/componenti	3
	0.1 cedimenti su 1000 sistemi/componenti	2
Remota: cedimento improbabile	$\leq$0.01 cedimenti su 1000 sistemi/componenti	1

Tabella 6.6. Criteri di valutazione dell'indice di Rilevabilità

Rilevazione	Criteri: probabilità di rilevare tramite controlli programmati	Indice
Incertezza assoluta	I controlli programmati non rilevano o non possono rilevare potenziali cause/meccanismi e modi di guasto, oppure non esistono controlli programmati	10
Molto improbabile	Probabilità molto remota che i controlli programmati rilevino potenziali cause/meccanismi e modi di guasto	9
Improbabile	Probabilità remota	8
Molto bassa	Probabilità molto bassa	7
Bassa	Bassa probabilità	6
Moderata	Probabilità moderata	5
Abbastanza alta	Probabilità abbastanza alta	4
Alta	Probabilità alta	3
Molto alta	Probabilità molto alta	2
Quasi certa	I controlli programmati rilevano quasi certamente potenziali cause/meccanismi e modi di guasto	1

A fronte di un indubbia capacità di eveidenziare i nessi di causa-effetto per i diversi modi di guasto dei componenti, lo FMEA non permette di analizzare condizioni di guasto dovute a combinazioni di eventi (un semplice sistema parallelo su un componente non è immediatamente indicabile). È comunque diventato uno standard per la certificazione del progetto di un componente automobilistico [58] perché permette facilmente di evidenziare, attraverso l'elencazione di tutti i pezzi e di tutti i modi di guasto, quei modi di guasto che hanno un legame diretto con la sicurezza e l'affidabilità dei diversi sottosistemi o dell'intero sistema (una commissione d'inchiesta rilevò che una semplice analisi tipo FMEA avrebbe potuto evitare l'incidente dello Space Shuttle *Challenger* [59].

6.5.2 Failure Mode Effect Criticality Analysis (FMECA)

Accanto alla FMEA, venne formulata in MIL-STD-1629 [60] una variante rivolta ad analizzare, in termini più quantitativi, la criticità dei componenti. La FMECA si presenta come una tabella in cui alle diverse cause di guasto vengono attribuiti:

- un indice (I, II, III, IV) relativo alla severità del modo di guasto (I è il più severo);
- la probabilità che l'effetto del guasto sia così grave come espresso dall'indice di severità (β);
- la frazione di guasti causati dal singolo *failure mode* (α);
- il tasso di guasto (λ_p);
- il tempo di esercizio t.

Si calcola quindi un indice di criticità del modo di guasto:

$$C_m = \beta\alpha\lambda_p t \tag{6.90}$$

ed un indice di criticità per il componente $\sum(C_m)$. Il vantaggio di questa formulazione, che ha come base il considerare costante il tasso di guasto, è ottenere un indice numerico che sintetizza l'affidabilità relativa ai diversi modi di

Compo-nente	Modo di guasto e cause	Indice severità	Probabilità dell'effetto del guasto	Frazione del modo di guasto	Tasso di guasto	Tempo di esercizio	Criticità del modo di guasto	Criticità del compo-nente
			β	α	λ_p	t	$C_m=\beta\alpha\lambda_p t$	ΣC_m

Figura 6.23. Tabella FMECA base [60]

guasto di un componente e permette di confrontare rapidamente l'importanza relativa dei componenti. In particolare il risultato è fornire un ranking della criticità dei componenti separatamente per le diverse categorie di severità.

Pur offrendo una valutazione analitica della crititicità, la FMECA rimane uno strumento poco adatto ad analizzare situazioni causa-effetto diverse dal legame diretto , pur se offre importanti risultati alla revisione di un progetto ed alla valutazione della sicurezza. Un'aggiornamento su applicazione dello FMECA a sistemi di controllo complessi si trova in [61].

6.5.3 Albero dei guasti (FTA)

L'albero dei guasti (o *Fault Tree Analysis*) è un metodo per analizzare l'affidabilità dei sistemi evidenziando specialmente le relazioni di causa-effetto e l'organizzazione del sistema. Fu inizialmente sviluppato nei Bell Laboratories durante i primi anni '60 per il sistema missilistico Minuteman, per poi essere utilizzato per l'analisi di centrali nucleari e sistemi aeronautici. Il metodo FTA ha quindi esteso la sua applicazione a campi molto diversi in quanto permette di avere risultati sia dal punto di vista qualitativo e quantitativo.

L'albero dei guasti si costruisce a partire dall'evento che si desidera analizzare (*Top Event*) attraverso l'individuazione dei guasti che lo provocano in via diretta e sviluppando poi ulteriormente gli ulteriori livelli, fino a costruire un caratteristico diagramma ad albero che da il nome alla tecnica, con gli elementi grafici di Tabella 6.7.

In Fig. 6.24 si vede la trasposizione di un semplice schema a blocchi in un albero dei guasti. Una descrizione dettagliata delle regole di esecuzione di una FTA sono descritte in [49, 62].

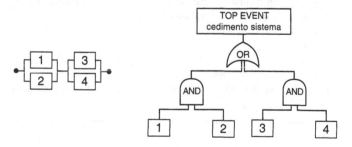

Figura 6.24. Componenti base dell'albero dei guasti

Tabella 6.7. Simboli base della tenica FTA

output | **Porta AND:**
l'evento in uscita accade solo se gli eventi in entrata
accadono contemporaneamente.
inputs |

output | **Porta OR:**
l'evento in uscita accade se accade almeno uno degli
eventi in entrata.
inputs |

Cedimento base:
cedimento o evento base, causato da un componente o
da un sottosistema, per il quale può essere stabila una
probabilità (da dati empirici noti).

Evento intermedio:
cedimento o evento causato da una combinazione, tramite
porte logiche, di altri eventi.

Evento non sviluppato:
evento non sviluppato in eventi base, per mancanza di
informazioni o perché poco importante. L'evento deve
essere sviluppato in seguito.

in—/3\   **Eventi di trasferimento:**
un'intera parte dell'albero è trasferita in un'altra
out—/3\   posizione dell'albero stesso.

Evento base:
evento base, frequente durante il funzionamento del
sistema.

Esempio 6.22 Disegnare l'albero dei guasti del sistema di regolazione e distribuzione di Fig. 6.5(a).

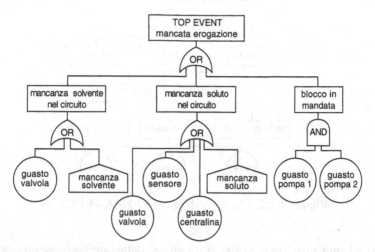

Figura 6.25. Esempio 6.22: albero dei guasti del sistema di Fig. 6.5(a)

L'applicazione ad un sistema realistico mostra la capacità della costruzione ad albero dei gausti di evidenziare le relazioni di causa-effetto tra i guasti.

Una prima annotazione va fatta sullo schema dell'impianto dell'esempio precedente: se, come spesso accade per componenti con azionamento elettrico, l'alimentazione elettrica rappresenta una causa di guasto comune per le due elettro-pompe, essa va evidenziata come guasto base. In tal modo lo schema del sotto-albero relativo a *blocco mandata* va cambiato come in Fig. 6.26.

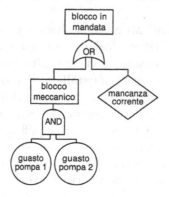

Figura 6.26. Esempio 6.22: sviluppo causa di guasto comune

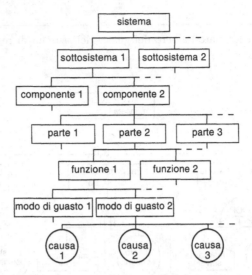

Figura 6.27. Corrispondenza tra FMEA ed FTA [63]

Lo schema suggerisce inoltre che i guasti delle pompe possano essere ulteriormente sviluppati evidenziando le cause di guasto. Questo tipo di analisi di dettaglio può solo essere effettuato se una FMEA ha permesso di evidenziare i vari modi di guasto. La relazione tra una FMEA ed un albero dei guasti è riportato in Fig. 6.27 [63].

In Fig. 6.28 è mostrata l'analisi [64] dell'incidente di Amoco Cadiz , che fu causato dalla perdita di direttività della petroliera (con conseguente naufragio sulle coste dell'Alaska), provocando il primo grande disastro naturale della storia, per effetto della rottura del condotto idraulico per l'azionamento del timone della nave. Considerando questo incidente si apprezza la pericolostà del guasto del condotto idrauico, perché attraverso di esso si arriva direttament al *Top Event* solo attraverso delle porte OR: in questo caso il guasto appartiene ad un MCS di ordine 1 (un MCS composto da un solo elemento). L'analisi dei *Minimal Cut Sets* costituisce il primo risultato di un FTA.

Le regole con cui ricavare i MCS da un albero sono molto semplici: si procede per livelli costruendo un elenco degli elementi che conducono al Top Event attraverso porte OR. Nell' elenco via via si sostituiscono gli elementi in serie dei livelli successivi, mentre i guasti in parallelo vengono invece riportati insieme. Si ottiene così in diversi step, tanti quanti sono i livelli dell'albero, una lista dei MCS che contiene in riga i guasti dei MCS di ordine superiore ad uno.

Una volta individuati i MCS si può semplificare l'albero: dai MCS di un sistema si può ottenere una rappresentazione semplificata in cui tutti i MCS sono collegati tramite una porta OR al *Top Event* ed i vari guasti dei diversi MCS sono connessi attraverso una porta AND (Fig. 6.30).

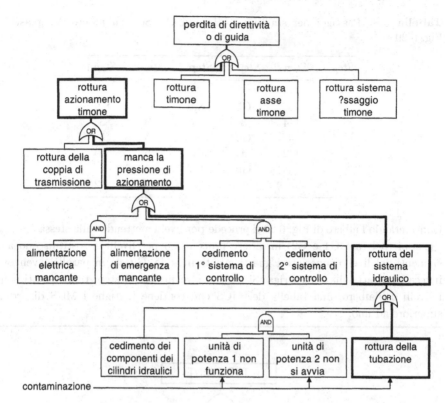

Figura 6.28. Guasto del timone dell'Amoco Cadiz: albero dei guasti (tratto da [64])

Esempio 6.23 Si trovino i MCS del sistema di Fig. 6.29.

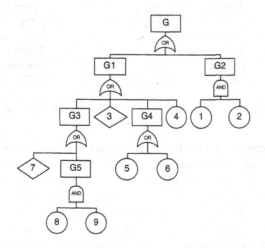

Figura 6.29. Esempio 6.24: albero dei guasti

Tabella 6.8. Passaggi per stabilire i Minimal Cut-Set dall'albero dei guasti di Fig. 6.29

Step 1	Step 2	Step 3	Step 4	Step 5	Step 6
G1	G3	7	7	7	7
G2	3	G5	8,9	8,9	8,9
	G4	3	3	3	3
	4	G4	G4	5	5
	G2	4	4	6	6
		G2	G2	4	4
				G2	1,2

Considerando l'albero di Fig. 6.29 si procede per livelli mettendo sulla stessa colonna i gruppi (nel caso G1 e G2) in serie e procedendo per livelli si sostituiscono agli elementi del livello superiore i guasti/eventi in serie. Guasti in parallelo vengono invece riportati sulla stessa riga. Si ottiene così in diversi step, tanti quanti sono i livelli dell'albero, una tabella dei MCS che contiene in righe i MCS di ordine superiore ad uno.

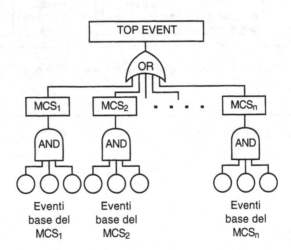

Figura 6.30. Semplificazione dell'albero dei guasti medianet MCS

Analizzando alcuni incidenti in impianti nucleari (tra cui l'incidente di Three Mile Island) ed altri incidenti, si riconobbe come nelle catene di eventi che avevano determinati gli incidenti, spesso gli errori umani erano stati determinanti [65]. Considerando ad esempio l'albero dei guasti per il raffreddamento di emergenza a seguito di un incidente tipo LOCA (*Loss of Coolant Accident*) si può immediatamente notare come la mancata erogazione dell'acqua di raffreddamento di emergenza possa essere dovuta ad errori degli operatori che non aprano le valvole A e B.

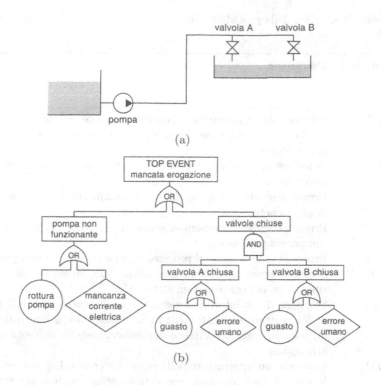

Figura 6.31. Esempio incidente tipo LOCA (*Loss of Coolant Accident*)

In particolare a Three Mile Island l'incidente fu dovuto ad una serie di errori degli operatori della sala di controllo, che sotto lo stress dell'allarme erano male informati da una numerosa serie di strumenti che non davano le informazioni necessarie a capire l'entità dell'incidente. Dopo l'incidente una serie di indagini mostrò l'estrema fragilità degli operatori che, pur specializzati, si trovino ad operare in condizioni di stress psicologico (vedi Tabella 6.9 [66]).

Questo tipo di indagini portò da un lato a mirare l'addestramento degli operatori alla gestione delle emergenze ed all'avvento di sistemi di sicurezza controllati da sistemi computerizzati (in condizioni di ridondanza), dall'altro ad una serie di metodi specifici per analizzare l'affidabilità degli operatori. Un'indagine più recente su 23 incidenti minori su impianti nucleari dal '92 al '96 ha rivelato circa che in questi casi circa 230 errori umani hanno contribuito in modo significativo agli incidenti stessi [67] .

6.5.4 Albero degli eventi (ET)

L'albero dei guasti, o anche i semplici schemi a blocchi, non consentono agevolmente di valutare il funzionamento 'parzializzato del sistema', analisi possibile invece con l'Albero degli Eventi (*Event Tree*).

Tabella 6.9. Stima della probabilità d'errore umano (tratta da NUREG/CR-1278 [66])

Probabilità d'errore stimata	Operazione
10^{-4}	Selezione di un interruttore con chiave invece che uno senza (escludendo l'errore decisionale per cui si ritiene corretta la scelta del interruttore)
10^{-3}	Selezione di un interruttore diverso, per forma o posizione, da quello desiderato (escluso errore decisionale)
$3 \cdot 10^{-3}$	Errore generale di commissione, ad esempio errata interpretazione di un etichetta
10^{-2}	Errore generale di omissione, senza display che indichi lo stato del componente omesso
$3 \cdot 10^{-3}$	Errore di omissione, se il processo omesso fa parte di una procedura
$3 \cdot 10^{-2}$	Semplice errore aritmetico controllato dallo stesso operatore senza ripetizione del calcolo su un altro foglio
$1/x$	Selezione di un interruttore simile a quello corretto: x è il numero di interruttori adiacenti. Questo vale fino a 5 o 6 interruttori: per un numero maggiore l'indice diminuisce, essendo richiesta maggior attenzione.
10^{-1}	Cercando un interruttore nella posizione errata, l'operatore cambia lo stato di un interruttore che si trova nella posizione corretta
~ 1	Come sopra, ma lo stato dell'interruttore errato non è quello desiderato
~ 1	Errata operazione su un interruttore (o valvola) accoppiato ad un altro, a seguito di un altro errore sul primo interruttore
10^{-1}	Ispettore non riconosce errore iniziale di un operatore
10^{-1}	Il personale di un altro turno dimentica il controllo delle condizioni dell'hardware, finchè non richiesto da una procedura o direttiva scritta
$5 \cdot 10^{-1}$	Ispettore non rileva posizioni errate delle valvole durante giro di controllo (senza lista di controllo)
$0.2 - 0.3$	Tasso generale di errore in condizione di stress elevato, con situazioni pericolose in rapido evolversi
$2^{(n-1)}x$	In caso di elevato stress, come nel cercare di riparare ad un errore fatto in condizioni di emergenza, l'errore iniziale x raddoppia ad ogni tentativo (n) dopo un precedente tentativo errato
~ 1	Operatore non agisce correttamente nei primi 60 secondi dall'inizio di una situazione di stress elevato (es: LOCA di grandi proporzioni)
$9 \cdot 10^{-1}$	Operatore non agisce correttamente nei primi 5 minuti dall'inizio di una situazione di stress elevato
10^{-1}	Operatore non agisce correttamente dopo 30 minuti dall'inizio di una situazione di stress estremo
10^{-2}	Operatore non agisce correttamente nelle prime ore dall'inizio di una situazione di stress elevato

Considerando il semplice impianto di (Fig. 6.20) ed i 4 elementi di cui è costituito (a valle dell'alimentazione di rete), si può comporre un diagramma ad albero in cui si sviluppano i due casi di *rotto* e *funzionante* per tutti i componenti, ottenendo 16 combinazioni alle quali competono diverse funzionalità del sistema (illuminazione nulla, al 50% ed al 100%). Le probabilità di accadimento delle diverse combinazioni si ottengono come prodotto degli eventi che le determinano.

Esempio 6.24 Si disegni l'albero degli eventi (*Event Tree*) per lo schema del sistema di illuminazione di Fig. 6.20, e si calcolino le probabilità di avere 100%, 50% e 0% di illuminazione con: $R_A = 0.99$, $R_B = 0.95$ ed $R_{C/D} = 0.85$.

La probabilità degli eventi (ottenuta come prodotto delle combinazioni di guasti / funzionamenti dei diversi elementi di un ramo dell'albero) risulta: $Prob(\#1) = 0.6795$, $Prob(\#2) = 0.1199$, $Prob(\#3) = 0.1199$, $Prob(\#4) = 0.0212$ e così via.

La probabilità di funzionamento con il 100% di illuminazione risulta pari a 67.95% e quella al 50% risulta pari a 23.98% (somma delle probabilità di #2 e

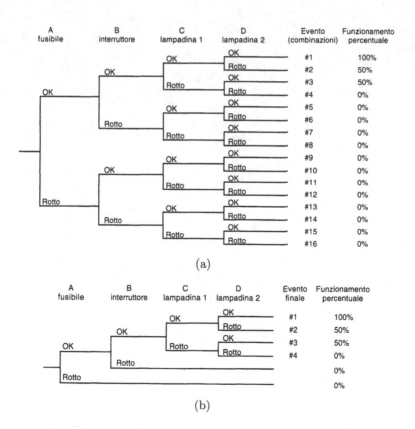

(a)

(b)

Figura 6.32. Albero degli eventi per il sistema di illuminazione: a) schema completo; b) albero ridotto

#3), mentre la probabilità di non avere illuminazione è pari a 8.07% (somma della probabilità degli eventi #4...#10).

È interessante notare che l'affidabilità del sistema calcolata con gli schemi a blocchi ci avrebbe fornito $R_{sist} = 0.9193$, con una conseguente probabilità di non funzionamento pari a 8.07%.

La costruzione ad albero può essere semplificata passando ad uno schema in cui, sui soli rami che corrispondono ad un non funzionamento del sistema (rottura elementi A e B), le ulteriori combinazioni di eventi non vengono sviluppate (Fig. 6.32(b)).

7

Affidabilità strutturale

7.1 Introduzione

Nell'analisi dell'affidabilità di un singolo componente (Cap. 5) si era già visto come il concetto di **coefficiente di sicurezza** sul quale si basano gli usuali dimensionamenti nell'ambito dei corsi di Costruzione di Macchine non fosse sufficiente per giudicare la effettiva sicurezza di un progetto nei confronti di una variabilità dello sforzo e della resistenza. Nell'ambito di questo capitolo l'analisi del componente in termini di affidabilità o probabilità di cedimento si amplia e si estende all'analisi di alcuni semplici sistemi strutturali.

Dal punto di vista strutturale si distinguono due tipi di schema affidabilistico (Fig. 7.1):

- **struttura Weakest-Link**: il cedimento di un elemento provoca il cedimento dell'intero sistema. Questo schema si applica alle strutture staticamente determinate;
- **struttura Fail-Safe**: il cedimento di un elemento strutturale non implica il cedimento dell'intera struttura. Questo schema si applica alle strutture staticamente indeterminate, nelle quali vi sono ridondanze nei percorsi di carico.

Nel seguito si analizzano i due diversi tipi di schemi strutturali affidabilistici. Poiché la trattazione si basa sull'analisi dell'affidabilità del elemento strutturale singolo, viene qui di seguito richiamato il calcolo dell'affidabilità del componente.

7.1.1 Probabilità di cedimento del singolo componente

La (5.5) può anche essere scritta, evidenziando la probabilità di cedimento P_f, come:

$$R = 1 - \int_0^\infty f_L(l) \cdot F_S(l) dl = 1 - P_f \qquad (7.1)$$

Beretta S: Affidabilità delle costruzioni meccaniche.
© Springer-Verlag Italia, Milano 2009

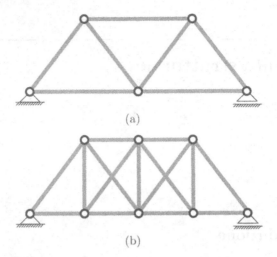

(a)

(b)

Figura 7.1. Schemi statici: a) struttura isostatica ("*Weakest-Link*"); b) struttura iperstatica ("*Fail Safe*")

da cui:

$$P_f = \int_0^\infty f_L(l) \cdot F_S(l)dl. \tag{7.2}$$

Considerando invece la (5.7), la probabilità di cedimento si può esprimere come:

$$P_f = 1 - R = \int_0^\infty [1 - F_L(s)] \cdot f_S(s)ds. \tag{7.3}$$

7.2 Sistemi WEAKEST LINK

7.2.1 Singolo elemento soggetto a carichi multipli

Il più semplice sistema *Weakest-Link* è costituito da un componente con resistenza S soggetto al carico unitario L (Fig. 7.2(a)). In tal caso l'affidabilità risulta espressa dalle (5.5) e (5.6).

Si consideri ora il caso di un singolo componente soggetto a molteplici condizioni di carico indipendenti L_j ($j = 1, 2, ..., m$) (vedasi Fig. 7.2(b)).

Considerando la (5.7) si può notare come al posto di $F_L(s)$ (ovvero la probabilità di avere uno sforzo minore di s), per tener conto della presenza dei diversi carichi unitari L_j, vada considerata la probabilità congiunta che gli m sforzi indipendenti siano minori di s. Poiché i diversi carichi sono indipendenti:

$$Prob(L_j \leq s)_{j=1...m} = \prod_1^m [Prob(L_j \leq s)]. \tag{7.4}$$

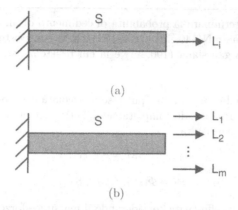

(a)

(b)

Figura 7.2. Analisi componente singolo: a) singolo carico; b) molteplici carichi applicati

L'affidabilità del componente risulta quindi:

$$R_m = \int_0^\infty \left[\prod_1^m F_{L_j}(s) \right] \cdot f_S(s) ds. \qquad (7.5)$$

Se i carichi $L_1, L_2, ..., L_m$ sono ripetizioni indipendenti della stessa condizione di carico, la (7.5) può essere riscritta come:

$$R_m = \int_0^\infty [F_L(s)]^m \cdot f_S(s) ds. \qquad (7.6)$$

Va rimarcato l'importante significato del termine $[F_L(s)]^m$ che compare nella (7.6): questo termine rappresenta la distribuzione del massimo valore del carico su m ripetizioni dello stesso.

L'affidabilità del componente risulta quindi minore rispetto al caso di singola applicazione del carico poiché la distribuzione del valore massimo su m estrazioni si sposta verso valori di l maggiori rispetto alla distribuzione madre. Implicitamente si suppone quindi che il cedimento sia governato dallo sforzo massimo che si presenta su m ripetizioni. Da questo punto di vista vi sono due tipi di limitazione all'applicazione della (7.6):

1. non è possibile applicare tale approccio al caso della verifica a fatica illimitata di un componente: esso infatti non cede se il limite di fatica viene ecceduto una sola volta su m applicazioni del carico;
2. occorre che la resistenza non venga influenzata dalle successive ripetizioni del carico, ovvero dai cicli di sollecitazione imposti al componente (durante le m ripetizioni).

Esempio 7.1 Determinare la probabilità di cedimento di un componente soggetto ad uno sforzo pulsante N(140, 10) per $5 \cdot 10^6$ cicli, la cui resistenza a fatica pulsante è descritto da una gaussiana (190, 15) e la cui resistenza statica è una gaussiana (260, 15).

La probabilità di cedimento a fatica può essere calcolata in modo semplice riferendosi al *safety margin* e trascurando completamente la ripetizione dei cicli (come descritto precedentemente). Ne risulta:

$$SM = -2.77$$

$$P_f = \Phi(-SM) = 2.8 \cdot 10^{-3}.$$

La verifica statica va effettuata considerando il massimo sforzo raggiunto sull'intera vita del componente e si potrebbe adottare quindi la (7.6). Il modo migliore di risolvere numericamente l'integrale è ricorrere al metodo della trasformata integrale (la cui tipica applicazione è la soluzione della (5.5)) con le posizioni:

$$[F_L(s)]^m = Y$$

$$F_S(s) = X \rightarrow f_S(s)ds = dX.$$

Ne risulta $P_f = 3.76 \cdot 10^{-6}$.

Utilizzo della distribuzione dello sforzo massimo

Si poteva anche risolvere il problema dell'esempio precedente con la (5.5) considerando che la ripetizione dei carichi implica il tenere in conto la distribuzione dello sforzo massimo. In tal caso al posto di f_L dobbiamo utilizzare $f_{L_{max}}$ che possiamo esprimere come:

$$f_{L_{max}} = [F_L(l)]^{m-1} \cdot f_L(l) \cdot m. \tag{7.7}$$

Come già visto possiamo scrivere:

$$f_{L_{max}} \cdot dl = dX \tag{7.8}$$

equivalente a porre:

$$X = F_L^m. \tag{7.9}$$

La (7.9) ci fa vedere quindi come si possa direttamente utilizzare la (5.5) introducendo direttamente la distribuzione di L_{max}. Un'ulteriore possibilità è descrivere questa distribuzione non come F_L^m ma attraverso i metodi della statistica dei valori estremi.

Limiti notevoli su P_f

Può essere utile cercare i limiti nei quali si può collocare l'affidabilità di un componente soggetto a ripetizioni multiple del carico. Il termine $F_L(l)$ può essere riscritto come:

$$F_L(l) = [1 - (1 - F_L(s))] \tag{7.10}$$

dove il termine $(1 - F_L(s))$ risulta minore di uno. L'espressione dell'affidabilità risulta quindi:

$$R_m = \int_0^\infty [1 - (1 - F_L(s))]^m \cdot f_S(s)ds. \tag{7.11}$$

Si può dimostrare che per $x < 1$ ed $m > 0$ vale la semplice disequazione:

$$(1 - x)^m \geq 1 - mx. \tag{7.12}$$

Questa disequazione può essere applicata alla (7.11) ottenendo:

$$R_m \geq \int_0^\infty [1 - m \cdot (1 - F_L(s))] \cdot f_S(s)ds. \tag{7.13}$$

Ricordando la (7.3) si può scrivere:

$$R_m \geq 1 - m \cdot P_{f1} \tag{7.14}$$

dove P_{f1} è la probabilità di cedimento per applicazione singola del carico.

È possibile altresì trovare un limite superiore all'affidabilità nel caso gli m carichi successivi siano perfettamente correlati. In tal caso gli m carichi sono identici: se il componente sopravvive alla prima applicazione del carico, allora sopravvive anche alle altre. In tal caso particolare si ha:

$$R_m \leq 1 - P_{f1}. \tag{7.15}$$

Le due limitazioni conducono alla disequazione:

$$1 - m \cdot P_{f1} \leq R_m \leq 1 - P_{f1}. \tag{7.16}$$

Ovvero:

$$m \cdot P_{f1} \geq P_f \geq P_{f1}. \tag{7.17}$$

Esempio 7.2 Determinare i limiti in cui cade la probabilità di cedimento statica per il componente dell'Esempio 7.1.

La probabilità di cedimento del componente soggetto ad uno sforzo pulsante $N(140, 10)$ e la cui resistenza statica è una gaussiana $N(260, 15)$ risulta:

$$SM = 6.656$$

da cui:

$$P_{f1} = \Phi(-SM) = 1.4031 \cdot 10^{-11}.$$

Applicando la (7.17) risulta:

$$m \cdot P_{f1} = 7.0153 \cdot 10^{-5} \geq P_f \geq P_{f1} = 1.4031 \cdot 10^{-11}.$$

Ricordando dalla soluzione dell'Esempio 7.1 che $P_f = 3.76 \cdot 10^{-6}$, si può facilmente apprezzare come le (7.16) e (7.17) permettano di semplificare drasticamente il calcolo. L'ulteriore commento è che il termine $m \cdot P_{f1}$ fornisce un limite superiore di rapida valutazione per P_f.

7.2.2 Elementi multipli - Singolo carico

Strutture staticamente determinate soggette ad un singolo carico P, caratterizzato dalla distribuzione cumulativa $F_P(p)$, possono essere viste come un sistema *Weakest-Link* costituito dai diversi elementi della struttura caratterizzati dalle resistenze $S_1, S_2, S_3, ..., S_n$ (Fig. 7.3). Per un assegnato carico agente, l'affidabilità del sistema è data dal prodotto delle affidabilità dei singoli elementi (sistema serie semplice).

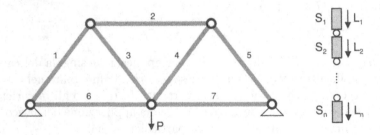

Figura 7.3. Schema di un sistema *Weakest-Link* soggetto ad un singolo carico

Se indichiamo con L_i lo sforzo indotto nei singoli elementi dal carico P, risulterà:

$$L_i = \alpha_i \cdot P. \qquad (7.18)$$

L'affidabilità del sistema si ricava a partire dall'Eq 5.4, considerando la probabilità di sopravvivenza del sistema serie:

$$R_{sist} = \int_0^\infty f_p(p) \cdot \left\{ \prod_{i=1}^n [1 - F_{S_i}(\alpha_i \cdot p)] \right\} dp. \qquad (7.19)$$

Esempio 7.3 Determinare l'affidabilità della semplice struttura rappresentata in Fig. 7.4, in cui l'asta 1 è una barra filettata con con $d = 11.5\, mm$ e resistenza descritta da una gaussiana N(700 MPa, 40 MPa) e l'asta 2 è una sezione composta da 2 profili UPN30 aventi una sezione di $1080\, mm^2$ con la resistenza del materiale sia descritta da una gaussiana N(260 MPa, 15 MPa). Si assuma per il carico un CV=0.1.

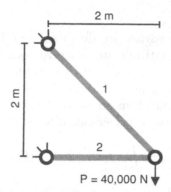

Figura 7.4. Esempio 7.3: struttura tirante-puntone

Detto P il carico nella struttura, gli sforzi nelle due aste si ricavano facilmente:

$$\alpha_1 = 0.01 \cdot \sqrt{2} \qquad \alpha_2 = 0.01.$$

Considerando la verifica a snervamento, la (7.19) si risolve con la trasformata integrale in modo analogo alla (5.5) ponendo:

$$X = F_p(p) \text{ e } Y = \prod_{i=1}^{n} [1 - F_{S_i}(\alpha_i \cdot p)].$$

Si ottiene $P_{f,sist} = 1 - R_{sist} = 1.073 \cdot 10^{-2}$.

La verifica di resistenza va però effettuata considerando per l'asta 2 anche il modo di guasto a *carico di punta*. Considerando che per i diversi modi di guasto sono **in serie** (vedasi Cap. 6), si tratterà semplicemente di introdurre per l'asta 2 un nuovo termine $Y = [1 - F_{S_i}(\alpha_i \cdot p)]$ che tenga conto della resistenza al carico di punta. Sapendo che $J = 10.2 \cdot 10^4 \, mm^4$ ed immaginando che il carico critico sia descritto da una gaussiana con CV=0.1, ne risulta che (è una grandezza che descrive una *resistenza* per l'asta 2):

$$P_{cr} \in N(51845 \text{ N}, 5184.5 \text{ N}).$$

É facile quindi introdurre questo nuovo modo di guasto e ricalcolare l'affidabilità, ottenendo: $P_{f,sist} = 1 - R_{sist} = 4.294 \cdot 10^{-2}$.

È interessante notare come l'affidabilità del sistema calcolata con la (7.19) sia diversa dal prodotto delle affidabilità dei singoli componenti, ovvero:

$$R_{sist} \neq \prod R_i = \prod_{i=1}^{n} \int f_p(p) \cdot [1 - F_{S_i}(\alpha_i \cdot p)] \, dp$$

dove R_i è l'affidabilità di una singola membratura soggetta al carico $\alpha_i \cdot p$. Ciò è dovuto al fatto che con la (7.19) si confronta un carico p con la probabilità di cedimento di tutte le membrature, mentre nel prodotto $\prod R_i$ si considerano le membrature caricate l'una indipendentemente dalle altre.

Elementi identici

Considerando il caso particolare di un sistema *Weakest-Link* costituito da elementi identici soggetti allo stesso sforzo (questo caso corrisponde ad esempio al caso di una saldatura soggetta a sforzo uniforme considerata come una successione di spezzoncini identici ma indipendenti o ad un volume di materiale immaginato come composto da volumetti identici ma indipendenti) la (7.19) si può semplificare, considerando direttamente lo sforzo L, in:

$$R_{sist} = \int_0^\infty f_L(l) \cdot [1 - F_S(l)]^n \, dl. \qquad (7.20)$$

Nella (7.20) il termine $[1 - F_S(l)]^n$ rappresenta la trasformazione per esprimere la probabilità di sopravvivenza allo sforzo l per l'elemento, sugli n che compongono il sistema, avente la minima resistenza. Ovvero la resistenza del sistema è controllata dall'elemento avente minima resistenza.

Immaginando di stimare l'affidabilità di un pezzo supposto composto di volumetti elementari, il tipico problema della (7.20), o in generale della trasformazione $[1 - F_S(l)]^n$ per descrivere gli effetti di scala, è che tende a sottostimare la resistenza. Le ragioni di tale sottostima (per un'ulteriore discussione si veda la sez. 7.3) sono:

- l'ipotesi iniziale per la (7.20) è che gli n elementi del sistema siano indipendenti: in un materiale reale le proprietà meccaniche sono identiche (o in altri termini perfettamente correlate) in 'macroregioni'. La dimensione tipica di tali macroregioni può essere desunta solo dal fenomeno fisico che regola la variabilità delle proprietà meccaniche. In ogni caso la dimensione degli n volumetti non può essere assunta minore del volume corrispondente al provino sul quale sono state ricavate le proprietà meccaniche;
- molto spesso si introduce nella (7.20) una distribuzione F_S non descrivente in modo corretto la coda bassa della distribuzione delle resistenze (ad esempio illimitata inferiormente come la gaussiana o tendente a zero come la Weibull a due parametri). Ciò porta a sottostimare la minima resistenza tra gli n elementi che compongono il sistema.

Limiti notevoli su P_f

I limiti entro i quali cade la probabilità di cedimento del sistema $P_{f,sist}$ possono essere così calcolati.

Se gli n elementi costituenti la 'catena' fossero caricati l'uno indipendente dall'altro dal carico unitario L_i, si potrebbe calcolare per ognuno di essi la probabilità di cedimento $P_{f,i}$. In tal caso risulterebbe:

$$P_{f,sist} \leq 1 - \prod_{i=1}^n [1 - P_{f,i}]. \qquad (7.21)$$

Se le resistenze degli elementi fossero perfettamente correlate, la resistenza di un elemento implicherebbe la resistenza di tutti gli altri. In tal caso:

$$\max\{P_{f,i}\} \leq P_{f,sist}. \tag{7.22}$$

Combinando le due condizioni:

$$\max\{P_{f,i}\} \leq P_{f,sist} \leq 1 - \prod_{i=1}^{n}[1 - P_{f,i}]. \tag{7.23}$$

Esempio 7.4 Con riferimento all'Esempio 7.3 è semplice ricavare con l'algebra delle variabili gaussiane le seguenti probabilità di cedimento:

$$P_{f,1} = 1.073 \cdot 10^{-2} \text{ - asta 1} \quad P_{f,2,sn} = 1.689 \cdot 10^{-26} \text{ - asta 2 (snervamento)}$$
$$P_{f,2,cr} = 3.523 \cdot 10^{-2} \text{ - asta 2 (carico critico)}.$$

Si può facilmente verificare che per $P_{f,sist}$ dell'Esempio 7.3 risulta verificato:

$$\max\{P_{f,i}\} = 3.523 \cdot 10^{-2} \leq P_{f,sist} \leq 1 - \prod_{i=1}^{n}[1 - P_{f,i}] = 4.559 \cdot 10^{-2}.$$

7.2.3 Elementi multipli - Carichi multipli

L'analisi di strutture caratterizzate da elementi multipli e sollecitata da carichi multipli può essere affrontata, con riferimento ad un sistema costituito da n elementi identici, facendo ricorso ai concetti evidenziati nei paragrafi precedenti. Ovvero si potrà scrivere un'equazione del tipo:

$$R_{m,sist} = \int_{0}^{\infty} f_{L,max}(l) \cdot [1 - F_{S,min}(l)]\, dl \tag{7.24}$$

nella quale compare la distribuzione del massimo sforzo su m ripetizioni del carico e la distribuzione della minima resistenza su n elementi del sistema.

7.3 Applicazione del metodo *Weakest-Link* al calcolo strutturale

Una tipica applicazione del metodo *Weakest-Link* è tramite la modellazione ad elementi finiti (FEM) di un qualsiasi pezzo. Ipotizzando un meccanismo di rottura *fragile*, quale ad esempio il cedimento per fatica (innescato da difetti, inclusioni o disomogeneità della microstruttura) oppure al cedimento statico di un materiale ceramico, si può modellare il componente come in Fig. 7.7.

Se definiamo l'affidabilità R_i calcolata per ogni singolo elemento (Fig. 7.5(b)) in corrispondenza di un certo carico p, l'affidabilità totale del provino applicando il metodo *Weakest-Link*, risulta essere:

$$R_{tot} = \prod_{i=1}^{n} R_i. \tag{7.25}$$

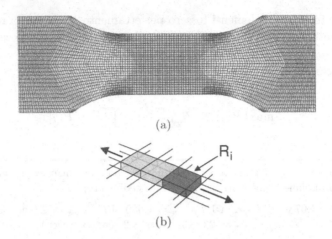

(a)

(b)

Figura 7.5. Esempio di analisi FEM di un provino [68]: a) *mesh* del provino; b) affidabilità R_i di ogni singolo elemento costituente la *mesh*

7.3.1 Formalizzazione *Weakest-Link* su modello di Weibull

Una tipica applicazione dei concetti sopra esposti è basata sul modello di Weibull [69]. Immaginando che la probabilità di cedimento di un volumetto V_o di materiale sia dovuta allo sforzo σ cui il volumetto è soggetto, la probabilità di cedimento si calcola come:

$$P_f(\sigma) = 1 - \exp\left[-\left(\frac{\sigma}{\sigma_0}\right)^k\right] \qquad (7.26)$$

in cui k è il parametro di forma della Weibull descrivente la resistenza di V_o e σ_0 è il valore caratteristico della resistenza per il quale $P_f = 63,2\%$.

La corrispondente affidabilità di un volume V soggetto allo sforzo σ è quindi:

$$R(\sigma, V) = \left\{\exp\left[-\left(\frac{\sigma}{\sigma_0}\right)^k\right]\right\}^{\frac{V}{V_0}} = \exp\left[-\frac{V}{V_0}\cdot\left(\frac{\sigma}{\sigma_0}\right)^k\right]. \qquad (7.27)$$

Nel caso di un pezzo che contenga diverse parti di volumi V_i soggette agli sforzi σ_i, l'affidabilità può essere calcolata come:

$$R_{tot} = \exp\left[-\frac{1}{V_0}\cdot\frac{1}{\sigma_0^k}\cdot\sum\left(V_i\cdot\sigma_i^k\right)\right]. \qquad (7.28)$$

Generalizzando ad un pezzo con una qualsiasi distribuzione di sforzo, normalizzata rispetto allo sforzo massimo applicato σ_{max}, l'affidabilità può essere espressa come:

$$R_{tot}\left(\sigma_{max}\right) = \exp\left[-\frac{1}{V_0} \cdot \left(\frac{\sigma_{max}}{\sigma_0}\right)^k \cdot \int_V \left(\frac{\sigma(x,y,z)}{\sigma_{max}}\right)^k dV\right]. \qquad (7.29)$$

Possiamo scrivere che il volume effettivo risulta:

$$V_{eff} = \int_V \left(\frac{\sigma(x,y,z)}{\sigma_{max}}\right)^k dV = \int_V \left(g(x,y,z)^k\right) dV \qquad (7.30)$$

dove il termine $g(x,y,z)$ è una funzione della distribuzione di sforzo nel pezzo. La (7.29) può quindi essere riscritta come:

$$R_{tot}\left(\sigma_{max}\right) = \exp\left[-\frac{1}{V_0} \cdot \left(\frac{\sigma_{max}}{\sigma_0}\right)^k \cdot V_{eff}\right]. \qquad (7.31)$$

Se i cedimenti sono governati da fratture che si originano sulla superficie del pezzo la (7.31) si modifica in:

$$R_{tot}\left(\sigma_{max}\right) = \exp\left[-\frac{1}{A_0} \cdot \left(\frac{\sigma_{max}}{\sigma_0}\right)^k \cdot A_{eff}\right]. \qquad (7.32)$$

dove si intende che la distribuzione di resistenza è stata determinata su un componente di area A_0. In questa espressione l'area effettiva del pezzo A_{eff} è:

$$A_{eff} = \int_A \left(\frac{\sigma(x,y,z)}{\sigma_{max}}\right)^k dA = \int_A \left(g(x,y,z)^k\right) dA. \qquad (7.33)$$

Se si confrontano, a parità di probabilità di cedimento, gli sforzi $\sigma_{max,1}$ e $\sigma_{max,2}$ tra due diversi componenti si ottiene:

$$\frac{\sigma_{max,2}}{\sigma_{max,1}} = \left[\frac{V_{eff,1}}{V_{eff,2}}\right]^{\frac{1}{k}}. \qquad (7.34)$$

L'utilizzo dell'analisi FEM per il calcolo della distribuzione di sforzo permette, con facilità ed in tempi ragionevoli, l'applicazione della (7.31) e della (7.32) in forma discretizzata [69].

Esempio 7.5 Si consideri la lastra intagliata di spessore 1mm rappresentata in Fig. 7.6(a), realizzata in un materiale ceramico, Al_2O_3, che su un volume $V_{ref} = 4.55$ mm^3 ha una resistenza descritta da una Weibull con $\alpha = 377$ MPa e $\beta = 26$ [70]. Si richiede di calcolare l'affidabilità in corrispondenza di un carico applicato $P = 800$N.

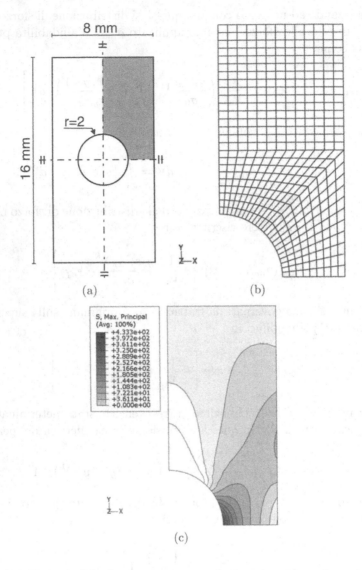

Figura 7.6. Esempio 7.5: a) componente ceramico, con in evidenza la parte modellata agli elementi finiti; b) *mesh* di una parte del componente; c) risultato dell'analisi FE per un carico applicato pari a 800 N

Considerando la simmetria del pezzo è possibile modellarne, tramite elementi finiti, solo una parte, come mostrato in Fig. 7.6(b). Imponendo uno sforzo di trazione si possono ottenere i risultati (volume e sforzo, normalizzato rispetto allo sforzo remoto, misurati per i singoli elementi applicando un carico qualsiasi) riportati nel file `lastraforata.txt`. Per un carico $P = 800$ N si ha uno sforzo $\sigma_{rem} = 100$ MPa. Si ha a disposizione una serie di elementi di cui si conoscono i volumi V_i e lo sforzo normalizzato $\sigma_{i,norm} = \sigma_i / \sigma_{rem}$. La soluzione del problema si ottiene semplicemente

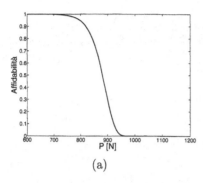 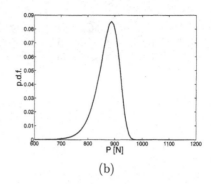

(a)   (b)

Figura 7.7. Esempio 7.5: a) affidabilità della lastra forata al variare del carico di trazione; b) funzione densità di probabilità della resistenza della lastra

applicando la (7.29) dopo aver calcolato il valore dello sforzo remoto corrispondente al carico P, ovvero $\sigma_{rem} = P/Area$. Si ottiene quindi, ponendo $\sigma_0 = \alpha$ e $k = \beta$:

$$R_{tot} = \exp\left[-4 \cdot \frac{1}{V_{ref}} \cdot \left(\frac{\sigma_{rem}}{\sigma_0}\right)^k \cdot \int_{V_i} \left(\frac{\sigma_i}{\sigma_{rem}}\right)^k dV\right] = 0.945$$

dove il termine 4 è dovuto al fatto che gli elementi di cui si conoscono V_i e $\sigma_{i,norm}$ rappresentano solo un quarto della lastra (vedasi Fig. 7.7).
L'analisi può anche essere effettuata per diversi valori del carico P ottenendo numericamente l'affidabilità in funzione del carico (Fig. 7.7(a)), che può poi essere derivata ottenendo la distribuzione che descrive la resistenza S della lastra forata (Fig. 7.7(b)).

In letteratura [19] spesso si fa riferimento a stime di resistenza ottenute su un volume $V_{90\%}$, ovvero il volume di materiale in cui lo sforzo vale $0.9 \cdot s_{max} \leq s \leq s_{max}$. Applicando questa approssimazione e limitando il calcolo agli elementi per i quali $0.9 \cdot \max(\sigma_{i,norm}) < \sigma_{i,norm} < \max(\sigma_{i,norm})$, si ottiene un'affidabilità $R_{tot,\,90\%} = 0.9461$, valore molto prossimo a quello corretto. Semplificando ulteriormente l'approccio e considerando lo sforzo medio nel $V_{90\%}$, si ottiene un'affidabilità pari a 0.956, ancora vicina al valore corretto.

7.3.2 Applicazioni

La letteratura tecnica tedesca ha storicamente adottato questo tipo di approccio per fornire una spiegazione dell'effetto d'intaglio a fatica K_f in provini di forma diversa. In particolare Bomas [71] (Fig. 7.8) ha mostrato come con tale approccio si riesca a descrivere la variazione della resistenza a fatica su acciai per cuscinetti testati con intagli di forma diversa e soggetti a diverse prove di fatica (adottando un opportuno sforzo equivalente). La ragione di tale efficacia, a dispetto del problema teorico dell'indipendenza di volumetti

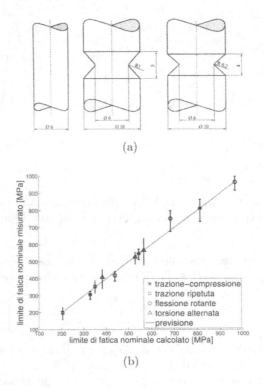

(a)

(b)

Figura 7.8. Applicazione modello WL alla resistenza a fatica di accaio per cuscinetti [71]: a) provini testati; b) confronto tra previsioni ed esperimenti

di materiale adiacenti, è il fatto che negli acciai ad elevate proprietà meccaniche la resistenza a fatica è governata dalla presenza di piccole inclusioni uniformemente diffuse all'interno del metallo (vedi Sec. 7.6).

Analoghi approcci si utilizzano per descrivere la resistenza statica di componenti ceramici [70, 72]. In particolare questa, governata dalla presenza di microdifetti interni del materiale o superficiali indotti dalle lavorazioni, è ben descritta dalla distribuzione di Weibull (Fig. 7.9(a)) e si osserva una marcata variazione della resistenza statica con V_{eff} (Fig. 7.9(b)).

Va annotato che, per le particolari tipologie di prova diverse da quelle dei metalli, nei materiali ceramici V_{eff} varia anche per effetto del tipo di prova statica (trazione, *four-point bending*, *three-point bending*) con cui si caratterizza il materiale [70, 72].

I problemi che si incontrano nell'utilizzo del WL , pur se semplificato dall'adozione della distribuzione di Weibull e di analisi ad elementi finiti, sono:

• difficoltà a scalare su volumi di materiale eccessivamente differenti per effetto della imprecisione nel descrivere bene la coda bassa della distribu-

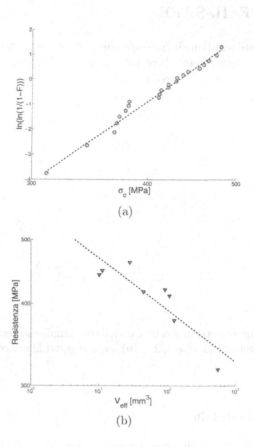

Figura 7.9. Applicazione WL ai materiali ceramici [70]: a) interpolazione con la distribuzione Weibull della resistenza statica di Al_2O_3; b) variazione della resistenza in componenti in Ni_3N_4 al variare di V_{eff}

zione (la previsione del grafico di Fig. 7.9(b) è ottenuta con un parametro k medio delle diverse serie);

- competizione tra la quotaparte di cedimenti governati dalla superficie e dal volume del pezzo che si analizza;

- la presenza di differenti popolazioni di difetti (aventi differenti densità) che di fatto fa cambiare la distribuzione di resistenza al variare di V_{eff} (un effetto sensibile sia per la resistenza a fatica dei metalli [37] sia per la resistenza statica dei ceramici [70]);

- impossibilità di descrivere cedimenti che non siano governati dalla presenza di inneschi (inclusioni, difetti, disomogeneità) uniformemente distribuiti nel materiale che si analizza.

7.4 Sistemi FAIL-SAFE

Nel caso di sistemi strutturali *fail-safe* anche molto semplici (vedasi Fig. 7.10) nei quali vi siano n elementi di resistenza S_i che svolgono la stessa funzione strutturale, il calcolo della probabilità di cedimento non può prescindere dalla schematizzazione del comportamento del materiale.

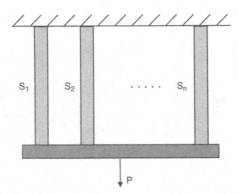

Figura 7.10. Rappresentazione schematica di un semplice sistema *fail-safe* nel quale n elementi di resistenza S_i $(i = 1, 2, ..., n)$ sono soggetti al carico P

7.4.1 Materiale duttile

Nei materiali duttili la resistenza è governata dallo snervamento. Assumendo uno schema ideale elasto-plastico, la resistenza S_i del singolo elemento coincide con il carico applicato che induce uno sforzo pari al limite di snervamento del materiale (Fig. 7.11). Raggiunto tale valore di carico massimo, l'elemento si continua ad allungare continuando a mantenere tale valore. [1]

La resistenza totale del sistema *fail-safe* risulta quindi la somma di tutte le resistenze offerte dagli elementi che sopportano lo stesso carico (o svolgono la stessa funzione strutturale):

$$S_{tot} = S_1 + S_2 \cdots + S_n. \qquad (7.35)$$

La valutazione della sicurezza del sistema strutturale va quindi effettuata con la (5.5) o la (5.7) nella quale entrano il carico sollecitante il sistema (o il gruppo di elementi in parallelo) e la resistenza globalmente offerta dagli elementi.

---

[1] Da notarsi che la resistenza S_i, cui qui ci si riferisce, è la forza massima che l'elemento $i - esimo$ può sopportare. Essa può essere calcolata, note la distribuzione del carico unitario di snervamento e le proprietà della sezione, con le trattazioni tipiche dell'algebra delle variabili casuali.

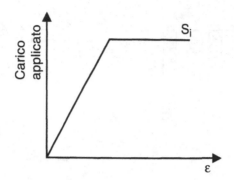

Figura 7.11. Schema ideale elasto-plastico

Esempio 7.6 Si consideri una sezione rettangolare (altezza 30 mm, larghezza 20 mm) in materiale duttile avente sollecitazione di snervamento $S_y \in N(360{,}25)$ MPa. Calcolare la probabilità di cedimento quando viene applicato un momento flettente pari a 1200 Nm con CV=0.1.

Si indichi con b la larghezza della trave, e si immagini di dividere la trave in strisce: il momento resistente offerto da una coppia di strisce simmetriche rispetto all'asse neutro risulta:

$$M_{R,i} = 2b \cdot dy \cdot y_i \cdot S_y \,.$$

Il momento resistente totale, se il materiale è identico per le diverse strisce, risulta:

$$M_{R,tot} = 2 \cdot S_y \cdot \int_0^{h/2} \cdot b \cdot y \cdot dy = b \cdot S_y \cdot \frac{h^2}{4} \,.$$

Tale momento corrisponde al Momento di plasticizzazione totale per la sezione [48] (il concetto di plasticizzazione totale si riferisce infatti ad una risposta del materiale come quella riportata in Fig. 7.11). In particolare il momento $M_{R,tot}$ risulta descritto da una gaussiana con $\mu_{M_{R,tot}} = 1620$ Nm e $\sigma_{M_{R,tot}} = 112.5$ Nm. Utilizzando l'algebra delle variabili gaussiane tra il momento applicato ed il momento resistente, risulta:

$$P_f = 0.0053 \,.$$

7.4.2 Materiale fragile

Nel caso di materiale fragile la differenza rispetto al materiale duttile è il fatto che il materiale si rompe in corrispondenza dello sforzo limite di rottura. Dal punto di vista strutturale questo implica che l'elemento strutturale non è più in grado di sopportare alcun carico. La forza agente sul sistema si ripartisce quindi sui rimanenti elementi.

Il primo e più semplice modo per analizzare questo meccanismo è immaginare che la rapida redistribuzione di sforzi provochi il cedimento di tutti gli

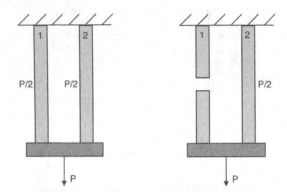

Figura 7.12. Schema del cedimento di un sistema parallelo fragile

altri elementi. In tal caso il sistema, pur essendo un sistema in parallelo dal punto di vista meccanico, si comporterebbe come un sistema *Weakest-Link*.

La trattazione corretta del fenomeno è tuttavia più complicata perché consiste nell'esaminare quello che succede nel sistema dopo la rottura del primo elemento e la ridistribuzione dello sforzo sugli altri elementi. Un modello che permette di descrivere questo fenomeno è quello proposto da Daniels [73], che elaborò questa teoria per trattare il cedimento dei filati costituiti da diverse fibre.

Si supponga di analizzare un sistema costituito da due elementi in parallelo aventi resistenza descritta dalla medesima distribuzione $F_S(x)$ (vedasi Fig. 7.12). La sequenza di eventi che porta al cedimento del sistema può essere descritta in questo modo: dapprima il carico è uniformemente ripartito sui due elementi strutturali. Dopo il cedimento dell'elemento 1, il carico viene sorretto solo dall'elemento 2. La probabilità di accadimento di questa sequenza (qui indicata come *Seq.*1) è data da:

$$Prob(Seq.1) = Prob\left(S_{elem.1} \leq \frac{p}{2}\right) \cdot Prob\left(S_{elem.1} \leq S_{elem.2} \leq p\right) .$$

Indicando con x_1 ed x_2 i carichi sopportati rispettivamente dalle aste 1 e 2:

$$Prob(Seq.1) = \int_0^{\frac{p}{2}} f(x_1) \int_{x_1}^p f(x_2) dx_2 dx_1 . \tag{7.36}$$

La probabilità che la resistenza del sistema sia minore di p (ovvero la probabilità di cedimento al carico p) si ottiene moltiplicando per due la (7.36), poiché l'altra sequenza di cedimento (prima elemento 2 e poi elemento 1) è esattamente identica alla prima . Ne risulta:

$$F_{S,sist}(p) = 2 \cdot \int_0^{\frac{p}{2}} f(x_1) \int_{x_1}^p f(x_2) dx_2 dx_1 \tag{7.37}$$

che risolta fornisce:

$$F_{S,sist}(p) = 2 \cdot F(p) \cdot F\left(\frac{p}{2}\right) - \left[F\left(\frac{p}{2}\right)\right]^2. \tag{7.38}$$

Va annotato come la (7.38) fornisca probabilità di cedimento molto maggiori di quelle che si valuterebbero considerando un semplice sistema parallelo (7.13), la cui probabilità di cedimento (considerando che ogni elemento è sollecitato da un carico $p/2$) risulta:

$$F_{par}(p) = \left[F\left(\frac{p}{2}\right)\right]^2. \tag{7.39}$$

Esempio 7.7 Si esamini un sistema in parallelo costituito da due elementi (Fig. 7.12) la cui resistenza, in termini di forza, è descritta da una gaussiana (1000 N, 100 N). Calcolare la probabilità di cedimento al variare del carico P sollecitante il sistema, nell'ipotesi di materiale duttile e fragile. Si confrontino poi tali soluzioni con i seguenti schemi 'affidabilistici': singolo elemento caricato da $p/2$, parallelo di due elementi caricati da $p/2$ (7.39).

Nel caso di materiale fragile è possibile analizzare il sistema come *Weakest-Link* (sistema serie) o con il modello di Daniels (Eq 7.38). Nel caso di materiale duttile i due elementi in parallelo hanno una resistenza descritta da una gaussiana N(2000 N, 144 N).

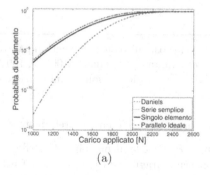
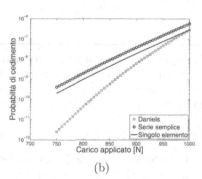

(a)   (b)

Figura 7.13. Esempio 7.7: sistema di due aste in parallelo: a) P_f al variare del carico applicato al sistema; b) particolare per carico minore di 1000 N

I risultati mostrano chiaramente la differenza tra materiale duttile e materiale fragile. In particolare, per il materiale fragile (7.13), si nota come la soluzione di Daniels dia risultati vicini alla soluzione, apparentemente troppo semplicistica, di schematizzare il parallelo di due elementi fragili come un sistema serie. I due modelli del materiale fragile tendono a discostarsi solo per $P_f < 10^{-6}$. In sistemi parallelo a ridondanza più elevata i due metodi di calcolo tendono a discostarsi maggiormente (vedasi Es.7.8), in quanto la rottura dell'elemento più debole (sistema serie) non implica un eccessivo aumento di carico sugli altri elementi.

Particolarmente interessante è confrontare i modelli corretti, che tengono conto del differente comportamento meccanico dei materiali, con le soluzioni semplici di un singolo elemento caricato da $p/2$ e di un parallelo di due elementi caricati da $p/2$ (7.39). Si può vedere come tali modelli semplici non siano molto lontani dai modelli corretti.

Le importanti osservazioni che si possono trarre dall'Esempio 7.7 sono:

- la ridondanza strutturale non equivale mai ad un 'ideale' schema in parallelo a differenza di quanto si otterrebbe immaginando gli elementi strutturali come *blocchi*;
- il materiale fragile, o in generale modalità di cedimento che non consentono di mantenere capacità di carico, non permettono di sfruttare la ridondanza strutturale;
- il materiale duttile, o in generale modalità di cedimento che permettono all'elemento rotto di mantenere una capacità di carico, consentono di avvicinarsi alle probabilità di cedimento dello schema parallelo ideale.

Il modello di Daniels generalizzato al caso di n elementi (in tal caso vi sono $n!$ possibili sequenze di guasto) fornisce:

$$F_{S,sist}(p) = n! \cdot \int_0^{\frac{p}{n}} f(x_1) \int_{x_1}^{\frac{p}{n-1}} f(x_2) \cdots \int_{x_{n-1}}^p f(x_n)dx_n \cdots dx_2 dx_1 \ . \quad (7.40)$$

Esempio 7.8 Si esamini un sistema in parallelo costituito da 4 elementi in parallelo la cui resistenza, in termini di forza, è descritta da una gaussiana N(1000 N, 100 N). Calcolare la probabilità di cedimento al variare del carico P sollecitante il sistema, nell'ipotesi di materiale duttile e fragile.

Il risultato (Fig. 7.14) è simile a quanto già ottenuto nell'esempio precedente:

- il modello di Daniels (7.40) fornisce una P_f notevolmente più alta dello schema in parallelo, confermando che il materiale fragile non permette di sfruttare la ridondanza strutturale mentre i modelli semplificati per il materiale fragile (sistema-serie e componente semplice) forniscono stime conservative di P_f rispetto al modello di Daniels;
- il materiale duttile si avvicina alla probabilità di cedimento dello schema parallelo ideale.

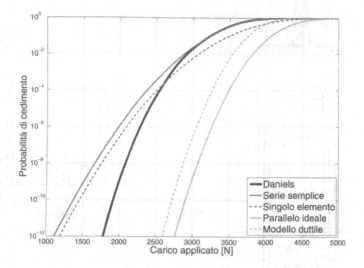

Figura 7.14. Esempio 7.8: probabilità di cedimento per un sistema di 4 elementi in parallelo aventi resistenza N(1000 N, 100 N)

7.5 Strutture complesse

Nel caso di strutture complesse le analisi si basano sullo schematizzare la struttura, dal punto di vista affidabilistico, in termini di serie e parallelo. Ad esempio nel caso della struttura di ancoraggio al suolo di una piattaforma (Fig. 7.15) gli m tiranti in parallelo sono costituiti da sistemi serie di n elementi (di solito uniti mediante giunzioni filettate o saldate).

Nel caso invece del *jacket* saldato di una piattaforma (Fig. 7.16) lo schema è abbastanza complesso: i) il ponte è supportato da aste in parallelo; ii) la connessione al *jacket* è garantita da 4 montanti schematizzati in serie (basta il cedimento di uno per far collassare la struttura); iii) all'interno del *jacket* i nodi strutturali saldati sono in serie (un cedimento pregiudicherebbe la struttura); iv) le varie aste con la stessa funzione strutturale (controventatura) sono poste in parallelo.

Si analizza quindi la struttura in termini di *failure modes* (FM). Il sistema si riduce quindi ad un sistema serie dei diversi modi di guasto: all'interno dei modi di guasto gli eventi (i cedimenti) sono in serie o in parallelo a seconda dello schema strutturale (Fig. 7.17).

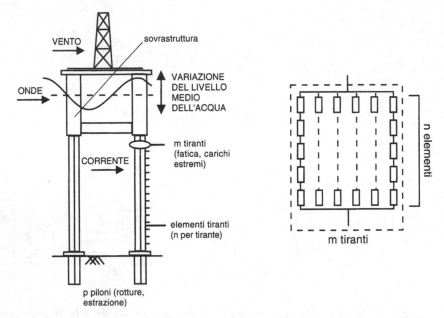

Figura 7.15. Schematizzazione dei piloni di una piattaforma *off-shore* [74]

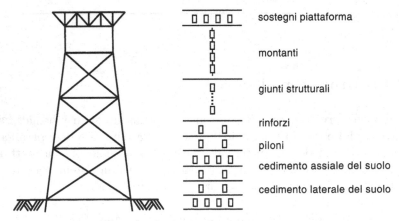

Figura 7.16. Schematizzazione di una struttura *off-shore* [74]

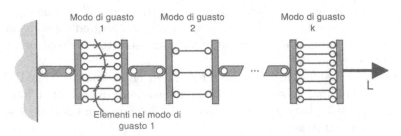

Figura 7.17. Schematizzazione di una struttura in termini di modi di guasto [74]

Ai diversi modi di guasto, che costituiscono un sistema serie, si applica la (7.23) per determinare i limiti superiore ed inferiore della probabilità di cedimento [74]:

$$\max\{P_{f,FM,i}\} \le P_{f,sist} \le 1 - \prod_{i=1}^{n} [1 - P_{f,FM,i}] \approx \sum_{i=1}^{n} P_{f,FM,i} \qquad (7.41)$$

dove i termini $P_{f,FM,i}$ indicano la probabilità di cedimento della membratura i-esima in un dato *failure mode*.

7.6 Metodi moderni di integrità strutturale

Un modo per risolvere i problemi prima descritti relativi al *Weakest-Link* è modellare direttamente il fenomeno fisico che descrive la resistenza. Nel caso di pezzi che contengono difetti o fratture il metodo è la Meccanica della Frattura.

7.6.1 Generalità

Dato un pezzo contenente un difetto, lo stato di sforzo all'apice della cricca è caratterizzato dal SIF (*Stress Intensity Factor*) che risulta espresso da:

$$K_I = F \cdot l \cdot \sqrt{\pi a} \qquad (7.42)$$

con sforzo l, lunghezza di cricca a e fattore di forma F (per un'ampia rassegna si veda ad esempio [75]).
Il cedimento fragile di un pezzo avviene quando:

$$K_I = K_{IC} \qquad (7.43)$$

cioè quando il SIF in modo I è uguale al SIF critico in modo I. Da tale relazione può essere ricavato lo sforzo critico per il cedimento (ovvero la resistenza governata dalla tenacità):

$$s_{crit}(a) = \frac{K_{IC}}{F \cdot \sqrt{\pi a}}. \qquad (7.44)$$

Dal punto di vista della fatica il parametro caratterizzante una frattura soggetta ad uno sforzo ciclico Δl è:

$$\Delta K = F \cdot \Delta l \cdot \sqrt{\pi a}. \qquad (7.45)$$

La velocità di propagazione della frattura, in un dato materiale ed ad un prefissato rapporto di ciclo R, è completamente caratterizzata dalla curva di propagazione (detta anche *diagramma di Paris*) avente la tipica forma sigmoidale di Fig. 7.18.

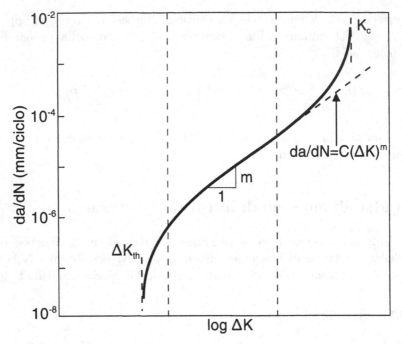

Figura 7.18. Diagramma di Paris per descrivere la velocità di propagazione delle fratture [76]

In tale curva si riconoscono tre diverse regioni:

- la regione della soglia di propagazione (in inglese *threshold*) caratterizzata dal parametro ΔK_{th} al di sotto del quale non vi è propagazione della frattura $\left(\frac{da}{dN} < 10^{-11} \frac{m}{ciclo}\right)$;
- la regione centrale (detta *regime di Paris*) in cui la velocità di propagazione, tipicamente per $\frac{da}{dN} > 10^{-9} \frac{m}{ciclo}$, è descritta dalla relazione di Paris:

$$\frac{da}{dN} = C \cdot \Delta K^m; \tag{7.46}$$

- la regione in cui la velocità di propagazione tende rapidamente a crescere allorché $K_{max} \to K_{IC}$.

La previsione del livello di sforzo al quale una data frattura non propaga può essere effettuato con la relazione:

$$\Delta s_{lim}(a) = \frac{\Delta K_{th}}{F \cdot \sqrt{\pi a}} \tag{7.47}$$

in cui il termine ΔK_{th} dipende dal rapporto di ciclo R. Va notato come la (7.47) è valida solo per fratture (o difetti) con dimensione maggiore di 1 mm. La previsione della vita a fatica può essere ottenuta integrando la relazione di Paris (7.46) o, se i livelli di ΔK corrispondenti alle dimensioni iniziali delle fratture sono nella regione *near threshold*, adottando modelli di propagazione più complessi (ad esempio equazione NASGRO) che descrivano completamente la curva di propagazione dalla soglia alla propagazione stabile [77].

Nel seguito si esaminano separatamente le analisi probabilistiche per il cedimento statico e quelle per la fatica.

7.6.2 Applicazioni analisi cedimento statico

Storicamente le applicazioni di tipo probabilistico di Meccanica della Frattura sono state dapprima utilizzate nella verifica di *vessel* di impianti nucleari, che sono costituiti da forgiati uniti da cordoni di saldatura in cui i processi (forgiatura, saldatura) creano dei difetti iniziali.

Diverse indagini sono state condotte sulle distribuzioni dei difetti nelle saldature di grosso spessore insieme con alcuni modelli di simulazione [78], ma i dati sono difficilmente trasferibili a saldature diverse da quelle investigate.

Per quanto riguarda la tenacità a frattura [79], gli acciai ferritici e bainitici (struttura cristallina cubica a facce centrate) mostrano una transizione, da frattura fragile per 'clivaggio' (*lower shelf*) a bassa temperatura a frattura duttile a temperature alte (*upper shelf*) (Fig. 7.19). I materiali che non cedono per clivaggio (ad esempio gli acciai austenitici) non mostrano invece questa transizione.

La curva di transizione [78] era stata dapprima modellata con una distribuzione di Weibull a 3 parametri:

$$Prob\,(K_{IC} \leq k) = 1 - \exp\left[-\left(\frac{k - k_{min}}{\sigma}\right)^{\beta}\right] \tag{7.48}$$

i cui parametri dipendono dalla temperatura con relazioni del tipo:

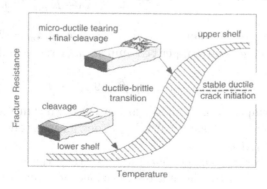

Figura 7.19. Transizione duttile-fragile in acciai ferritici e bainitici (riprodotto da [79] con permesso dell'editore)

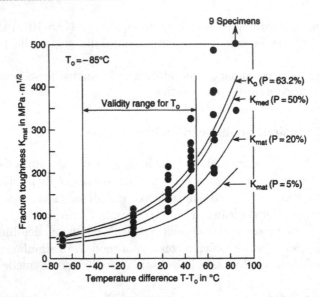

Figura 7.20. Esempio di applicazione della 'Master Curve' (riprodotto da [79] con permesso dell'editore)

$$k_{min} = A_1 + A_2 tanh[(\hat{T} + A_3)/A_4]$$
$$\beta = B_1 + B_2 tanh[(\hat{T} + B_3)/B_4]$$
$$\sigma = C_1 + C_2 tanh[(\hat{T} + C_3)/C_4]$$

dove $\hat{T} = T - FATT$ è la differenza tra la temperatura T e la *Fracture Appearance Transition Temperature* (temperatura cui corrisponde un 50% di frattura fragile sulle superfici di frattura dei provini).

Più recentemente [80, 81] si è adottata una formulazione detta *Master Curve* per il *lower shelf*, in cui la tenacità è descritta da una Weibull con:

$$Pr(K_{IC} \leq k) = 1 - \exp\left[-\left(\frac{k - K_{min}}{K_0 - K_{min}}\right)^m\right] \qquad (7.49)$$

dove tipicamente, per i comuni acciai, $m = 4$ e $K_{min} = 20 MPa\sqrt{m}$. La dipendenza dalla temperatura, per i comuni acciai, è espressa da una relazione del tipo:

$$K_0 = 31 + 77 \cdot \exp[0.019 \cdot (T - T_0)] \qquad (7.50)$$

in cui T_0 è la temperatura di riferimento a cui il valor medio della tenacità vale 100 $MPa\sqrt{m}$. La 'Master Curve' vale per un intervallo di temperatura $T_0 \pm 50°C$ (Fig. 7.20).

Nella zona *upper shelf* la tenacità a frattura (meglio espressa tramite il J_{IC}) viene descritta da una distribuzione normale o log-normale con CV=0.05÷0.1 [82].

La distribuzione dei difetti che viene considerata nel calcolo può essere [82]:

- una distribuzione normale che rappresenta gli eventuali difetti rilevati con i metodi NDT (*Non-Destructive Testing*): attraverso una σ_{NDT} che descrive l'imprecisione delle tecniche NDT nel quantificare correttamente la dimensione del difetto (σ_{NDT} dipende dalla tecnica NDT e dallo spessore del pezzo);
- una distribuzione di riferimento dei difetti (esponenziale o log-normale) ricavata da indagini sperimentali su componenti reali (in questo caso la distribuzione dipende dal tipo di processo di ottenimento del componente e non è trasferibile a condizioni differenti).

Nota la temperatura T e la distribuzione dei difetti, si determina la distribuzione del K_I (nelle diverse saldature del componente) e si calcola la probabilità di cedimento tramite l'intersezione con la distribuzione del K_{IC}. In presenza di un numero di difetti m si applica quindi il metodo *Weakest-Link* (7.55).

Esempio 7.9 Si consideri un pezzo di spessore 100 mm contenente un difetto interno di dimensione 5 mm e si assuma che la dispersione (dovuta all'errore di sizing [82]) sia pari a 5 mm. Calcolare la probabilità di cedimento nell'ipotesi che il pezzo sia soggetto ad uno sforzo di trazione $l = 300$ MPa e che la tenacità a frattura sia descritta dai seguenti parametri (dati di Fig. 7.20 a -40°C): $K_{min} = 20$ MPa$\sqrt{m}$ e $K_0 = 212.1$ MPa$\sqrt{m}$.

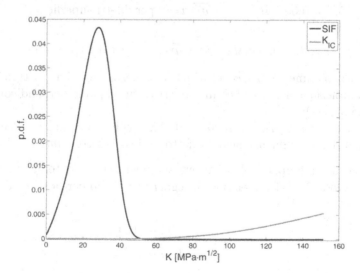

Figura 7.21. Esempio 7.9: funzione densità di probabilità del SIF e di K_{IC}

La distribuzione della dimensione del difetto può essere modellata con una gaussiana troncata inferiormente. In particolare:

$$F(a) = \frac{\Phi\left(\frac{a-5}{5}\right)}{1 - \Phi\left(\frac{-5}{5}\right)} .$$

È possibile ricavare numericamente la distribuzione del SIF all'apice del difetto a partire dalla relazione (valida per difetti circolari):

$$K = 0.636 \cdot l \cdot \sqrt{\pi a}.$$

Sulla base di tale distribuzione (Fig. 7.21) si calcola (tramite la (7.2), con L = SIF applicato e $S = K_{IC}$) una probabilità di cedimento $P_f = 2 \cdot 10^{-5}$.

7.6.3 Applicazioni al calcolo della resistenza a fatica

Una delle applicazioni più ampia dei concetti esposti nella sezione precedente si è avuta nel campo della resistenza a fatica di materiali metallici e componenti meccanici contenenti microdifetti (inclusioni, difetti dovuti al processo tecnologico).

I modelli meccanici per la stima della resistenza a fatica in presenza di difetti si basano sulle seguenti osservazioni di Murakami [19]:

- il limite di fatica di pezzi contenenti microintagli è lo sforzo limite per la propagazione di microcricche che si sviluppano all'apice degli intagli;
- il SIF per microcricche all'apice degli intagli indotti dai difetti può essere stimato con le relazioni:

$$\Delta K = 0.65 \cdot \Delta l \cdot \sqrt{\pi \cdot \sqrt{area}} \qquad \text{per difetti superficiali} \qquad (7.51)$$

$$\Delta K = 0.5 \cdot \Delta l \cdot \sqrt{\pi \cdot \sqrt{area}} \qquad \text{per difetti interni} \qquad (7.52)$$

in cui il parametro $\sqrt{area}$ esprime la dimensione della frattura (radice della proiezione dell'area del difetto/cricca su un piano perpendicolare allo sforzo agente);
- per cricche con $\sqrt{area} \leq 1000\mu m$ il ΔK_{th} non è costante ma decresce al diminuire della dimensione del difetto (è il cosiddetto *short crack effect*).

Sulla base di un'ampia mole di prove sperimentali su materiali metallici a matrice ferrosa, Murakami elaborò il seguente modello per la stima del limite di fatica ad $R = -1$ su:

$$s_w = 1.43 \cdot \frac{(HV + 120)}{\left(\sqrt{area}^{1/6}\right)} \qquad (7.53)$$

dove HV è la durezza Vickers della matrice metallica e $\sqrt{area}$ è espresso in μm. Tale modello ha avuto un'ampia diffusione per componenti in acciai e ghise (altri modelli che necessitano però di prove sperimentali di fatica con difetti sono discussi in [83]). Uno dei punti chiave per il successo nell'applicazione di questi modelli è stato impostare la stima della resistenza a fatica

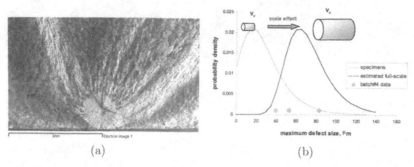

(a)   (b)

Figura 7.22. Resistenza a fatica di assali ferroviari ad alta resistenza [84]: a) inclusioni all'origine del cedimento; b) variazione delle dimensioni del difetto massimo

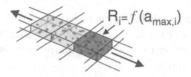

Figura 7.23. Sistema WL in cui l'affidabilità di ogni elemento della *mesh* è funzione della distribuzione del difetto massimo [68]

sulla base del difetto massimo caratteristico (espresso in termini di $\sqrt{area}$) di un componente o un lotto di componenti (vedasi Cap. 3).

Nell'ambito di questo approccio, l'effetto di scala nella resistenza a fatica è descrivibile in termine di aumento delle dimensioni di a_{max} (o $\sqrt{area}_{max}$) al variare delle dimensioni del pezzo. Si veda in Fig. 7.22 l'analisi effettuata sulla resistenza a fatica di assali ferroviari in cui la resistenza varia da circa 550 MPa su provini di 10 mm a 400 MPa su prove *full-scale*: tale effetto di scala è descrivibile sulla base di un modello simile alla (7.53) e della distribuzione dei difetti massimi nei provini [84] (vedasi Esempio 7.10). È possibile applicare questi concetti a componenti soggetti ad uno sforzo non uniforme sulla base del $V_{90\%}$ oppure, più correttamente, riferendosi ad un modello WL in cui il cedimento di ogni elemento sia descritto sulla base di relazioni quali (7.44),(7.47),(7.53) e della distribuzione del difetto massimo $a_{max,i}$ dell'elemento (Fig. 7.23).

Esempio 7.10 Nel caso di assili ferroviari in 30NiCrMoV12, una serie di analisi sperimentali ha permesso di ricavare, attraverso provini del volume di 3900 mm³, che la distribuzione dei difetti massimi (misurati in termini del parametro $\sqrt{area}$) è una Gumbel con parametri $\lambda=16$ e $\delta=17.6$ μm. La resistenza a fatica del materiale, al variare della dimensione dei difetti, è descrivibile mediante la relazione (ottenuta sperimentalmente):

$$s_W = 550 \cdot \sqrt{\frac{130}{\sqrt{area} + 130}} \, .$$

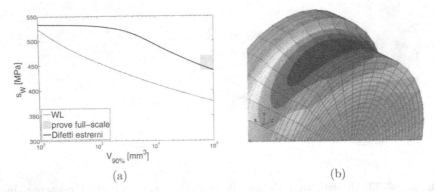

Figura 7.24. Esempio 7.10: a) resistenza a fatica al variare del volume $V_{90\%}$; b) raccordo in un assile modellato con elementi finiti

Dal punto di vista del modello WL, la resistenza a fatica di provini aventi un volume $V_{90\%}$ di 20 mm^3 è descritta da una gaussiana N(550, 50 MPa).
Sulla base di tali elementi è possibile stimare la resistenza a fatica al variare del volume $V_{90\%}$ in due modi:

- stima della distribuzione del difetto massimo al variare di $V_{90\%}$ e calcolo della resistenza a fatica attraverso la relazione ottenuta sperimentalmente (oppure tramite la (7.53));
- applicazione del modello WL.

Eseguendo il calcolo si nota una notevole differenza tra i due approcci (vedi Fig. 7.24(a) in cui sono riportati i valori modali della distribuzione di resistenza). In particolare, considerando il tipico raccordo presente su assili *full-scale* tra corpo assile e calettamento forzato (vedasi Fig. 7.24(b)) il volume $V_{90\%}$ risulta pari a 70000 mm^3. Con riferimento allo sforzo locale la resistenza valutata su diversi assili *full-scale* varia nel range 440-470 MPa: le stime ottenute attraverso i difetti estremi sono molto vicine alle risultanze sperimentali, mentre le stime WL tendono a sottostimare la resistenza.

7.6.4 Relazione tra *Weakest-Link* e Statistica dei Valori Estremi

Nel cedimento statico (Sec. 7.6.2) ed in quello per fatica (Sec. 7.6.3) ci siamo riferiti indifferentemente all'approccio WL o a quello basato sui valori estremi: analizziamo il legame tra i due approcci [68]. Consideriamo una porzione di materiale soggetta ad una sforzo costante L e contenente m difetti (Fig. 7.25(a)) che controllano il cedimento del materiale. Immaginiamo inoltre che non vi sia alcuna ripartizione di sforzo dopo il cedimento della porzione di materiale attorno ad un difetto: ovvero quando cede una porzione di materiale cede tutto il pezzo.
La distribuzione del difetto massimo nel pezzo è:

$$F_{a_{max}}(a) = [F(a)]^m. \tag{7.54}$$

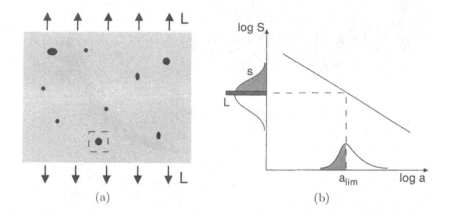

Figura 7.25. Relazione tra WL e valori estremi: a) porzione di materiale contenente m difetti; b) relazione tra S ed a

L'affidabilità del componente, utilizzando il concetto di *Weakest-Link*, si calcola:

$$R_{tot} = R^m \qquad (7.55)$$

dove R è l'affidabilità della porzione di materiale attorno ad un difetto (tratteggiata in Fig. 7.25(a)). Se la resistenza del materiale si calcola con le (7.44) e (7.47) (che in un grafico $\log S - \log a$ sono una retta, Fig. 7.25(b)), allora R si calcola come:

$$R = Prob(S > L) \rightarrow Prob(a \le a_{lim}) = F(a_{lim}). \qquad (7.56)$$

Dalla (7.55) si deriva dunque che:

$$R_{tot} = F(a_{lim})^m. \qquad (7.57)$$

Considerando la (7.54) si riconosce facilmente che:

$$F(a_{lim})^m = Prob(a_{max} \le a_{lim}).$$

Ne segue quindi che applicare il metodo WL per il calcolo dell'affidabilità della porzione di materiale soggetta ad L è esattamente equivalente a scrivere che:

$$R_{tot} = Prob(a_{max} \le a_{lim}) \qquad (7.58)$$

ovvero il metodo WL ed il calcolo sulla distribuzione di a_{max} sono coincidenti. Ciò permette di applicare i metodi propri della Statistica dei Valori Estremi per stimare a_{max} nel modo più preciso possibile: una volta nota la corrispondenza $S - a_{lim}$ (e di conseguenza $L - a_{lim}$) è semplice calcolare l'affidabilità tramite la (7.58).

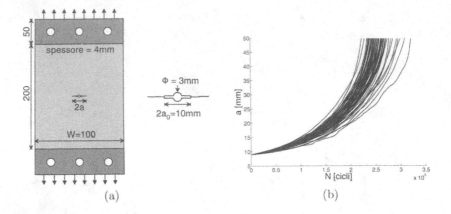

(a)   (b)

Figura 7.26. Prove sperimentali di Virkler [85]: a) dettagli del tipo di provino; b) curve di propagazione

7.6.5 Applicazioni al calcolo della vita a fatica

Modellazione probabilistica della propagazione

Un aspetto da considerare nelle applicazioni probabilistiche del calcolo di propagazione a fatica, oltre la distribuzione iniziale dei difetti, è la modellazione della peculiare dispersione dei dati di propagazione frattura.

In letteratura la base più ampia di dati è stata ottenuta da Virkler [85] con una serie di 68 prove di propagazione su una lega Al 2024-T3, i cui dettagli di prova sono richiamati in Fig. 7.26.

Il primo modo di schematizzare i dati di propagazione sul diagramma $da/dN - \Delta K$ potrebbe a prima vista modellare i dati, in modo simile a quanto si fa per il diagramma S-N, assumendo un diagramma del Paris medio e due diverse rette corrispondenti ai percentili 5% e 95%. Eseguendo delle simulazioni Montecarlo sulla base di tale ipotesi (Fig. 7.27) si tenderebbe a sovrastimare la dispersione della vita a fatica [86]. Ulteriori indicazioni suggeriscono una valutazione approssimata della dispersione in da/dN tramite un fattore 2 tra limite inferiore e superiore della curva di propagazione [87,88].

Analizzando più in dettaglio i dati delle singole prove di Virkler, è possibile evidenziare una netta correlazione tra i parametri C ed m della relazione di Paris [86]. Modellando tale correlazione mediante una distribuzione bivariata (Fig. 7.28(a)) per i coefficienti $\log(C)$ ed m, è possibile ottenere una simulazione più realistica dei dati sperimentali (Fig. 7.28(b)).

Se i livelli iniziali di ΔK sono vicini alla soglia si adottano modelli di propagazione che descrivono la transizione verso la soglia. Il modello che viene adottato nei più diffusi software di propagazione è la 'NASGRO equation' [89]:

$$\frac{da}{dN} = C \left[\left(\frac{1-f}{1-R} \right) \Delta K \right]^m \frac{\left(1 - \frac{\Delta K_{th}}{\Delta K} \right)^p}{\left(1 - \frac{K_{max}}{K_{IC}} \right)^q} \tag{7.59}$$

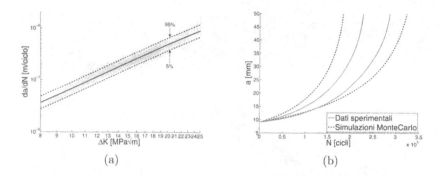

Figura 7.27. Simulazione dei dati di Virkler con parametro m costante

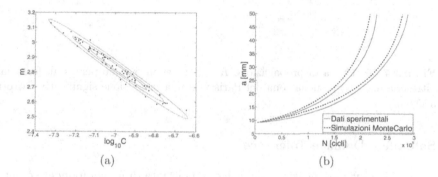

Figura 7.28. Simulazioni con distribuzione bivariata dei parametri m e C [70]

dove R è il rapporto di ciclo ed $f = S_{op}/S_{max}$ rappresenta l'effetto di *closure* (S_{op} è lo sforzo di *opening* a cui la cricca si apre in un ciclo di fatica).

I parametri ΔK_{th}, C possono in prima istanza, e conservativamente, essere modellati come delle distribuzioni log-normali ($\log(C)$ si modella quindi con una normale) assumendo il parametro m costante [90].

La norma BS7910 [91]adotta questo tipo di approccio proponendo delle curve di propagazione semplificate come spezzate (a 2 o 3 segmenti) di cui vengono fornite le equazioni per la curva media e la curva corrispodente ad una velocità di propagazione $\mu + 2\sigma$.

La simulazione realistica della propagazione dovrebbe tenere in conto le correlazioni tra le differenti grandezze meccaniche che definiscono la curva di propagazione (C, m, ΔK_{th}, vedasi Fig. 7.29), altrimenti si tende a sovrastimare la dispersione della vita a propagazione [92].

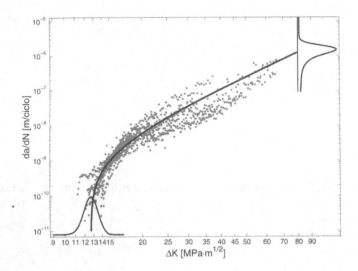

Figura 7.29. Curva di propagazione $R = -1$ per un acciaio per assali ferroviari: oltre alla dispersione nella zona del Paris vi è una dispersione significativa attorno a ΔK_{th}

Safe life e Damage Tolerance

La più ovvia applicazione del calcolo della vita di un componente è determinarne la *safe life* come cicli a propagazione a partire da una dimensione di riferimento di un difetto potenzialmente presente (tale dimensione iniziale è di solito determinata dalla soglia di rilevamento della tenica di controllo NDT con cui si ispezionano i pezzi).

Nella realtà questo approccio da una parte tenderebbe a scartare (a fine vita stimata) componenti senza evidenze di danneggiamento e si adotta solo in componenti di particolare cimento (o difficoltosa ispezione) [28].

É più comune, soprattutto per componenti che durante il loro servizio possono subire l'innesco di fratture (derivante da impatti, corrosione, danni accidentali), che il calcolo del tempo di propagazione di una frattura permetta di definire l'*intervallo di ispezione* del componente (approccio *Damage Tolerance*). Ovvero se si calcola la vita H, corrispondente alla propagazione del difetto rilevabile $a_{50\%}$ (Fig. 7.30) fino al cedimento del pezzo (o alla dimensione critica per il cedimento statico a_{crit}), in linea teorica si dovrebbe fissare l'intervallo di ispezione $I = H/2$, per avere la possibilità di ispezionare la frattura almeno 2 volte prima che si arrivi al cedimento del pezzo ($I = H/3$ per ispezionarlo 3 volte e così via).

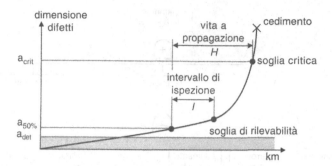

Figura 7.30. Safe life ed intervallo di ispezione

In realtà questo modo di procedere è troppo semplicistico perché non permette di valutare l'affidabilità dell'intero processo. Ogni metodo di controllo NDT ha una propria curva di POD (*Probability of Detection*) che descrive, prefissato un livello di accettazione del segnale NDT, la probabilità di rilevare un difetto al variare della dimensione dello stesso: all'aumentare della dimensione è sempre più probabile rilevare il difetto.

Si immagini di definire un intervallo di ispezione I e di scartare i componenti con una indicazione del controllo NDT maggiore del livello di accettazione; costruendo un semplice albero dei guasti, è facile ricavare che la probabilità di rilevamento P_{det} (Fig. 7.31) risulta:

$$P_{det} = 1 - \prod_{i=1}^{n} (1 - POD_i) \qquad (7.60)$$

dove il termine POD_i indica la probabilità di rilevare il difetto nei diversi controlli C_i. Conoscendo la relazione $a - N$ tra dimensione della frattura e cicli è semplice, sulla base della curva POD, ricavare P_{det} al variare dell'intervallo di ispezione I (il calcolo si può fare *in avanti* a partire dalla soglia di

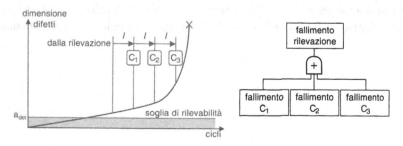

Figura 7.31. Calcolo della probabilità di rilevamento su un sistema soggetto a 3 ispezioni C_1, C_2 e C_3 (con intervallo di ispezione I)

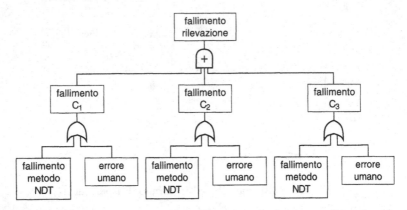

Figura 7.32. Effetto dell'errore dell'operatore [93] nel caso di tre ispezioni

rilevamento del difetto, o, cautelativamente, all'*indietro* a partire dal numero di cicli corrispondente al cedimento [93]).

Se si considera anche la possibilità che il rilevamento durante una delle ispezioni fallisca per un errore dell'operatore (oltre che per effetto della POD), l'albero dei guasti si modifica collegando con delle porte OR il fallimento dell'ispezione (curva POD) e l'errore dell'operatore che esegue i controlli (Fig. 7.32).

Nei casi reali, quali ad esempio la valutazione degli intervalli di ispezioni per assali ferroviari (per i quali è possibile confrontare le curve POD dei diversi metodi di ispezione in Fig. 7.33) , la scelta di I viene fatta con un bilancio tra i costi delle ispezioni ed i potenziali costi associati alla mancata rilevazione, la cui probabilità è $(1 - P_{det})$, di un difetto in termini di costi per un potenziale incidente [94].

L'applicazione del calcolo a propagazione viene quindi fatta modellando la propagazione di una popolazione di difetti iniziali (rilevata con una serie di indagini sperimentali, o calcolata all'*indietro* a partire da una serie di cedimenti) attraverso la descrizione probabilistica della propagazione [95]. Pur se esistono alcuni modelli analitici [95] (limitati alla sola relazione di Paris), l'applicazione del metodo Montecarlo trova ampio spazio per la flessibilità di poter adottare i più adatti modelli ed algoritmi di calcolo a propagazione.

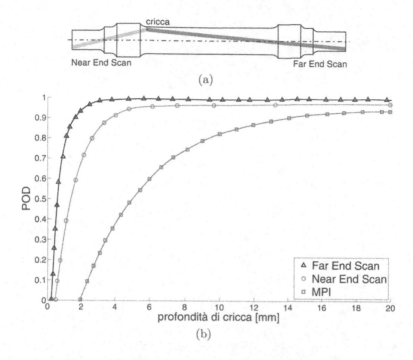

(a)

(b)

Figura 7.33. Controlli su assali ferroviari [93]: a) posizione ideale del difetto; b) curve POD dei diversi metodi di controllo non distruttivo (Far End Scan: $a_{50\%} \approx 0.5$ mm, Near End Scan: $a_{50\%} \approx 1.3$ mm, MPI: $a_{50\%} \approx 5$ mm)

Appendice A

Dati degli esempi

Tabella A.1. Esempio 1.1: Durate e frazioni di cedimento di un gruppo freno (`freni.txt`)

Distanza percorsa [km]	Numero cedimenti	Cedimenti cumulati
45000	1	1
50000	3	4
55000	5	9
60000	8	17
65000	11	28
70000	16	44
75000	18	62
80000	14	76
85000	10	86
90000	7	93
95000	4	97
100000	2	99
105000	1	100

Tabella A.2. Esempio 1.4: assile ferroviario: ampiezze dello sforzo e numero di cicli corrispondenti (sforzo_assile.txt)

Cicli	Sforzo [MPa]	Cicli	Sforzo [MPa]
7	25.5	6662	96.9
238	30.6	4373	102
2325	35.7	3391	107.1
8296	40.8	2582	112.2
15982	45.9	1753	117.3
25479	51	1028	122.4
45584	56.1	611	127.5
65151	61.2	308	132.6
74036	66.3	141	137.7
57108	71.4	45	142.8
40897	76.5	8	147.9
31017	81.6	2	153
19972	86.7	1	163.2
11800	91.8		

Tabella A.3. Esempio 1.8: sforzo di rottura rilevato su provini in AISI 1020, dati raggruppati in classi [44]

Carico rottura AISI 1020 [MPa]	Frequenza
389	2
396	18
403	23
410	31
417	83
424	109
431	138
438	151
445	139
452	130
459	82
466	49
473	28
480	11
487	4
494	2

Tabella A.4. Esempio 2.3: durata a fatica pulsante di molle per sospensioni (molle.txt)

Durata delle molle [cicli]			
93200	241500	422050	860000
100900	290000	790000	600000
140000	70250	249390	430000
150000	187000	325000	330000
161000	197200	443000	331900
180000	217660	300000	336000
181000	545150	456000	430360
236690	228000	305000	600000
240090	230000	230000	

Tabella A.5. Esempio 2.10: inclusioni rilevate in un acciaio da costruzione (inclusioni.zip)

Dimensione delle inclusioni [μm]				
8.576	1.979	1.225	2.356	3.519
2.246	6.22	2.985	0.942	5.372
2.121	4.712	4.477	4.398	6.432
1.131	2.945	3.134	1.791	8.082
1.414	1.571	5.521	1.634	1.178
1.838	1.838	7.265	2.513	1.335
1.257	4.869	4.123	1.296	0.99
2.309	0.942	1.131	1.838	0.785
0.707	4.838	4.398	1.178	0.691
2.945	2.529	3.338	2.419	5.694
0.628	0.691	3.299	0.825	1.414
1.963	5.498	2.356	1.296	0.471
1.414	5.812	5.058	2.827	0.942
0.66	0.44	1.634	0.707	

Tabella A.6. Esempio 2.13: risultati di prove di fatica su molle

Indice rottura	Durata [cicli]
R	126000
R	168000
R	172000
R	184000
R	219000
R	319000
R	334000
NR	400000
NR	450000

Tabella A.7. Esempio 3.6: venti massimi annuali rilevati nello stretto di Messina (venti.txt) [22]

Velocità venti massimi annuali [m/s]	
10.81	12.87
11.33	13.39
11.33	14.42
11.33	14.42
11.33	14.93
11.33	15.45
11.84	18.53
11.84	9.94
11.84	20.616
12.36	24.282
12.87	27.109

Tabella A.8. Esempio 3.8: dimensione dei difetti, all'origine di cedimenti, rilevati in bielle motore in ghisa sferoidale (difettibielle.txt) [23]

Dimensione dei difetti [μm]					
10	318	442	559	760	922
10	340	443	560	776	1002
63	342	445	564	778	1019
128	347	460	565	787	1043
199	348	467	572	788	1060
206	365	470	583	790	1067
218	368	476	620	814	1073
220	378	492	638	829	1137
225	393	500	694	852	1140
237	397	540	695	854	1170
254	400	540	701	865	1262
271	403	540	737	873	1275
275	424	541	741	875	1355
283	430	547	753	886	1358
290	442	555	753	904	1373

Tabella A.9. Esempio 3.9: inclusioni rilevate in un acciaio per cuscinetti mediante campionamento per estremi su aree di controllo $A_0 = 0.0309\,mm^2$ (inclu_mur.prn) [19]

Dimensione inclusioni [μm]			
1.99	3.8	4.58	6.1
2.33	3.85	4.7	6.59
2.55	3.94	4.85	6.75
2.62	3.94	4.88	7.24
3.07	3.99	4.88	7.45
3.24	4.03	4.92	7.46
3.35	4.21	5.17	7.56
3.51	4.46	5.41	8
3.61	4.5	5.92	8.11
3.8	4.5	6.01	10.38

Tabella A.10. Esempio 3.19: inclusioni massime rilevate tramite sezioni lappate di area $S_o = 66.37$ mm^2 su un acciaio da bonifica con 0.45% C [37] (c45lappature.txt)

Dimensione inclusioni massime [μm]
13.6359
16.25
16.5359
18.071
18.8746
19.1621
19.685
20.1556
20.7666
21.2867
23.9139
25.6174
26.3688
27.9788
31.7214
31.7952
32.8586
37.0388
37.5
50.73

Tabella A.11. Esempio 3.19: inclusioni all'origine della frattura in provini di volume $V_c = 668$ mm^3 soggetti a prove di fatica assiale [37] (c45fratture.txt)

Dimensione inclusioni massime [μm]
60.2
61.3
64.9
69.4
71.8
73.9
79.3
95.7

Tabella A.12. Esempio 4.8: dati ricavati da prove di fatica (`corti.txt`)

Sforzo [Mpa]	Cicli	Sforzo [Mpa]	Cicli	Sforzo [Mpa]	Cicli	Sforzo [Mpa]	Cicli
550	47000	520	71000	490	103000	460	126000
550	51000	520	75000	490	108000	460	168000
550	52000	520	90000	490	116000	460	172000
550	58000	520	98000	490	123000	460	184000
550	58000	520	100000	490	128000	460	291000
550	60000	520	102000	490	165000	460	319000
550	66000	520	126000	490	167000	460	334000
550	70000	520	131000	490	168000	460	369000

Tabella A.13. Esempio 4.9: dati ricavati da prove di fatica a deformazione imposta [96]

ϵ_t	σ_a	ϵ_e	ϵ_p	$2N_f$
0.0040	465.5	0.002365	0.001626	20000
0.0050	471.9	0.002496	0.002500	10000
0.0080	523.3	0.002709	0.005291	2000
0.0060	480.3	0.002523	0.003470	8000
0.0030	447.2	0.002236	0.000761	59858
0.0060	500.7	0.002547	0.003445	8001
0.0028	421.3	0.002091	0.000703	80001
0.0040	470.1	0.002310	0.001686	18001
0.0050	480.5	0.002418	0.002577	10001
0.0060	497.8	0.002379	0.003615	5601
0.0080	536.7	0.002590	0.005409	1801
0.0030	436.7	0.002090	0.000904	52001
0.0068	536.7	0.002471	0.004375	3000
0.0026	407.9	0.002010	0.000585	124001
0.0040	472.8	0.002242	0.001755	14801

Tabella A.14. Esempio 4.10: risultati di prove di trazione di poliammide PA66 con varie percentuali di fibra di vetro

Percentuale di fibra	R_m [Mpa]	Percentuale di fibra	R_m [Mpa]	Percentuale di fibra	R_m [Mpa]
0	54	20	102	30	121
0	62.6	20	100.9	30	119.1
0	62.2	20	102	30	123
0	62.5	20	104.2	30	121
0	61.6	20	99.3	30	108.6
0	59.1	20	97.3	30	115.8
0	56.7	20	98.5	30	115.2
0	54.9	20	101.7	30	118
0	59.1	20	99	30	118.2
0	52.4	20	100.8	30	118.5
0	53.8	20	101.4	30	120.9
0	54.2	20	102.7	30	120.4

Tabella A.15. Esempio 4.12: risultati di prove di trazione di poliammide PA66 con varie percentuali di fibra di vetro e a varie velocità di deformazione

Percentuale di fibra	Velocità di deformazione [mm/min]	R_m [Mpa]
0	5	57
	5	57.3
	5	58
	5	57.2
	25	52
	25	56.4
	25	56.8
	25	55.8
	50	53.4
	50	55.1
	50	60
	50	57
20	5	87
	5	92.3
	5	89.4
	5	90.8
	25	85
	25	96.8
	25	96
	25	94.8
	50	96.3
	50	92.6
	50	101
	50	96.6
30	5	116
	5	120.1
	5	116
	5	118.7
	25	118
	25	127.2
	25	126.5
	25	121.6
	50	125
	50	122.9
	50	131
	50	128.4

Tabella A.16. Esempio 4.14: risultati di prove di fatica a trazione di lamiere saldate

Indice rottura	Sforzo [Mpa]	Durata [cicli]
R	375	28951
R	375	20030
R	340	35150
R	340	23154
R	270	96500
R	270	56732
R	200	367215
R	200	168732
R	125	739214
R	125	1245036
R	90	1689542
NR	75	5000000
NR	90	5000000

Appendice B

Tabelle delle distribuzioni

Tabella B.1. Gaussiana: probabilità cumulata $\phi(z)$

z	.00	.01	.02	.03	.04	.05	.06	.07	.08	.09
.0	0.5000	0.5040	0.5080	0.5120	0.5160	0.5199	0.5239	0.5279	0.5319	0.5359
.1	0.5398	0.5438	0.5478	0.5517	0.5557	0.5596	0.5636	0.5675	0.5714	0.5753
.2	0.5793	0.5832	0.5871	0.5910	0.5948	0.5987	0.6026	0.6064	0.6103	0.6141
.3	0.6179	0.6217	0.6255	0.6293	0.6331	0.6368	0.6406	0.6443	0.6480	0.6517
.4	0.6554	0.6591	0.6628	0.6664	0.6700	0.6736	0.6772	0.6808	0.6844	0.6879
.5	0.6915	0.6950	0.6985	0.7019	0.7054	0.7088	0.7123	0.7157	0.7190	0.7224
.6	0.7257	0.7291	0.7324	0.7357	0.7389	0.7422	0.7454	0.7486	0.7517	0.7549
.7	0.7580	0.7611	0.7642	0.7673	0.7704	0.7734	0.7764	0.7794	0.7823	0.7852
.8	0.7881	0.7910	0.7939	0.7967	0.7995	0.8023	0.8051	0.8078	0.8106	0.8133
.9	0.8159	0.8186	0.8212	0.8238	0.8264	0.8289	0.8315	0.8340	0.8365	0.8389
1.0	0.8413	0.8438	0.8461	0.8485	0.8508	0.8531	0.8554	0.8577	0.8599	0.8621
1.1	0.8643	0.8665	0.8686	0.8708	0.8729	0.8749	0.8770	0.8790	0.8810	0.8830
1.2	0.8849	0.8869	0.8888	0.8907	0.8925	0.8944	0.8962	0.8980	0.8997	0.9015
1.3	0.9032	0.9049	0.9066	0.9082	0.9099	0.9115	0.9131	0.9147	0.9162	0.9177
1.4	0.9192	0.9207	0.9222	0.9236	0.9251	0.9265	0.9279	0.9292	0.9306	0.9319
1.5	0.9332	0.9345	0.9357	0.9370	0.9382	0.9394	0.9406	0.9418	0.9429	0.9441
1.6	0.9452	0.9463	0.9474	0.9484	0.9495	0.9505	0.9515	0.9525	0.9535	0.9545
1.7	0.9554	0.9564	0.9573	0.9582	0.9591	0.9599	0.9608	0.9616	0.9625	0.9633
1.8	0.9641	0.9649	0.9656	0.9664	0.9671	0.9678	0.9686	0.9693	0.9699	0.9706
1.9	0.9713	0.9719	0.9726	0.9732	0.9738	0.9744	0.9750	0.9756	0.9761	0.9767
2.0	0.9772	0.9778	0.9783	0.9788	0.9793	0.9798	0.9803	0.9808	0.9812	0.9817
2.1	0.9821	0.9826	0.9830	0.9834	0.9838	0.9842	0.9846	0.9850	0.9854	0.9857
2.2	0.9861	0.9864	0.9868	0.9871	0.9875	0.9878	0.9881	0.9884	0.9887	0.9890
2.3	0.9893	0.9896	0.9898	0.9901	0.9904	0.9906	0.9909	0.9911	0.9913	0.9916
2.4	0.9918	0.9920	0.9922	0.9925	0.9927	0.9929	0.9931	0.9932	0.9934	0.9936

Tabella B.2. Gaussiana: percentili $p\%$

$100 \cdot p\%$	z_p	$100 \cdot p\%$	z_p
0.0001	-4.7534	40	-0.2533
0.001	-4.2649	50	0.0000
0.01	-3.7190	60	0.2533
0.1	-3.0902	70	0.5244
0.5	-2.5758	75	0.6745
1	-2.3263	80	0.8416
2	-2.0537	90	1.2816
2.5	-1.9600	95	1.6449
5	-1.6449	97.5	1.9600
10	-1.2816	98	2.0537
20	-0.8416	99	2.3263
25	-0.6745	99.5	2.5758
30	-0.5244	99.9	3.0902

Tabella B.3. Percentili distribuzione $\chi^2(P; \nu)$

$\nu \backslash P$	0.005	0.01	0.025	0.05	0.10	0.90	0.95	0.975	0.99	0.995
1	0.000	0.000	0.001	0.004	0.016	2.706	3.841	5.024	6.635	7.879
2	0.010	0.020	0.051	0.103	0.211	4.605	5.991	7.378	9.210	10.597
3	0.072	0.115	0.216	0.352	0.584	6.251	7.815	9.348	11.345	12.838
4	0.207	0.297	0.484	0.711	1.064	7.779	9.488	11.143	13.277	14.860
5	0.412	0.554	0.831	1.145	1.610	9.236	11.070	12.833	15.086	16.750
6	0.676	0.872	1.237	1.635	2.204	10.645	12.592	14.449	16.812	18.548
7	0.989	1.239	1.690	2.167	2.833	12.017	14.067	16.013	18.475	20.278
8	1.344	1.646	2.180	2.733	3.490	13.362	15.507	17.535	20.090	21.955
9	1.735	2.088	2.700	3.325	4.168	14.684	16.919	19.023	21.666	23.589
10	2.156	2.558	3.247	3.940	4.865	15.987	18.307	20.483	23.209	25.188
11	2.603	3.053	3.816	4.575	5.578	17.275	19.675	21.920	24.725	26.757
12	3.074	3.571	4.404	5.226	6.304	18.549	21.026	23.337	26.217	28.300
13	3.565	4.107	5.009	5.892	7.042	19.812	22.362	24.736	27.688	29.819
14	4.075	4.660	5.629	6.571	7.790	21.064	23.685	26.119	29.141	31.319
15	4.601	5.229	6.262	7.261	8.547	22.307	24.996	27.488	30.578	32.801
16	5.142	5.812	6.908	7.962	9.312	23.542	26.296	28.845	32.000	34.267
17	5.697	6.408	7.564	8.672	10.085	24.769	27.587	30.191	33.409	35.718
18	6.265	7.015	8.231	9.390	10.865	25.989	28.869	31.526	34.805	37.156
19	6.844	7.633	8.907	10.117	11.651	27.204	30.144	32.852	36.191	38.582
20	7.434	8.260	9.591	10.851	12.443	28.412	31.410	34.170	37.566	39.997
21	8.034	8.897	10.283	11.591	13.240	29.615	32.671	35.479	38.932	41.401
22	8.643	9.542	10.982	12.338	14.041	30.813	33.924	36.781	40.289	42.796
23	9.260	10.196	11.689	13.091	14.848	32.007	35.172	38.076	41.638	44.181
24	9.886	10.856	12.401	13.848	15.659	33.196	36.415	39.364	42.980	45.559
25	10.520	11.524	13.120	14.611	16.473	34.382	37.652	40.646	44.314	46.928
26	11.160	12.198	13.844	15.379	17.292	35.563	38.885	41.923	45.642	48.290
27	11.808	12.879	14.573	16.151	18.114	36.741	40.113	43.195	46.963	49.645
28	12.461	13.565	15.308	16.928	18.939	37.916	41.337	44.461	48.278	50.993
29	13.121	14.256	16.047	17.708	19.768	39.087	42.557	45.722	49.588	52.336
30	13.787	14.953	16.791	18.493	20.599	40.256	43.773	46.979	50.892	53.672

Tabella B.4. Percentili distribuzione $t(P; \nu)$

$\nu \backslash P$	0.75	0.90	0.95	0.975	0.99	0.995	0.999	0.9995
1	1.000	3.078	6.314	12.706	31.821	63.657	318.31	636.62
2	0.816	1.886	2.920	4.303	6.965	9.925	22.327	31.599
3	0.765	1.638	2.353	3.182	4.541	5.841	10.215	12.924
4	0.741	1.533	2.132	2.776	3.747	4.604	7.173	8.610
5	0.727	1.476	2.015	2.571	3.365	4.032	5.893	6.869
6	0.718	1.440	1.943	2.447	3.143	3.707	5.208	5.959
7	0.711	1.415	1.895	2.365	2.998	3.499	4.785	5.408
8	0.706	1.397	1.860	2.306	2.896	3.355	4.501	5.041
9	0.703	1.383	1.833	2.262	2.821	3.250	4.297	4.781
10	0.700	1.372	1.812	2.228	2.764	3.169	4.144	4.587
11	0.697	1.363	1.796	2.201	2.718	3.106	4.025	4.437
12	0.695	1.356	1.782	2.179	2.681	3.055	3.930	4.318
13	0.694	1.350	1.771	2.160	2.650	3.012	3.852	4.221
14	0.692	1.345	1.761	2.145	2.624	2.977	3.787	4.140
15	0.691	1.341	1.753	2.131	2.602	2.947	3.733	4.073
16	0.690	1.337	1.746	2.120	2.583	2.921	3.686	4.015
17	0.689	1.333	1.740	2.110	2.567	2.898	3.646	3.965
18	0.688	1.330	1.734	2.101	2.552	2.878	3.610	3.922
19	0.688	1.328	1.729	2.093	2.539	2.861	3.579	3.883
20	0.687	1.325	1.725	2.086	2.528	2.845	3.552	3.850
21	0.686	1.323	1.721	2.080	2.518	2.831	3.527	3.819
22	0.686	1.321	1.717	2.074	2.508	2.819	3.505	3.792
23	0.685	1.319	1.714	2.069	2.500	2.807	3.485	3.768
24	0.685	1.318	1.711	2.064	2.492	2.797	3.467	3.745
25	0.684	1.316	1.708	2.060	2.485	2.787	3.450	3.725
26	0.684	1.315	1.706	2.056	2.479	2.779	3.435	3.707
27	0.684	1.314	1.703	2.052	2.473	2.771	3.421	3.690
28	0.683	1.313	1.701	2.048	2.467	2.763	3.408	3.674
29	0.683	1.311	1.699	2.045	2.462	2.756	3.396	3.659
30	0.683	1.310	1.697	2.042	2.457	2.750	3.385	3.646
40	0.681	1.303	1.684	2.021	2.423	2.704	3.307	3.551
60	0.679	1.296	1.671	2.000	2.390	2.660	3.232	3.460
120	0.677	1.289	1.658	1.980	2.358	2.617	3.160	3.373

Tabella B.5. Fattore di tolleranza per la distribuzione normale $K(n; \gamma; p)$ [97]

	$\gamma = 0.75$					$\gamma = 0.90$					$\gamma = 0.95$				
	0.75	0.9	0.95	0.99	0.999	0.75	0.9	0.95	0.99	0.999	0.75	0.9	0.95	0.99	0.999
2	4.498	6.301	7.414	9.531	11.92	11.41	15.98	18.80	24.17	30.23	22.86	32.02	37.67	48.43	60.57
3	2.501	3.538	4.187	5.431	6.844	4.132	5.847	6.919	8.974	11.31	5.922	8.380	9.916	12.86	16.21
4	2.035	2.892	3.431	4.471	5.657	2.932	4.166	4.943	6.440	8.149	3.779	5.369	6.370	8.299	10.50
5	1.825	2.599	3.088	4.033	5.117	2.454	3.494	4.152	5.423	6.879	3.002	4.275	5.079	6.634	8.415
6	1.704	2.429	2.889	3.779	4.802	2.196	3.131	3.723	4.870	6.188	2.604	3.712	4.414	5.775	7.337
7	1.624	2.318	2.757	3.611	4.593	2.034	2.902	3.452	4.521	5.750	2.361	3.369	4.007	5.248	6.676
8	1.568	2.238	2.663	3.491	4.444	1.921	2.743	3.264	4.278	5.446	2.197	3.136	3.732	4.891	6.226
9	1.525	2.178	2.593	3.400	4.330	1.839	2.626	3.135	4.098	5.220	2.078	2.967	3.532	4.631	5.899
10	1.492	2.131	2.537	3.328	4.241	1.775	2.535	3.018	3.959	5.046	1.987	2.839	3.379	4.433	5.649
11	1.465	2.093	2.493	3.271	4.169	1.724	2.463	2.933	3.849	4.906	1.916	2.737	3.259	4.277	5.452
12	1.443	2.062	2.456	3.223	4.110	1.683	2.404	2.863	3.758	4.792	1.858	2.655	8.162	4.150	5.291
13	1.425	2.036	2.424	3.183	4.059	1.648	2.355	2.805	3.682	4.697	1.810	2.587	3.081	4.044	5.158
14	1.409	2.013	2.398	3.148	4.016	1.619	2.314	2.756	3.618	4.615	1.770	2.529	3.012	3.955	5.045
15	1.395	1.994	2.375	3.118	3.979	1.594	2.278	2.713	3.562	4.545	1.735	2.480	2.954	3.878	4.949
16	1.383	1.977	2.355	3.092	3.946	1.572	2.246	2.676	3.514	4.484	1.705	2.437	2.903	3.812	4.865
17	1.372	1.962	2.337	3.069	3.917	1.552	2.219	2.643	3.471	4.430	1.679	2.400	2.858	3.754	4.791
18	1.363	1.948	2.321	3.048	3.891	1.535	2.194	2.614	3.433	4.382	1.655	2.366	2.819	3.702	4.725
19	1.355	1.936	2.307	3.030	3.867	1.520	2.172	2.588	3.399	4.339	1.635	2.337	2.784	3.656	4.667
20	1.347	1.925	2.294	3.013	3.846	1.506	2.152	2.564	3.368	4.300	1.616	2.310	2.752	3.615	4.614
25	1.317	1.883	2.244	2.948	3.764	1.453	2.077	2.474	3.251	4.151	1.545	2.208	2.631	3.457	4.413
30	1.297	1.855	2.210	2.904	3.708	1.417	2.025	2.413	3.170	4.049	1.497	2.140	2.549	3.350	4.278
40	1.271	1.818	2.166	2.846	3.635	1.370	1.959	2.334	3.066	3.917	1.435	2.052	2.445	3.213	4.104
50	1.255	1.794	2.138	2.809	3.588	1.340	1.916	2.284	3.001	3.833	1.396	1.996	2.379	3.126	3.993
100	1.218	1.742	2.075	2.727	3.484	1.275	1.822	2.172	2.854	3.646	1.311	1.874	2.233	2.934	3.748
500	1.177	1.683	2.006	2.636	3.368	1.201	1.717	2.046	2.689	3.434	1.215	1.737	2.070	2.721	3.475
1000	1.169	1.671	1.992	2.617	3.344	1.185	1.695	2.019	2.654	3.390	1.195	1.709	2.036	2.676	3.418

Glossario

$\#\{A\}$	numero di elementi dell'insieme A
$\sup A$	estremo superiore dell'insieme A
$x :$	x tale che
$Prob(A)$	probabilità dell'evento A
v.a.	variabile aleatoria
X	con la lettera maiuscola dell'alfabeto latino è indicata la generica variabile aleatoria
$\mathcal{X}$	campo di esistenza della variabile X
x	realizzazione o valore argomentale della variabile aleatoria X
$F_X(x)$	funzione di probabilità cumulata della variabile aleatoria X
$f_X(x)$	densità della variabile aleatoria X
$R(x)$	funzione di sopravvivenza della variabile aleatoria X
p.d.f	acronimo per funzione di densità di probabilità (*probability density function*)
c.d.f.	acronimo per *cumulative distribution function*, ovvero funzione di probabilità cumulata
x_p	percentile di ordine $p \cdot 100\%$ della variabile aleatoria X
$E(X)$	media della v.a. X
$Var(X)$	varianza della v.a. X
sd(X)	deviazione standard della v.a. X
$CV(X)$	coefficiente di variazione della v.a. X
$Cov(X, Y)$	covarianza tra le v.a. X e Y
$\rho_{X,Y}$	coefficiente di correlazione lineare tra le v.a. X e Y
R^2	coefficiente di determinazione
i.i.d.	acronimo per indipendenti ed identicamente distribuite
$\hat{\vartheta}$	stimatore del parametro ϑ
$\bar{\vartheta}, \underline{\vartheta}$	limite superiore ed inferiore di un intervallo di confidenza per il parametro ϑ

$\mathcal{L}$	funzione di verosimiglianza
ℓ	funzione di log-verosimiglianza
ML	acronimo per *Maximum Likelihood*, ovvero massima verosimiglianza
Lr	acronimo per *Likelihood ratio*, ovvero rapporto di verosimiglianza
$q(x)$	funzione di probabilità cumulata empirica
$X_{(1)}$	minimo tra le osservazioni X_1, X_2, ..., X_n
$X_{(n)}$	massimo tra le osservazioni X_1, X_2, ..., X_n
$N(\mu, \sigma)$	distribuzione normale di media μ e deviazione standard σ
$LN(\mu, \sigma)$	distribuzione log-normale di media μ e deviazione standard σ
$Weibull(\alpha, \beta)$	distribuzione di Weibull di parametri α e β
$Exp(\lambda)$	distribuzione esponenziale di parametro λ
$SEVD(\lambda, \delta)$	Smallest Extreme Value Distribution di parametri λ e δ
$LEVD(\lambda, \delta)$	Largest Extreme Value Distribution di parametri λ e δ
χ^2_ν	distribuzione chi quadro con ν gradi di libertà
t_n	distribuzione t Student con n gradi di libertà
$x(T)$	valore argomentale della v.a. X relativo al tempo di ritorno T
POT	Peak Over Threshold

Riferimenti bibliografici

1. G. Belingardi. *Strumenti statistici per la meccanica sperimentale e l'affidabilità.* Levrotto & Bella, Torino, 1996
2. S.S. Rao. *Reliability-Based Design.* McGraw-Hill, New York, 1992
3. ASTM E739. Standard Practice for Statistical Analysis of Linear or Linearized Stress-Life (S-N) and Strain-Life (ϵ -N) Fatigue Data. American Society for Testing And Materials, 1991
4. S. Nishijima. Statistical Fatigue Properties of Some Heat-Treated Steels for Machine Structural Use. In R.E. Little and J.C. Ekvall, editors, *Statistical Analysis of Fatigue Data, ASTM STP 744,* pages 75–88. American Society for Testing And Materials, West Conshohocken (PA), 1981
5. A. Haldar and S. Mahadevan. *Probability, reliability and statistical methods in engineering design.* John Wiley & S., New York, 2000
6. W. Weibull. A Statistical Distribution Function of Wide Applicability. *Journal of Applied Mechanics (ASME Trans.),* 18:293–297, 1951
7. S. Beretta et al. Defect tolerance of mechanical components. Technical Report 91/05 CR, Politecnico di Milano, 2005
8. V.Grubisic. Determination of Load Spectra for Design and Testing. *International Journal of Vehicle Design,* 15:8–26, 1994
9. ISO EN 1993. Eurocode 3: Design of steel structures. ISO, 2005
10. IIW XIII-1539-95. Recommendations on fatigue of welded components. International Welding Institute, 1995
11. W. Nelson. *Applied Life Data Analysis.* J. Wiley & Sons, New York, 1981
12. A. D. Belegundu and T. R. Chandrupatla. *Optimization Concepts and Applications in Engineering.* Prentice Hall, Upper Saddle River (NJ), 1999
13. J.R. Mayne. The estimation of extreme winds. *J. Ind. Aerodyn.,* 5:109–137, 1979
14. R.D. Reiss and M. Thomas. *Statistical Analysis of Extreme Values.* Birkhauser Verlag, Basel, 1997
15. S. Coles. *An Introduction to Statistical Modeling of Extreme Values.* Springer, London, 2001
16. S. Nadarajah and S. Kotz. *Extreme Value Distributions Theory and Applications.* Imperial College Press, London, 2000
17. E.J. Gumbel. *Statistics of Extremes.* Columbia University Press, New York, 1957

18. B. Gompertz. On the Nature of the Function Expressive of the Law of Human Mortality, and on a New Mode of Determining the Value of Life Contingencies. *Philosophical Transaction of the Royal Society of London*, 115:513–585, 1825

19. Y. Murakami. *Metal Fatigue: Effects of Small Defects and Nonmetallic Inclusions*. Elsevier, Oxford, 2002

20. O. Buxbaum. Extreme Value Analysis and its application to C.G. vertical accelerations measured on transport airplanes ot type C-130. Technical report, AGARD, 1970

21. R.H. Scanlan and E. Simiu. *Wind effects on structures*. J. Wiley & Sons, New York, 1986

22. Gasparetto M. Bocciolone M. Determinazione dei venti estremi nella zona dello stretto di Messina. In *Atti Congresso ANIV*, 1990

23. S. Beretta. Defect tolerant design of automotive components. *Int. J. Fatigue, No. 4*, 19:319–333, 1997

24. D.M. 16-01-96. Norme tecniche relative ai criteri generali per la verifica di sicurezza delle costruzioni e dei carichi e dei sovraccarichi. Ministero Lavori Pubblici, 1996

25. CNR-UNI 10012-85. Istruzioni per la valutazione delle azioni sulle costruzioni. Consiglio Nazionale delle Ricerche, 1985

26. R. Smith. *Handbook of Applicable Mathematics*, chapter Extreme Value Theory. J. Wiley & Sons, New York, 1990

27. W. Schutz. The significance of service load data for fatigue analysis. In J. Solin, G. Marquis, A. Siljiander, and S. Sipila, editors, *Fatigue Design, ESIS 16*. MEP, Bury St. Edmonds, 1994

28. J. Schijve. *Fatigue of Structures and Materials*. Kluwer Academic Publishers, Dordrecht, 2001

29. T. Endo et alii. Rain-flow method, the proposal and the applications. Technical report, Kyushu Institute Techical Engineering, 1974

30. ASTM E1049-85. Standard practice for Cycle Counting in Fatigue Analysis. American Society for Testing And Materials, 2005

31. D. Schütz, H. Klätschke, H. Steinhilber, P. Heuler, W. Schütz. Standardized load sequences for car wheel suspension components - Car Loading Standard CARLOS. Technical Report LBF Report No. FB-191, Fraunhofer-Institut Für Betriebsfestigkeit, 1990

32. P. Johannesson. Extrapolation of load histories and spectra. *Fatigue Fract. Engng. Mater. Struct.*, 29:201–207, 2006

33. M. Carboni, A. Cerrini, P. Johannesson, M. Guidetti, and S. Beretta. Load spectra analysis and reconstruction for hydraulic pump components. *Fatigue Fract. Engng. Mater. Struct.*, 31:251–261, 2008

34. ASTM E45-05. Standard test methods for determining the inclusion content of steel. American Society for Testing And Materials, 2005

35. Y. Murakami. Inclusion rating by statistics of extreme values and its application to fatigue strength prediction and quality control of materials. *J. Res. Natl. Inst. Stand. Tehcnol.*, 99:345–351, 1994

36. ASTM E2283-03. Standard practice for Extreme Value Analysis of Nonmetallic Inclusions in Steels and Other Microstructural Features. American Society for Testing And Materials, 2003

37. S. Beretta and Y. Murakami. Largest-extreme-value distribution analysis of multiple inclusion types in determining steel cleanliness. *Metallurgical and Materials Trans. B*, 32:517–523, 2001

38. S.M Ross. *Probabilità e statistica per l'ingegneria e le scienze.* Apogeo, Milano, 2003

39. D.C. Montgomery, D.C. Runger, and N.F. Hubele. *Statistica per l'ingegneria.* Egea, Milano, 2004

40. W. Nelson. *Accelerated Testing.* J. Wiley & Sons, New York, 1990

41. T. A. Harris and M. N. Kotzalas. *Rolling Bearing Analysis.* CRC Press, Boca Raton (FL), 2007

42. MIL-HDBK-217: Reliability prediction of electronic equipment. Technical report, Department of Defense, 1991

43. E.B. Haugen. *Probabilistic mechanical design.* John Wiley & S., New York, 1980

44. J.E. Shigley, C.R. Mischke, and R.G. Budynas. *Progetto e costruzione di macchine.* McGraw-Hill, Milano, 2005

45. A. Carter, P. Martin, and A.N. Kinkead. Design for reliability. In *Mechanical Reliability in the Process Industries*, pages 1–10. Institution of Mechanical Engineers, London, 1984

46. ISO EN 1990. Eurocode 0: Basis of structural design. ISO, 2002

47. G. Sedlacek and O. Kraus. Use of safety factors for the design of steel structures according to eurocodes. *Engineering Failure Analysis*, 14:434–441, 2007

48. P. Davoli, L. Vergani, S. Beretta, M. Guagliano, and S. Baragetti. *Costruzione di Macchine 1.* McGraw-Hill, Milano, 2007

49. D. B. Kececioglu and V. R. Lalli. Reliability approach to rotating-component design. Technical Report TN D-7846, NASA, 1975

50. W. Weibull. *Fatigue Testing and the Analysis of Results.* Pergamon Press, Oxford, 1961

51. S. Loren. Fatigue limit estimated using finite lives. *Fatigue Fract. Engng. Mater. Struct.*, 26:757–766, 2003

52. ISO EN 1968. Transportable gas cylinders - periodic inspection and testing of seamless steel gas cylinders. ISO, 2002

53. Handbook of reliability prediction procedures for mechanical equipment. Technical report, Naval Surface Warfare Center, 1992

54. M. T. Kowal. Mechanical system reliability modeling and cost integration. In T. A. Cruse, editor, *Reliability based mechanical design.* Marcel Dekker, New York, 1997

55. ISO EN 13849-1. Safety related parts of control systems. ISO, 2006

56. K. Kapur. Techniques of estimating reliability at design stage. In W. G. Ireson, C.F. Coombs, and R. Moss, editors, *Handbook of Reliability Engineering.* McGraw-Hill, New York, 1996

57. A. Birolini. *Reliability Engineering - Theory and Practice.* Springer, Berlin, 1999

58. SAE-J1739. Design FMEA, Process FMEA and Machinery FMEA. Society of Automotive Engineers, 2002

59. NRC, Aeronautics and Space Engineering Board, editor. *Post-Challenger Evaluation of Space Shuttle Risk Assessment and Management.* National Academy Press, Washington D.C., 1988

60. MIL-HDBK-1629A. Procedures for Performing a Failure Mode, Effects and Criticality Analysis. Dept. of Defense, USA, 1980

61. TM 5-698-4. Failure Modes, Effects and Criticality Analyses (FMECA) for Command, Control, Communications, Computer, Intelligence, Surveillance, and Reconnaissance (C4ISR) Facilities. Dept. of the Army, USA, 2006

62. W. Vesely et. al. *Fault Tree Handbook*. U.S. Nuclear Regulatory Commission, 1981

63. J.D. Lazor. Failure Mode and Effect Analysis (FMEA) and Fault Tree Analysis. In W. G. Ireson, C.F. Coombs, and R. Moss, editors, *Handbook of Reliability Engineering*. McGraw-Hill, New York, 1996

64. J. Cowley. Steering gear, new concepts and requirements. *Trans. Inst. Mar. Eng*, 94(23), 1982

65. NRC Fact Sheet. Three Mile Island Accident. U.S. Nuclear Regulatory Commission, 2006

66. NUREG/CR-1278. Handbook of Human Reliability Analysis with Emphasis on Nuclear Power Plant Applications (THERP) Final Report. Sandia Nat. Laboratories, 1983

67. NUREG/CR-6753. Review of Findings for Human Error Contribution to Risk in Operating Events. U.S. Nuclear Regulatory Commission, 2001

68. S. Beretta, G. Chai, E. Soffiati. A weakest-link analysis for fatigue strength of components containing defects. In *Proc. ICF11 International Conference on Fracture*, 2005

69. A. Diemar, R. Thumser, and J.W. Bergmann. Determination of local characteristics for the application of the weakest-link model. *Mat.-wiss. u. Werkstofftechnik*, 36(5):204–210, 2005

70. D. Munz and T. Fett. *Ceramics: mechanical properties, failure behaviour, materials selection*. Springer, Berlin, 1999

71. H. Bomas, T. Linkewitz, and P. Mayr. Application of a weakest-link concepts to the fatigue limit of the bearing steel SAE52100 in a bainitic condition. *Fatigue Fract. Engng. Mater. Struct.*, 22:733–741, 1999

72. W.H. Muller, R. Ramme, and C. Bornhauser. Application in ceramic structures. In C. Sundararajan, editor, *Probabilistic structural mechanics handbook*. Chapman and Hall, New York, 1995

73. H.E. Daniels. The statistical theory for the strength of bundles of threads. *Proc. of the Royal Society*, A183:405–435, 1945

74. F. Moses. Probabilistic analysis of structural systems. In C. Sundararajan, editor, *Probabilistic structural mechanics handbook*. Chapman and Hall, New York, 1995

75. Y. Murakami, editor. *The Stress Intensity Factor Handbook*. Pergamon Press, Oxford, 1987

76. S. Suresh. *Fatigue of Materials*. Cambridge University Press, Cambridge, 1998

77. AFGROW. User guide and technical manual. Technical report, U.S. Air Force Research Laboratory, 2002

78. D.O. Harris. Probabilistic fracture mechanics. In C. Sundararajan, editor, *Probabilistic structural mechanics handbook*. Chapman and Hall, New York, 1995

79. U. Zerbst, M. Schödel, S. Webster and R. Ainsworth. *Fitness-for-Service Fracture Assessment of Structures Containing Cracks*. Elsevier, Oxford, 2007

80. K. Wallin. Master curve analysis of the 'Euro' fracture toughness dataset. *Engng. Fract. Mechanics*, 69:451–481, 2002

81. ASTM E1921-05. Standard Test Method for Determination of Reference Temperature, To, for Ferritic Steels in the Transition Range. American Society for Testing And Materials, 2005

82. P. Dillström. ProSINTAP - A probabilistic program implementing the SINTAP assessment procedure. *Eng. Frac. Mech.*, (67):647–668, 2000

83. Y. Murakami and M. Endo. Effect od defects, inclusions and inhomogeneities on fatigue strength. *Int. J. Fatigue*, 16:163 182, 1994

84. S. Beretta, A. Ghidini, and F. Lombardo. Fracture mechanics and scale effects in the fatigue of railway axles. *Engng. Fract. Mechanics*, 72:195–208, 2005

85. D.A. Virkler, B.M. Hilberry, and P.K. Goel. The statistical nature of fatigue crack propagation. *J. Engng. Mater. Tech.*, 101:148–153, 1979

86. C. Annis. Probabilistic life prediction is'nt as easy as it looks. In W. S. Johnson and B.M. Hilberry, editors, *Probabilistic aspects of Life Prediction, ASTM STP 1450*. American Society for Testing And Materials, West Conshohocken (PA), 2004

87. D. Broek. *The Practical Use of Fracture Mechanics*. Kluwer Academic Publishers, Dordrecht, 1989

88. *Damage Tolerance Assessment Handbook*, volume I. FAA Technical Center, 1993

89. J. C. Jr. Newman. A crack-closure model for predicting fatigue crack growth under aircraft spectrum loading. In J.B.Chang and C.M.Hudson, editors, *Methods and Models for Predicting Fatigue Crack Growth under Random Loading, ASTM STP 748*. American Society for Testing And Materials, West Conshohocken (PA), 1981

90. S. Beretta and M. Carboni. Experiments and stochastic model for propagation lifetime of railway axles. *Engng. Fract. Mechanics*, 73:2627–2641, 2006

91. BS 7910. Guide on methods for assessing the acceptability of flaws in fusion welded structures. British Standards, 1999

92. S. Beretta, A. Villa. A RV approach for the analysis of crack growth with NASGRO propagation equation. In *Proc. ASRANET Conference*, 2008

93. M. Carboni and S. Beretta. Effect of probability of detection upon the definition of inspection intervals of railway axles. *IMechE, Part F: J. Rail Rapid Transit*, 221:409–417, 2007

94. J.A. Benyon and A.S. Watson. The use of montecarlo analysis to increase axle inspection interval. In *Proc. 13th Wheelset Congress*, 2001

95. J.W. Provan. *Probabilistic fracture mechanics and reliability*. Martinius Nijhoff, Dordrecht, 1987

96. P.Davoli, A.Bernasconi, M.Filippini, S.Foletti. *Comportamento meccanico dei materiali*. McGraw-Hill, Milano, 2005

97. W. J. Dixon, F. J. Massey, Jr. *Introduction to statistical analysis*. McGraw-Hill, Tokyo, 1969

Indice analitico

Printed in the United States
By Bookmasters